"十四五"普通高等教育本科系列教材

U0655588

房屋建筑
与装饰工程估价

（第三版）

主　编　周景阳　万克淑

副主编　王　露　房韶泽

参　编　张　琳　王艳艳　张晓丽

宋红玉　邱　香　崔文静

周楚涵　袁　平　赵素环

主　审　邢莉燕

中国电力出版社
CHINA ELECTRIC POWER PRESS

内 容 提 要

本书是"十四五"普通高等教育本科系列教材。全书共两篇二十二章，主要内容包括：第一篇房屋建筑与装饰工程估价基本原理，即概述、建设工程定额、建筑工程费用项目组成及计算方法、工程量清单计价、工程量计算原理、建筑面积的计算；第二篇房屋建筑与装饰工程估价应用，即土石方工程，地基处理与边坡支护工程，桩基工程，砌筑工程，混凝土及钢筋混凝土工程，金属结构工程，木结构工程，门窗工程，屋面及防水工程，保温、隔热、防腐工程，楼地面装饰工程，墙、柱面装饰与隔断、幕墙工程，天棚工程，油漆、涂料、裱糊工程，其他装饰工程，措施项目。本书根据新颁布的计价和计量标准等进行了修订，重点根据《建设工程工程量清单计价标准》（GB/T 50500—2024）、《房屋建筑与装饰工程工程量计算标准》（GB/T 50854—2024），对清单编制和清单计价内容进行了更新。书中每章均有复习巩固、能力提高和课程思政内容，突出了教材的实用性、时效性和可操作性。

本书可作为高等院校工程管理、土木工程、工程造价、房地产管理等相关专业的教材，也可供工程审计、工程造价管理部门，以及建设单位、施工企业、工程造价咨询机构等从事造价管理工作的人员参考。

图书在版编目（CIP）数据

房屋建筑与装饰工程估价 / 周景阳，万克淑主编；
王露，房韶泽副主编. -- 3 版. -- 北京： 中国电力出版
社，2025. 6. -- ISBN 978 - 7 - 5239 - 0043 - 7

Ⅰ. TU723.3

中国国家版本馆 CIP 数据核字第 2025UL1431 号

出版发行：中国电力出版社
地　　址：北京市东城区北京站西街 19 号（邮政编码 100005）
网　　址：http://www.cepp.sgcc.com.cn
责任编辑：霍文婵（010—63412545）
责任校对：黄　蓓　李　楠
装帧设计：郝晓燕
责任印制：吴　迪

印　　刷：三河市航远印刷有限公司
版　　次：2016 年 3 月第一版　2021 年 11 月第二版　2025 年 6 月第三版
印　　次：2025 年 6 月北京第一次印刷
开　　本：787 毫米×1092 毫米　16 开本
印　　张：18.25
字　　数：453 千字
定　　价：58.00 元

前　　言

　　改革开放以来，工程造价管理坚持市场化改革方向，在工程发承包计价环节探索引入竞争机制，全面推行工程量清单计价，各项制度不断完善。但还存在定额等计价依据不能很好满足市场需要，造价形成机制不够科学等问题。因此，住房和城乡建设部制定《工程造价改革工作方案》，改进工程计量与计价规则，推行清单计量、市场询价、自主报价、竞争定价的工程计价方式，进一步完善工程造价市场形成机制。

　　本书第三版更新了与新颁布的计价和计量标准相关的内容。重点根据《建设工程工程量清单计价标准》（GB/T 50500—2024）、《房屋建筑与装饰工程工程量计算标准》（GB/T 50854—2024），对清单编制和清单计价内容进行了更新。

　　本书结合教学和工程实际应用的需要，重点更新了书中案例，选取有代表性的框架结构工程，以同一工程项目贯穿全书的所有案例，系统介绍了该工程工程量清单的编制和清单计价。同时，保留第二版中的小案例题，以适应不同层次学生的需要。此外，在设计工程量清单计价案例时，为体现市场形成价格、企业自主报价，站在投标企业的角度，根据市场等情况确定人材机的价格。为提高学生的参与度，提升学生的实践操作能力，每章增加"能力提高"实践练习，供学生课下使用。

　　为深入贯彻落实教育部《高等学校课程思政建设指导纲要》等文件精神，加强课程思政，提升课程思政教学质量，本书每一章提供了课程思政案例，供教师使用。

　　本书修订具体分工为：第一～四章周景阳、王露；第五、六章万克淑；第七～十章周景阳、房韶泽；第十一章王艳艳、袁平；第十二～十六章张晓丽、宋红玉；第十七章赵素环；第十八章邱香；第十九～二十一章张琳、崔文静；第二十二章周景阳、周楚涵。全书由周景阳、万克淑负责统稿。山东建筑大学邢莉燕教授担纲主审。

　　本书拓展资源、"能力提高"部分所用案例图纸和习题参考答案，可通过扫描二维码在线阅读。此外，"房屋建筑与装饰工程估价"为国家级一流本科课程，智慧树共享课程网址如下：https://coursehome.zhihuishu.com/courseHome/1000010719/270224/22♯teachTeam。

　　本书在编写过程中得到了山东建筑大学管理工程学院和教务处、北京广联达软件技术有限公司、山东英才学院、山东现代学院、山东农业工程学院、山东龙达恒信工程咨询有限公司、山东金信达工程造价咨询有限公司等单位的大力支持和帮助。在此表示衷心的感谢！

　　本书在编写过程中参考了大量文献资料，在此谨向这些文献的作者表示衷心的感谢！

　　限于编者水平，书中难免会存在疏漏之处，恳请广大读者和同行批评指正。

编者

2025 年 1 月

第一版前言

本书为"十三五"普通高等教育本科规划教材，主要根据《建设工程工程量清单计价规范》(GB 50500—2013)、《房屋建筑与装饰工程工程量计算规范》(GB 50854—2013)和建筑与装饰工程估价教学大纲的要求编写，在教材知识体系上注重工程量清单计价模式的应用和操作。书中主要介绍了房屋建筑与装饰工程估价的基本原理和知识，根据《建设工程工程量清单计价规范》(GB 50500—2013)、《房屋建筑与装饰工程工程量计算规范》(GB 50854—2013)，重点介绍了招标工程量清单的编制及工程量清单计价。针对目前建筑企业投标报价时还需以各地区制定的消耗量定额为依据的现实，实例中均以《山东省建筑工程消耗量定额》(2006 年基价)选取定额，采用 2015 年济南市预算价格，介绍了定额工程量的计算规则和综合单价的构成，以及投标报价单的构成及编制。书中大多数章节配有图、例，在例题中配有详细的计算步骤，每章都附有一定数量的复习思考题。

本书共分两篇，第一篇房屋建筑与装饰工程估价基本原理共六章，主要介绍了工程估价的基本知识和工程量计算的基本原理，对工程量清单计价模式进行了详尽的阐述，涵盖建筑安装工程费用组成、《建设工程工程量清单计价规范》(GB 50500—2013)的基本规定、招标工程量清单的编制及工程量清单计价、工程量计算基本原理、投资估算和设计概算及竣工决算的编制、建筑面积的计算等内容；第二篇房屋建筑与装饰工程估价应用共 17 章，详细介绍了《房屋建筑与装饰工程工程量计算规范》(GB 50854—2013)中的工程量计算规则，主要介绍建筑工程各项清单工程量计算规则和投标报价工程量的计算。

本书内容新颖、丰富，编排严谨，深入浅出，既有理论阐述，又有方法和实例，实用性较强，可作为高等院校工程管理、工业民用建筑、工程造价、房地产管理等有关专业的教材，也可作为工程审计、工程造价管理部门、建设单位、施工企业、工程造价咨询机构等从事造价管理工作的人员学习参考。

本书由山东建筑大学邢莉燕、周景阳主编，邱香、张琳、万克淑副主编，张开有、解本政、王艳艳、刘李、张友全、张晓丽、邱艳艳、王洁雪等参加编写。参加编写的主要人员具体分工为：第一~三章邢莉燕、解本政、刘李；第四、五章张友全、王艳艳、张晓丽；第六~八、二十二章万克淑；第九、二十三章张琳；第十~十六章、二十和二十一章周景阳；第十七~十九章邱香；山东建筑大学研究生邱艳艳、王洁雪参与了部分编写整理工作。附录部分由张开有完成。全书由邢莉燕、周景阳负责统稿。三峡大学郭琦教授担纲主审。

本书在编写过程中得到了山东建筑大学管理工程学院和教务处、北京广联达软件技术有限公司、山东英才学院等单位的大力支持和帮助。在此表示衷心的感谢！

本书在编写过程中参考了大量文献资料，在此谨向这些文献的作者表示衷心的感谢！

限于编者水平，书中难免会存在疏漏和不妥之处，恳请广大读者和同行批评指正。

编者
2015 年 10 月

第二版前言

本书第 1 版自 2016 年出版以来，广受好评，得到广大师生及读者的关注与厚爱，销量稳步上升。第二版是在第一版的基础上，根据最新的建筑安装工程费用组成、建筑工程消耗量定额及人工、材料和机械的价格修订，并且充分结合几年来教材使用反馈意见修订而成。实例中均以《山东省建筑工程消耗量定额》(2016) 选取定额，采用 2020 年济南市预算价格进行了修订。这次修订，更加突出了教材的实用性、时效性和可操作性。

本书修订具体分工为：第一～三章邢莉燕、解本政；第四、五章王艳艳、张晓丽；第六～八、二十二章万克淑；第九、二十三章张琳；第十～十六章、二十章和二十一章周景阳、赵素环；第十七～十九章邱香。全书由邢莉燕、周景阳负责统稿。三峡大学郭琦教授担纲主审。

本书拓展资源可通过扫描二维码在线阅读，此外，"房屋建筑与装饰工程估价"为省级一流课程，智慧树在线课程网址如下：

https：//coursehome. zhihuishu. com/courseHome/1000010719/270224/22♯teachTeam

本书在编写过程中得到了山东建筑大学管理工程学院和教务处、北京广联达软件技术有限公司、山东英才学院、山东金信达工程造价咨询有限公司等单位的大力支持和帮助。在此表示衷心的感谢！

本书在编写过程中参考了大量文献资料，在此谨向这些文献的作者表示衷心的感谢！

限于编者水平，书中难免会存在疏漏和不妥之处，恳请广大读者和同行批评指正。

目　　录

第二篇 房屋建筑与装饰工程估价应用

第一篇

房屋建筑与装饰工程估价基本原理

第一章 概 述

☞ **本章概要：** 本章主要介绍了建筑产品的特点及工程建设程序，工程估价的特征，工程估价的模式，一级造价工程师和二级造价工程师职业资格制度等内容。

☞ **知识目标：** 了解工程计价的特点；了解工程估价的主要模式；熟悉工程建设全过程的估价工作。

☞ **能力目标：** 正确理解工程建设程序各阶段的估价工作；理解工程计价的多次性、组合性、依据复杂性等特点。

☞ **素养目标：** 知晓造价工程师的职业素养、职责和义务。

第一节 基 础 知 识

一、建筑产品的特点

1. 固定性

各种建筑物和构筑物，一旦选在某个地方建造后，它直接与作为地基的土地相连而不可分割。建筑产品不能移动，只能在其建造的地方供长期使用。

2. 多样性

人们对建筑产品的功能要求是多种多样的，每个建筑产品都有其独特的形式和独特的结构，因而需要单独设计，并在建造时根据所在地区的施工条件，采用不同的施工方案和施工组织。即使功能要求相同、建筑类型相同，但由于地形、地质、水文、气象等自然条件不同及交通运输、材料供应等社会条件不同，在建造时往往亦需要对原设计图纸、施工组织与施工方法等做适当修改。

3. 体积庞大

建筑产品为社会提供生产场所，为人民提供生活环境和空间，占用空间多。在建造过程中要消耗大量的人力、物力和财力，所需建筑材料品种繁多、数量巨大，其体积庞大。

二、工程建设程序

工程建设程序是指工程项目从策划、评估、决策、设计、施工到竣工验收、投入生产或交付使用的整个过程中，各项工作必须遵循的先后次序。工程建设程序是工程建设过程客观规律的反映，是工程项目科学决策和顺利实施的重要保证。

（1）投资决策阶段，包括编制项目建议书、可行性研究、编制委托设计任务书等。

（2）建设实施阶段，包括工程设计（初步设计、技术设计、施工图设计）、建设准备（征地、拆迁和场地平整，施工用水、电、路等准备工作，组织招标选择监理单位、设计单位、施工单位及设备、材料供应商，准备必要的施工图纸，办理施工许可等手续）、施工安装、生产准备、竣工验收等。

（3）项目后评价阶段。

三、工程造价的特点

1. 大额性

工程建设项目通常体积庞大，消耗的资源巨大，一个项目少则几百万元，多则数亿乃至数百亿元。工程造价的大额性事关相关方面的重大经济利益，也使工程承受了重大的经济风险，同时也会对宏观经济的运行产生重大影响。

2. 个别性和差异性

任何一项工程项目都有特定的用途、功能、规模，这导致了每一项工程项目的结构、造型、内外装饰等都会有不同的要求，直接表现为工程造价上的差异性。即使是相同的用途、功能、规模的工程项目，由于处在不同的地理位置或不同的建造时间，其工程造价都会有较大差异。

3. 动态性

工程建设项目从决策到竣工验收直到交付使用，都经过一个较长的建设周期，并且会受到来自社会和自然的众多不可控因素的影响，必然会导致工程造价的变动。如物价变化、不利的自然条件、人为因素等均会影响工程造价。因此，工程造价在整个建设期内都处在不确定的状态之中，直到竣工决算才能最终确定工程的实际造价。

4. 层次性

工程造价的层次性取决于工程的层次性。工程造价可以分为：建设项目总造价、单项工程造价和单位工程造价。单位工程造价还可以细分为分部工程造价和分项工程造价。

5. 兼容性

工程造价的兼容性特点是其内涵的丰富性所决定的。工程造价既可以指工程建设项目的固定资产投资，也可以指建筑安装工程造价；既可以指招标的最高投标限价，也可以指投标报价。同时，工程造价的构成因素非常广泛、复杂，包括成本因素、建设用地支出费用、项目可行性研究和设计费用等。

四、工程估价的特征

建筑产品与其工程造价的特点，决定了工程估价有如下特征。

1. 估价的单件性

建设产品的个体差异性决定了每项工程建设项目都必须单独估算其工程造价。任何工程的估价，都是指特定空间、一定时间的价格。即便是设计内容完全相同的工程项目，由于其建设地点或建设时间的不同，仍需要单独进行估价。

2. 估价的多次性

建筑产品的建设周期长、规模大、造价高，这就决定了在工程建设全过程中的各个阶段多次估价，并对其进行监督和控制，以保证工程造价计算的准确性和控制的有效性。多次性估价的特点决定了工程造价不是固定、唯一的。多次性估价是一个随着工程的展开逐步深化、细化和接近实际造价的过程。工程建设项目的估价过程，如图1-1所示。

3. 估价的组合性

工程建设项目是单件性与多样性组成的集合体，这就决定了工程造价估算的组合性。工程建设项目可划分为建设项目、单项工程、单位工程、分部工程和分项工程5个层次，如图1-2所示。一个工程建设项目总造价是由各个单项工程造价组成；一个单项工程造价是由各个单位工程造价组成；一个单位工程造价是按若干分部分项工程计算得出。由此可见，工程

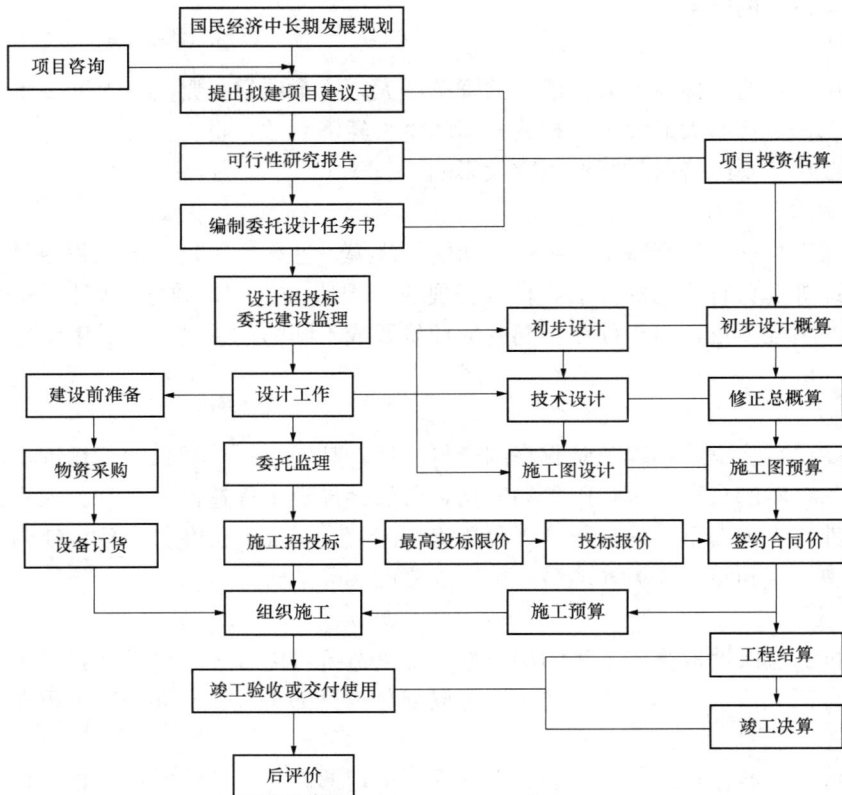

图 1-1　工程建设程序与造价文件的对应关系

估价必然要顺应工程建设项目的这种组合性和分解性，表现为一个逐步组合的过程，其估算过程和顺序是：分部分项工程造价→单位工程造价→单项工程造价→建设项目总造价。

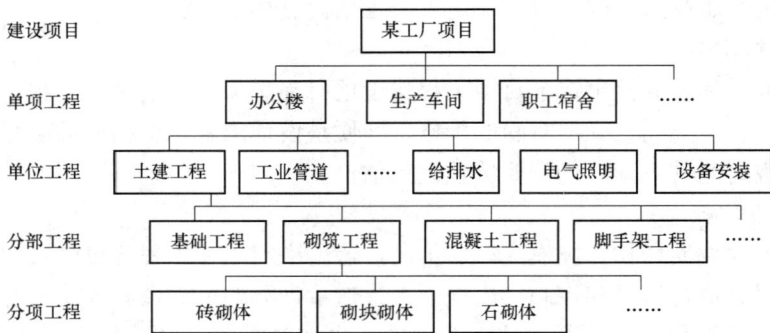

图 1-2　建设项目的分解

（1）建设项目。建设项目一般是指经批准按照同一个总体设计、一个设计任务书的范围进行施工而建设的各个单项工程实体之和。

一个建设项目，可以是一个独立工程，也可以包括几个或若干个单项工程。在一个设计任务书的范围内，按规定分期进行建设的项目，仍算作一个建设项目。如一座钢铁厂、一所学校、一所医院等均为一个建设项目。

（2）单项工程。单项工程是建设项目的组成部分。单项工程一般是指具有独立的设计文件和施工条件，建成后能够独立发挥生产能力或使用效益的工程。生产性建设项目中的单项工程，一般是指各个生产车间、办公楼、仓库等；非生产性建设项目中，如学校的教学楼、图书馆、学生宿舍、餐厅等都是单项工程。

（3）单位工程。单位工程是单项工程的组成部分。一般是指在单项工程中具有单独设计文件，具有独立施工条件而又可以单独作为一个施工对象的工程。单位工程建成后一般不能单独发挥生产能力或效益。如生产车间中的土建工程、工业管道、电气、通风、设备、自动仪表等均属于单位工程；民用建筑中的一幢房屋可分为土建、给排水、电气照明、采暖等单位工程。

（4）分部工程。分部工程是单位工程的组成部分，是按结构部位、路段长度、施工特点或施工任务、材料类别等将单位工程划分的若干个项目单元。如土建工程划分为土石方工程、打桩工程、基础工程、砌筑工程、混凝土及钢筋混凝土工程、木结构工程、金属结构工程、楼地面工程、屋面工程、脚手架工程等；安装工程也可分为管道安装工程、设备安装工程、电气安装工程等。

（5）分项工程。分项工程是分部工程的组成部分，是按不同施工方法、工序、材料、工种等将分部工程划分的若干个项目单元。如土石方工程中的挖土方、回填土、余土外运等分项工程。

4. 估价方法的多样性

工程造价在各个阶段具有不同的作用，而且各个阶段对工程建设项目的研究深度也有很大的差异，因而工程造价的估价方法是多种多样的。在可行性研究阶段，工程造价的估算多采用设备系数法、生产能力指数估算法等；在设计阶段，尤其是施工图设计阶段，设计图纸完整，细部构造及做法均有大样图，工程量已能准确计算，施工方案比较明确，则多采用单价法或实物法计算。

5. 估价依据的复杂性

由于工程造价的构成复杂，影响因素多且估价方法也多种多样，因此，工程估价依据的种类也多，主要可分为以下 7 类：

（1）计算工程量的依据，包括项目建议书、可行性研究报告、设计文件、相关专业工程量计算标准等。

（2）计算人工、材料、机械等实物消耗量的依据，包括各种定额。

（3）计算工程单价的依据，包括人工单价、材料单价、机械台班单价等。

（4）计算设备单价的依据。

（5）计算各种费用的依据。

（6）政府规定的税、费。

（7）调整工程造价的依据。如文件规定、物价指数、工程造价指数等。

6. 估价的动态性

在工程项目建设过程中会出现一些不可预料的风险因素对工程建设项目投资产生一定影响，如设计变更，设备、材料、人工价格变化，国家利率、汇率调整，因不可抗力出现或因承包方、发包方原因造成的索赔事件出现等，这一切必然会导致工程建设项目投资额的变动。因此，工程建设项目投资数额在整个建设期内都是不确定的，需随时进行动态跟踪、调整。

五、工程估价的模式

1. 基于建设工程定额的工程估价模式

定额是一种规定的额度和既定的标准。从广义上理解，定额就是处理或完成特定事物的数量限制。建设工程定额就是在工程建设中，在一定的技术和管理条件下，完成一定计量单位合格产品规定的人工、材料、机械等资源消耗的数量标准。

建设工程定额估价是我国过去几十年工程估价实践的总结，是国家通过颁布统一的估价指标、概算定额、预算定额和相应的费用定额，对建筑产品价格有计划管理的一种方式。

在估价中以定额为依据，按定额规定的分部分项子目，逐项计算工程量，套用定额单价（或单位估价表）确定直接费，然后按规定取费标准确定构成工程价格的其他费用和利税，从而获得工程建设项目的建筑安装工程造价，即相应工程项目的计划价格。基于工程定额的工程估价模式的基本程序，如图1-3所示。

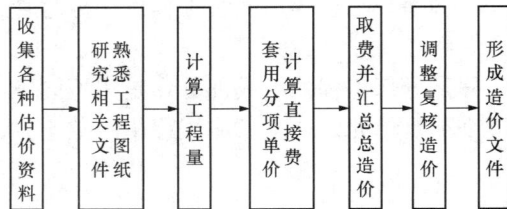

图 1-3　基于定额估价的基本程序

这种计价模式下，计算和确定工程造价的过程较为简单、快速，也有利于工程造价管理部门的管理。由于定额中工、料、机的消耗量是根据"社会平均水平"原则综合测定，费用标准是根据不同地区平均测算，因此，企业采用这种模式报价时就会表现为平均主义，企业不能结合项目具体情况、自身技术优势、管理水平和材料采购渠道价格进行自主报价，不能充分调动企业加强管理的积极性，也不能充分体现市场公平竞争的基本原则。

2. 基于工程量清单的工程估价模式

工程量清单估价模式，是指在建筑市场上建设工程招投标中，按照国家统一的工程量清单计价标准、相关专业的工程量计算标准，由招标人或其委托的工程造价咨询人编制反映工程实体消耗和措施消耗的工程量清单，并作为招标文件的一部分提供给投标人，由投标人基于工程量清单，根据供求状况、各种渠道所获得的工程造价信息和经验数据，结合企业定额自主报价，发承包双方最终确定并签订工程合同价格的估价方式。

与定额估价模式相比，工程量清单估价是市场定价模式，为建筑市场的交易双方提供了一个平等的竞争平台。这种模式能够反映出施工单位的工程个别成本，有利于企业自主报价和公平竞争；同时，工程量清单作为招标文件和合同文件的重要组成部分，对于规范投标人计价行为，在技术上避免招标中弄虚作假和暗箱操作，以及保证工程款的支付结算都会起到重要作用。

基于工程量清单的工程估价模式的基本程序，如图1-4所示。

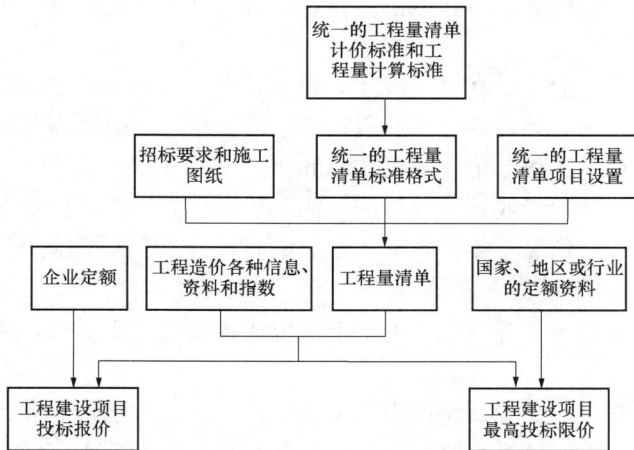

图 1-4　基于工程量清单估价的基本程序

第二节　建设工程造价专业人员资格管理

一、造价工程师职业资格制度

我国造价工程师实行职业资格制度。1996 年，依据《人事部、建设部关于印发〈造价工程师执业资格制度暂行规定〉的通知》（人发〔1996〕77 号），国家开始实施造价工程师执业资格制度。根据 2019 年人力资源社会保障部公布的《国家职业资格目录》，国家设置造价工程师准入类职业资格，纳入国家职业资格目录。为统一和规范造价工程师职业资格设置和管理，提高工程造价专业人员素质，提升建设工程造价管理水平，住房和城乡建设部、交通运输部、水利部、人力资源社会保障部于 2018 年 7 月 20 日印发了《造价工程师职业资格制度规定》。

2020 年 2 月 19 日，住房和城乡建设部发布了《住房和城乡建设部关于修改〈工程造价咨询企业管理办法〉〈注册造价工程师管理办法〉的决定》（中华人民共和国住房和城乡建设部令第 50 号）。新修订的《注册造价工程师管理办法》将注册造价工程师定义为：通过土木建筑工程或者安装工程专业造价工程师职业资格考试取得造价工程师职业资格证书或者通过资格认定、资格互认，并按照本办法注册后，从事工程造价活动的专业人员。注册造价工程师分为一级注册造价工程师和二级注册造价工程师。

国务院住房城乡建设主管部门对全国注册造价工程师的注册、执业活动实施统一监督管理，负责实施全国一级注册造价工程师的注册，并负责建立全国统一的注册造价工程师注册信息管理平台；国务院有关专业部门按照国务院规定的职责分工，对本行业注册造价工程师的执业活动实施监督管理。省、自治区、直辖市人民政府住房城乡建设主管部门对本行政区域内注册造价工程师的执业活动实施监督管理，并实施本行政区域二级注册造价工程师的注册。

二、造价工程师职业资格考试

1. 报考条件

根据 2018 年印发的《造价工程师职业资格制度规定》，凡遵守《中华人民共和国宪法》、法律、法规，具有良好的业务素质和道德品行，具备下列条件之一者，可以申请参加一级造价工程师职业资格考试：

（1）具有工程造价专业大学专科（或高等职业教育）学历，从事工程造价业务工作满5年；具有土木建筑、水利、装备制造、交通运输、电子信息、财经商贸大类大学专科（或高等职业教育）学历，从事工程造价业务工作满6年。

（2）具有通过工程教育专业评估（认证）的工程管理、工程造价专业大学本科学历或学位，从事工程造价业务工作满4年；具有工学、管理学、经济学门类大学本科学历或学位，从事工程造价业务工作满5年。

（3）具有工学、管理学、经济学门类硕士学位或者第二学士学位，从事工程造价业务工作满3年。

（4）具有工学、管理学、经济学门类博士学位，从事工程造价业务工作满1年。

（5）具有其他专业相应学历或者学位的人员，从事工程造价业务工作年限相应增加1年。

凡遵守《中华人民共和国宪法》、法律、法规，具有良好的业务素质和道德品行，具备下列条件之一者，可以申请参加二级造价工程师职业资格考试：

（1）具有工程造价专业大学专科（或高等职业教育）学历，从事工程造价业务工作满2年；具有土木建筑、水利、装备制造、交通运输、电子信息、财经商贸大类大学专科（或高等职业教育）学历，从事工程造价业务工作满3年。

（2）具有工程管理、工程造价专业大学本科及以上学历或学位，从事工程造价业务工作满1年；具有工学、管理学、经济学门类大学本科及以上学历或学位，从事工程造价业务工作满2年。

（3）具有其他专业相应学历或学位的人员，从事工程造价业务工作年限相应增加1年。

2. 考试科目

根据2018年7印发的《造价工程师职业资格考试实施办法》，一级造价工程师职业资格考试设《建设工程造价管理》《建设工程计价》《建设工程技术与计量》《建设工程造价案例分析》4个科目。其中，《建设工程造价管理》和《建设工程计价》为基础科目，《建设工程技术与计量》和《建设工程造价案例分析》为专业科目。

二级造价工程师职业资格考试设《建设工程造价管理基础知识》《建设工程计量与计价实务》2个科目。其中，《建设工程造价管理基础知识》为基础科目，《建设工程计量与计价实务》为专业科目。

造价工程师职业资格考试专业科目分为土木建筑工程、交通运输工程、水利工程和安装工程4个专业类别，考生在报名时可根据实际工作需要选择其一。其中，土木建筑工程、安装工程专业由住房城乡建设部负责；交通运输工程专业由交通运输部负责；水利工程专业由水利部负责。

一级造价工程师职业资格考试分4个半天进行。《建设工程造价管理》《建设工程技术与计量》《建设工程计价》科目的考试时间均为2.5小时；《建设工程造价案例分析》科目的考试时间为4小时。

二级造价工程师职业资格考试分2个半天。《建设工程造价管理基础知识》科目的考试时间为2.5小时，《建设工程计量与计价实务》为3小时。

一级造价工程师职业资格考试成绩实行 4 年为一个周期的滚动管理办法，在连续的 4 个考试年度内通过全部考试科目，方可取得一级造价工程师职业资格证书。

二级造价工程师职业资格考试成绩实行 2 年为一个周期的滚动管理办法，参加全部 2 个科目考试的人员必须在连续的 2 个考试年度内通过全部科目，方可取得二级造价工程师职业资格证书。

三、造价工程师的执业

造价工程师在工作中，必须遵纪守法，恪守职业道德和从业规范，诚信执业，主动接受有关主管部门的监督检查，加强行业自律。住房和城乡建设部、交通运输部、水利部共同建立健全造价工程师执业诚信体系，制定相关规章制度或从业标准规范，并指导监督信用评价工作。

一级造价工程师的执业范围包括建设项目全过程的工程造价管理与咨询等，具体工作内容：

1）项目建议书、可行性研究投资估算与审核，项目评价造价分析。

2）建设工程设计概算、施工预算编制和审核。

3）建设工程招标投标文件工程量和造价的编制与审核。

4）建设工程合同价款、结算价款、竣工决算价款的编制与管理。

5）建设工程审计、仲裁、诉讼、保险中的造价鉴定，工程造价纠纷调解。

6）建设工程计价依据、造价指标的编制与管理。

7）与工程造价管理有关的其他事项。

二级造价工程师主要协助一级造价工程师开展相关工作，可独立开展以下具体工作：

1）建设工程工料分析、计划、组织与成本管理，施工图预算、设计概算编制。

2）建设工程量清单、最高投标限价、投标报价编制。

3）建设工程合同价款、结算价款和竣工决算价款的编制。

注册造价工程师应当根据执业范围，在本人形成的工程造价成果文件上签字并加盖执业印章，并承担相应责任。最终出具的工程造价成果文件应由一级注册造价工程师审核并签字盖章。

注册造价工程师不得有下列行为：

1）不履行造价工程师义务。

2）在执业过程中索贿、受贿或者谋取合同约定费用外的其他利益。

3）在执业过程中实施商业贿赂。

4）签署有虚假记载、误导性陈述的工程造价成果文件。

5）以个人名义承接工程造价业务。

6）允许他人以自己名义从事工程造价业务。

7）同时在两个或两个以上单位执业。

8）涂改、倒卖、出租、出借或者以其他形式非法转让注册证书或者执业印章。

9）超出执业范围、注册专业范围执业。

10）法律、法规、规章禁止的其他行为。

四、造价工程师的素质要求

造价工程师的工作关系到国家和社会公众利益，技术性很强，因此，工程师的素质有特殊要求。造价工程师的素质包括以下几个方面：

（1）思想品德方面的素质。造价工程师在执业过程中，往往要接触许多工程项目，有些项目的工程造价高达数千万、数亿元人民币，甚至更多。造价确定是否准确，造价控制是否合理，不仅关系到国民经济发展的速度和规模，而且关系到社会多方面的经济利益关系。因此，造价工程师必须具有良好的思想修养和职业道德，既能维护国家利益，又能以公正的态度维护有关各方合理的经济利益，绝不能以权谋私。

（2）专业方面的素质。造价工程师专业方面的素质集中表现在以专业知识和技能为基础的工程造价管理方面的实际工作能力。造价工程师应该掌握和了解的专业知识，主要包括：①相关的经济理论与项目投资管理和融资；②相关法律、法规和政策与工程造价管理；③建筑经济与企业管理；④财政税收与金融实务；⑤市场、价格与现行各类估价依据（定额）；⑥招投标与合同管理；⑦施工技术与施工组织；⑧工作方法与动作研究；⑨建筑制图与识图、综合工业技术与建筑技术；⑩计算机应用和信息管理。

（3）身体方面的素质。造价工程师要有健康的身体，以适应紧张而繁忙的工作，同时应具有肯于钻研和积极进取的精神面貌。

以上各项素质，只是造价工程师工作能力的基础。造价工程师在实际岗位上应能独立完成建设方案、设计方案的经济比较工作，项目可行性研究的投资估算、设计概算和施工图预算、最高投标限价和投标报价、补充定额和造价指数等编制与管理工作，应能进行合同价款结算和竣工决算的管理，以及对造价变动规律和趋势应具有分析预测能力。

五、造价工程师的技能结构

造价工程师是建设领域工程造价的管理者，其执业范围和担负的重要任务，要求造价工程师必须具备现代管理人员的技能结构。

按照行为科学的观点，作为管理人员应具有三种技能，即技术技能、人文技能和观念技能。技术技能是指能使用由经验和教育以及训练上的知识、方法、技能及设备，去完成特定任务的能力。人文技能是指与人共事的能力和判断力。观念技能是指了解整个组织及自己在组织中地位的能力，使自己不仅能按本身所属的群体目标行事，而且能按整个组织的目标行事。不同层次的管理人员所需具备的三种技能的结构并不相同，造价工程师应同时具备这三种技能。特别是观念技能和技术技能。但也不能忽视人文技能，忽视与人共事能力的培养，忽视激励的作用。

六、造价工程师的权利与义务

经造价工程师签字的工程造价成果文件，应当作为办理审批、报建、拨付工程款和工程结算的依据。

（1）造价工程师的权利。

造价工程师享有的权利，主要有：使用注册造价工程师名称；依法从事工程造价业务；在本人执业活动中形成的工程造价成果文件上签字并加盖执业印章；发起设立工程造价咨询企业；保管和使用本人的注册证书和执业印章；参加继续教育。

（2）造价工程师的义务。

造价工程师应履行下列义务：遵守法律、法规、有关管理规定，恪守职业道德；保证执业活动成果的质量；接受继续教育，提高执业水平；执行工程造价计价标准和计价办法；与当事人有利害关系的，应当主动回避；保守在执业中知悉的国家秘密和他人的商业、技术秘密。

🔄 复习巩固

1. 建筑产品及其生产的技术经济特点有哪些？
2. 简述工程项目的层次划分。
3. 简述工程项目建设程序。
4. 简述工程估价的内容及特征。
5. 试述工程估价的两种模式。
6. 造价工程师应具备哪些基本素质？
7. 造价工程师有哪些权利、义务？

📋 能力提高

1. 以所在学校为对象，绘制工程项目的分解结构。
2. 结合建设项目全过程，梳理作为一名未来的造价工程师能够从事的主要业务。
3. 查阅相关书籍和资料，解释工程项目建设各阶段造价文件的含义，并分析其异同点。

📚 课程思政

党的二十大报告指出，要完善产权保护、市场准入、公平竞争、社会信用等市场经济基础制度，优化营商环境。社会信用体系的建立和完善是我国社会主义市场经济不断走向成熟的重要标志之一。工程造价从业人员在从业活动中必须遵守有关工程建设的法律、法规、规章、规范、标准及相关文件的规定，行为规范，诚信经营，自觉维护市场秩序。否则将受到相应的处罚。

2022 年 8 月，某造价咨询企业注册造价工程师 A 某、B 某涉嫌超出执业范围、注册专业范围编制、审核、签署、出具《某水利项目结算审核意见书》。执法人员对 A 某、B 某进行行政执法问询，并通过调取《建设工程造价咨询合同》《某水利项目结算审核意见书》等有关证据材料予以核实后查明：由 A 某编制、B 某审核，共同出具《某水利项目结算审核意见书》的项目工程类别属于水利工程，而 A 某注册持有的注册造价工程师专业为土木建筑工程专业，B 某注册且持有的注册造价工程师专业为安装工程专业，该行为涉嫌超出执业范围、注册专业范围执业。鉴于 A 某、B 某是按月领工资，并无单独因这个项目获得额外报酬，没有违法所得，根据《注册造价工程师管理办法》第三十六条的规定，结合当地行政处罚裁量权基准，分别给予 A 某、B 某警告并责令改正，各处人民币 0.5 万元罚款。

第二章　建设工程定额

☞ **本章概要**：本章主要介绍建设工程定额的概念、分类及建设工程消耗量定额（或计价定额）的使用方法。

☞ **知识目标**：掌握建设工程定额的概念；了解建设工程定额的分类；掌握建设工程定额的使用方法。

☞ **能力目标**：正确理解建设工程定额的使用方法，能够根据定额规定和设计内容正确使用定额。

☞ **素养目标**：知晓建设工程定额的科学性，培养严谨的工作作风。

第一节　建设工程定额的概念及分类

一、建设工程定额的概念

建设工程定额是指在正常的施工条件下，为了完成一定计量单位质量合格的建筑产品，所必须消耗的人工、材料（或构配件）、机械台班的数量标准。

在计划经济体制下，经国家主管部门批准颁发的建设工程定额，在其适用范围内具有法令性，有关单位都须执行，不能随意修改。在建立社会主义市场经济体制进程中，随着建筑产品价格改革的深化，建设行政主管部门定额将仅作为控制投资的依据，施工企业可以自行制订定额，而不必受建设行政主管部门定额的硬性约束。《住房和城乡建设部办公厅关于印发工程造价改革工作方案的通知》（建办标〔2020〕38 号）也指出，取消最高投标限价按定额计价的规定。

定额规定的消耗量标准，以一定的工作内容、质量要求和工艺水平为约束条件，应保持相对稳定。随着科学技术的进步和建筑生产力的发展，当多数建筑产品生产者的实际消耗水平突破定额标准时，则应对定额进行修订。

二、建设工程定额的分类

住房和城乡建设部标准定额司于 2016 年编制的《建设工程定额体系框架》指出，我国的定额体系按照定额的专业、管理和用途等进行构建。在该框架下，建设工程定额可从主管部门、专业性质、编制程序和用途、生产要素上进行分类。

（1）按主管部门分为国家定额、行业定额、地区定额。

国家定额（通用定额）由国务院住房城乡建设行政主管部门统一管理，在全国范围内通用，包括房屋建筑与装饰工程消耗量定额、通用安装工程消耗量定额。

行业定额是由相应行业主管部门管理，在本行业内实施的定额，对本行业已适用国家定额的工程不再重复编制行业定额。行业定额包括城建建工、电力、铁路、水利等行业发布的定额。

地区定额是由省级住房城乡建设主管部门管理，在本地区范围内实施的定额，是对国家定额和城建建工行业定额的调整和补充，对本地区已适用其他行业定额的工程不再重复编制地区定额。

（2）按专业性质分为通用定额和专用定额，其中通用定额在全国范围内通用；专用定额是指特定用于某专业工程的定额，如市政工程定额、电力工程定额、铁路工程定额、水利工程定额等。

（3）按编制程序和用途分为估算指标、概算定额、预算定额、维修养护定额、消耗量定额、工期定额、主题定额。

估算指标是以独立的单项工程或完整的工程项目为对象，根据历史形成的预决算资料编制的一种指标。内容一般可分为建设项目综合指标、单项工程指标和单位工程指标三个层次。估算指标也是一种计价指标。它是在项目建议书和可行性研究阶段编制投资估算、计算投资需要量时使用的定额，也可作为编制固定资产长远计划投资额的参考。

概算定额是以扩大的分部分项工程为对象编制的定额，是在预算定额的基础上综合扩大而成的，每一项综合分项概算定额都包含了数项预算定额的内容。

预算定额以建筑物或构筑物的各个分部分项工程为对象编制的定额。预算定额包括劳动定额、材料定额和机械定额三个组成部分。预算定额属于计价定额的性质。在编制施工图预算时，是计算工程造价和计算工程中所需劳动力、机械台班、材料数量时使用的一种定额，是确定工程预算和工程造价的重要基础，也可作为编制施工组织设计的参考。同时预算定额也是概算定额的编制基础，所以预算定额在工程建设定额中占有很重要的地位。

维修养护定额是完成工程的维修养护项目需要的人工、材料、机械消耗的数量标准。如《上海市房屋建筑工程养护维修预算定额》《水利工程维修养护定额标准》等。

消耗量定额是由建设行政主管部门根据合理的施工组织设计，按照正常施工条件制定的，生产一定计量单位工程合格产品所需人工、材料、机械台班的社会平均消耗量标准。如《山东省建筑工程消耗量定额》。表 2-1 为《山东省建筑工程消耗量定额》（2016）部分定额子目。

表 2-1　　　　　　　　　　　山东省建筑工程消耗量定额（节选）

工作内容：定位、切割、桩头运至 50m 内堆放　　　　　　　　　　　　计量单位：10 根

定额编号			3-1-42	3-1-43
项目名称			预制钢筋混凝土桩截桩	
			方桩	管桩
名称		单位	消耗量	
人工	综合工日	工日	4.47	3.63
材料	石料切割锯片	片	10.000	6.7500
机械	岩石切割机 3kW	台班	2.1200	1.4300

工期定额是指在一定的生产技术和自然条件下，完成某个单位（或群体）工程平均需用的标准天数，包括建设工期定额和施工工期定额两个层次。

主题定额包括建筑产业现代化、建筑节能与绿色建筑等定额。

（4）按生产要素分为基础定额，包括劳动定额、材料消耗定额、机械台班产量指标等，是用于编制消耗量定额和计价定额，因此也称为三大基础定额。

劳动定额是指完成单位合格产品所需人工消耗的数量标准。劳动定额主要表现形式是时间定额，计量单位为工日。国家标准规定每人每天工作 8 小时为 1 个工日。劳动定额也可以用产量定额的形式表示。人工时间定额和产量定额互为倒数关系。

材料消耗定额是指完成单位合格产品所需消耗材料的数量标准。材料是工程建设中使用的原材料、成品、半成品、构配件等。材料消耗量的计量单位一般与该材料的计量单位一致。

机械消耗定额是指完成单位合格产品所需施工机械消耗的数量标准。机械消耗定额的主要表现形式是机械时间定额。计量单位为台班。国家标准规定一台机械工作 8 小时为 1 个台班。机械消耗定额也可以用产量定额的形式表示。机械时间定额和产量定额互为倒数关系。

三、企业定额

建筑施工企业根据本企业自身的技术水平和管理水平，自行编制完成单位合格产品所需的人工、材料和施工机械台班的消耗量，以及其他生产经营要素消耗的数量标准，是企业内部用于成本管理和投标报价的依据。

企业定额是相对惯常用于全社会或公共管理，由建设行政主管部门制定的定额而言的内部定额，涵盖了企业在研发、设计、生产、管理、经营等所有环节中用于计划、组织、指导与控制功能的数量、价格标准或依据，即规定、限定的企业内部数额标准。目前在工程造价管理领域对企业定额的认知应是企业层面的预算定额或计价定额。采用企业预算定额测出的成本较好体现当时、当地的价格变动及企业的先进技术、工艺、管理水平，同时快捷、简便、准确，也更贴近实际，为投标决策提供准确的成本依据。企业定额应满足投标报价、规范建设项目承发包行为、提升企业管理水平和推广先进技术手段的需要。作为企业内部生产管理的基础性标准文件，企业定额还应是企业组织、指挥生产的有效工具，是计算工人劳动报酬的依据，是编制企业施工组织设计和施工作业计划的依据，是项目成本核算和管理、经济指标考核的依据。

企业计价定额中的工料机费水平均体现本企业自身的工艺、技术优势，应反映最新的政策、技术及管理举措，最大限度地追求"降本增效、提质降耗"的精细化管理目标，提高企业竞争、获利能力。其取值应介于企业经营计划期望值的企业预算定额与企业生产管理控制的企业施工定额之间。

企业计价定额中所有工料机价格均反映本企业历来传统来源、企业自身产业链上游资源所具备的价格水平，会不断动态完善，以及时反映建设市场价格行情、竞争行情，体现自身竞争力。

企业计价定额中的管理费、利润等水平会紧贴企业自身管理、经营水平与特点，竭力挖掘与反映企业的成本管理、营销管理潜力，以最大程度扩大其利润收益空间。

四、建筑工程价目表

建筑工程价目表是以消耗量定额中的人工、材料、机械台班消耗数量，分别乘以某一地区现行人工、材料、机械台班单价，计算出以货币形式表现的完成单位子项工程或结构构件合格产品的单位价格。建筑工程价目表主要由定额编号、工程项目名称、定额单价、人工费、材料费、机械费和地区单价组成。它是配合消耗量定额使用的一种工程单价。由于人工、材料、机械台班的单价受到地区和时间的影响，因此，各地市根据当年建筑市场行情确定人工、材料、机械台班预算价格，从而编制适合本地区的建筑工程价目表。如《山东省建筑工程价目表 2020》。表 2-2 为《山东省建筑工程价目表 2020》节选。价目表是编制建筑工程最高投标限价（招标控制价）的依据，是发承包双方确定合同价、编制工程预算时的参考。

表 2-2　　　　　　　　　　　山东省建筑工程价目表 2020（节选）

定额编号	定额名称	定额单位	增值税（一般计税）			
			单价（除税）	人工费	材料费（除税）	机械费（除税）
3-1-42	预制钢筋混凝土桩截桩 方桩	10 根	1321.70	572.16	646.00	103.54
3-1-43	预制钢筋混凝土桩截桩 圆桩	10 根	970.53	464.64	436.05	69.84

以定额 3-1-42 为例，由表 2-1 可知，每 10 根预制钢筋混凝土桩截桩（方桩）人工、材料和机械的定额消耗量分别为 4.47 工日、10 片和 2.12 台班。查 2020 年山东省造价管理部门发布的人材机的价格信息，人工工资单价为 128 元/工日，石料切割锯片除税单价为 64.60 元/片，岩石切割机（3kW）除税单价为 48.84 元/台班。

每 10 根预制钢筋混凝土桩截桩（方桩）人工费，即定额人工费为 128×4.47＝572.16（元）；定额材料费为 64.60×10＝646.00（元）；定额机械费为 48.84×2.12＝103.54（元）；定额单价为 572.16+646.00+103.54＝1321.70（元）。

第二节　建设工程定额的使用方法

本节主要以建设行政主管部门制定的消耗量定额或计价定额进行介绍。

一、定额使用基本要求

（1）使用建设工程定额时，必须详细了解定额总说明和章节说明，并详细阅读定额的各附录和定额表的附注，从而了解定额的适用范围、工程量计算方法、各种条件变化情况下的换算方法等。如《山东省建筑工程消耗量定额》（2016）总说明中明确规定了该定额适用于山东省行政区域内的一般工业与民用建筑的新建、扩建和改建工程及新建装饰工程。

（2）使用建设工程定额时，应了解定额中人工、材料、机械消耗的相关规定。如《山东省建筑工程消耗量定额》（2016）中明确规定，人工消耗量是以《全国建筑安装工程统一劳动定额》为基础计算的。人工每工日按 8 小时工作制计算。人工工日不分工种、技术等级，以综合工日表示。定额中的材料包括施工中消耗的主要材料、辅助材料和周转性材料。材料消耗量包括净用量和损耗量。损耗量包括从工地仓库、现场集中堆放点（或现场加工点）至操作（或安装）点的施工场内运输损耗、施工操作损耗、施工现场堆放损耗等。定额中的机械按常用机械、合理机械配备和施工企业的机械化装备程度，并结合工程实际综合确定，机械台班消耗量按照正常机械施工功效并考虑机械幅度差综合确定。除定额项目中列出的小型机具外，其他单位价值 2000 元以内、使用年限在一年以内的不构成固定资产的施工机械，不列入机械台班消耗量，作为工具用具在企业管理费中考虑。大型施工机械安拆及场外运输单独计算，不列入机械台班消耗量。

（3）使用建筑工程定额时，应了解定额项目包含的工作内容，并与实际图纸和施工内容进行对比，避免错用定额、遗漏施工内容。通常情况下，定中的工作内容是对主要施工工序的说明，次要工序虽未说明，但均包含在定额中。

二、建设工程定额的使用方法

消耗量定额的使用方法包括直接套用、定额换算和定额补充三种形式。

（一）直接套用

当工程项目的设计要求、做法说明、技术特征和施工方法等与定额内容完全相同时，可以直接套用定额。

以《山东省建筑工程消耗量定额》（2016）为例，如某工程在混凝土楼板上刷素水泥浆一道，抹 20mm 厚 1：3 水泥砂浆找平层。该做法与定额 11-1-1 考虑的施工内容相同，在使用定额时，可直接套用定额 11-1-1，不需要调整。

（二）定额换算与调整

当工程做法要求与定额内容不完全相同，且定额规定允许调整换算时，可以进行定额换算。常用的定额换算包括强度等级的换算、配合比换算和用量的换算。定额的调整主要有系数调整、厚度调整、运距调整等。

1. 强度等级换算

当消耗量定额中混凝土或砂浆的强度等级与施工图设计要求不同时，定额规定可以换算，换算前后该种材料的消耗量不变，只是材料预算价格不同。换算公式为：

换算后定额单价＝换算前定额单价＋（换入混凝土或砂浆预算单价－换出混凝土或砂浆预算单价）×定额材料消耗量

如某工程框架梁设计采用 C40 商品混凝土浇筑。参照《山东省建筑工程消耗量定额》（2016）项目设置，套用定额 5-1-19，混凝土定额消耗量为 10.100m³。该定额考虑的现浇混凝土强度等级为 C30（石子粒径＜31.5），查 2020 年《山东省建筑工程价目表》可知，该定额预算单价为 6224.47 元（除税），查山东省《2020 年人工、材料、机械台班价格表》，C30 现浇混凝土＜31.5 预算价格为 466.02 元/m³（除税），C40 预拌混凝土预算价格为 461.17 元/m³（除税）。调整后的定额单价计算过程如下：

调整后单价＝6224.47＋（461.17－466.02）×10.10＝6175.49（元/10m³）

2. 配合比换算

当消耗量定额中砂浆的配合比与施工图设计要求不同时，可以进行调整换算。如《山东省建筑工程消耗量定额》（2016）11-1-1 为在混凝土或硬基层上抹 20mm 厚 1：3 水泥砂浆找平层，若施工图中设计采用 1：2.5 水泥砂浆，则在套用该定额时需将 1：3 的水泥砂浆换算成 1：2.5 水泥砂浆。换算前后该种材料的消耗量不变，只是材料预算价格不同。换算方法参照强度等级的换算。

3. 用量换算

当施工图设计做法与定额考虑的内容不同时，可以对定额材料消耗量进行调整。如《山东省建筑工程消耗量定额》（2016）第十二章瓷质外墙砖定额考虑了 5mm 以内、10mm 以内和 20mm 以内三种灰缝宽度，如灰缝宽度大于 20mm 时，应调整定额中瓷质外墙砖（150mm×75mm）和勾缝砂浆（1：1.5 水泥砂浆）或填缝剂的用量。具体计算方法可参照块料镶贴消耗量的理论计算公式。

4. 系数调整

在消耗量定额中，由于施工条件和施工方法不同，某些定额项目可以通过乘以换算系数来调整施工条件或方法的差异对定额消耗量的影响。如《山东省建筑工程消耗量定额》（2016）土石方工程中，土方子目按干土编制。人工挖、运湿土时，相应子目人工乘以系数 1.18；机械挖、运湿土时，相应子目人工、机械乘以系数 1.15。采取降水措施后，人工挖、运土相应子目人工乘以系数 1.09，机械挖、运土不再乘系数。第四章砌筑工程定额中各类砖、砌块、石砌体的砌筑均按直形砌筑编制，如为圆弧形砌筑时，按相应定额人工用量乘以系数 1.1，材料用量乘以系数 1.03。又如在装饰工程中，天棚吊顶轻钢龙骨、铝合金龙骨定额按双层结构编制，如采用单层结构时，人工乘以系数 0.85。

5. 厚度调整

消耗量定额中以面积为工程量的项目，由于分项工程厚度的不同，定额消耗量大多规定允许调整其厚度。定额中一般设置基本厚度定额和厚度调整定额。当施工图中设计做法的厚度与基本定额厚度不同时，可首先套用基本厚度定额，再根据实际厚度套用厚度调整定额。如《山东省建筑工程消耗量定额》（2016）第五章直形楼梯定额是按照楼梯板的厚度为 100mm 编制的，某施工图中无梁式直行楼梯设计厚度为 120mm，则首先套用无梁式直形楼梯定额（5-1-39），再套用 5-1-43 楼梯板厚度每增减 10mm 定额，由于实际设计厚度比基本定额厚度增加 20mm，在套用 5-1-43 时，可以将工程量乘以 2，从而实现厚度增加 20mm 的调整。

6. 运距调整

在消耗量定额中，土方、混凝土等材料的运输定额一般分为基本运距定额和运距增加定额。如《山东省建筑工程消耗量定额》（2016）混凝土运输车场外运输项目，设置 5-3-6 运距≤5km 定额和每增运 1km 定额。当实际运距超过基本运距时，首先套用基本运距定额，再套用运距增加定额，其调整方法与厚度调整基本一致。

（三）定额补充

当设计图纸中的项目，在定额中没有，可以做临时性的补充。补充方法有定额代换法和定额编制法两种。

定额代换法是利用性质相似、材料大致相同，施工方法又很接近的定额项目，将类似项目分解套用或考虑一定系数调整使用。定额编制法是指材料用量按图纸的构造做法及相应的计算公式计算，并加入规定的损耗率。人工及机械台班使用量，可按照劳动定额、机械台班消耗定额计算。

↻ 复习巩固

1. 什么是建设工程定额？
2. 按照生产要素划分，定额包括哪几类？
3. 劳动定额的表现形式有哪两种？
4. 企业定额有什么特点？
5. 定额的使用方法有哪几种？

📋 能力提高

1. 通过网络等途径，了解所在地区造价管理部门发布的现行定额有哪些，认识庞大的定额体系。
2. 查阅所在地区建筑工程定额，举例说明定额调整和换算的规定。

3. 建筑工程消耗量定额和建筑工程价目表的关系是什么？

课程思政

　　建筑工程定额反映了完成一定计量单位的质量合格产品所消耗的人工、材料和机械的消耗量标准。建筑工程的材料消耗是建筑业碳排放的重要来源，材料的使用种类和消耗量的高低直接影响碳排放量。"十四五"时期是推动实现碳达峰碳中和的关键期和窗口期。党的二十大报告提出要推动能源清洁低碳高效利用，推进工业、建筑、交通等领域清洁低碳转型，积极稳妥推进碳达峰碳中和。建筑工程消耗量定额不仅用于指导工程计价活动，同时也指导工程的施工。因此，在进行定额消耗量测算时，必须确保合理准确，以节约施工过程中的材料消耗。同时，要不断更新新技术、新材料和新工艺，采用更清洁绿色的建筑材料，从而降低施工过程中的碳排放，助力碳达峰和碳中和。

第三章　建筑工程费用项目组成及计算方法

☞　**本章概要:**本章主要根据《建筑安装工程费用项目组成》(建标〔2013〕44号),结合最新颁布的相关文件介绍了建筑工程费用的组成及计算方法。

☞　**知识目标:**掌握按照费用构成要素和造价形成过程两种划分方式下建筑安装工程费用的组成;理解各项费用的含义。掌握人工、材料、机械台班单价的组成及确定方法。

☞　**能力目标:**能够根据市场行情确定人工、材料和机械的价格,并按照规定的计价程序计算建筑安装工程费用。

☞　**素养目标:**通过人工、材料、机械消耗量和单价的确定方法的学习,培养学生把握行业发展动态、市场行情的意识。

第一节　建筑安装工程费用构成

根据《建筑安装工程费用项目组成》(建标〔2013〕44号文件),建筑安装工程费用项目的构成有两种划分方式,一是按费用构成要素组成划分;二是按工程造价形成划分。

一、按费用构成要素划分

根据建标〔2013〕44号文件,按费用构成要素组成划分,建筑安装工程费由人工费、材料(包含工程设备,下同)费、施工机具使用费、企业管理费、利润、规费和税金组成。

1. 人工费

人工费是指按工资总额构成规定,支付给从事建筑安装工程施工的生产工人和附属生产单位工人的各项费用。内容包括:

(1) 计时工资或计件工资。按计时工资标准和工作时间或对已做工作按计件单价支付给个人的劳动报酬。

(2) 奖金。对超额劳动和增收节支支付给个人的劳动报酬。如节约奖、劳动竞赛奖等。

(3) 津贴补贴。为了补偿职工特殊或额外的劳动消耗和因其他特殊原因支付给个人的津贴,以及为了保证职工工资水平不受物价影响支付给个人的物价补贴。如流动施工津贴、特殊地区施工津贴、高温(寒)作业临时津贴、高空津贴等。

(4) 加班加点工资。按规定支付的在法定节假日工作的加班工资和在法定日工作时间外延时工作的加点工资。

(5) 特殊情况下支付的工资。根据国家法律、法规和政策规定,因病、工伤、产假、计划生育假、婚丧假、事假、探亲假、定期休假、停工学习、执行国家或社会义务等原因按计时工资标准或计时工资标准的一定比例支付的工资。

2. 材料费

材料费是指施工过程中耗费的原材料、辅助材料、构配件、零件、半成品或成品、工程设备的费用，内容包括：

（1）材料原价。材料、工程设备的出厂价格或商家供应价格。

（2）运杂费。材料、工程设备自来源地运至工地仓库或指定堆放地点所发生的全部费用。

（3）运输损耗费。材料在运输装卸过程中不可避免的损耗。

（4）采购及保管费。为组织采购、供应和保管材料、工程设备的过程中所需要的各项费用，包括采购费、仓储费、工地保管费、仓储损耗。

工程设备是指构成或计划构成永久工程一部分的机电设备、金属结构设备、仪器装置及其他类似的设备和装置。

3. 施工机具使用费

施工机具使用费是指施工作业所发生的施工机械、仪器仪表使用费或其租赁费。

（1）施工机械使用费。施工机械使用费以施工机械台班耗用量乘以施工机械台班单价表示，施工机械台班单价应由下列七项费用组成：

1）折旧费：施工机械在规定的使用年限内，陆续收回其原值的费用。

2）检修费：施工机械在规定的耐用总台班内，按规定的检修间隔进行必要的检修，以恢复其正常功能所需的费用。

3）维护费：施工机械在规定的耐用总台班内，按规定的维护间隔进行各级维护和临时故障排除所需的费用，包括为保障机械正常运转所需替换设备与随机配备工具附具的摊销费用，机械运转中日常维护所需润滑与擦拭的材料费用及机械停滞期间的维护费用等。

4）安拆费及场外运费：安拆费是指施工机械在现场进行安装与拆卸所需的人工、材料、机械和试运转费用，以及机械辅助设施的折旧、搭设、拆除等费用；场外运费是指施工机械整体或分体自停放地点运至施工现场，或由一施工地点运至另一施工地点的运输、装卸、辅助材料等费用。

5）人工费：机上司机（司炉）和其他操作人员的人工费。

6）燃料动力费：施工机械在运转作业中所消耗的各种燃料及水、电等。

7）其他费：施工机械按照国家规定应缴纳的车船使用税、保险费及年检费等。

（2）仪器仪表使用费，指工程施工所需使用的仪器仪表的摊销及维修费用。施工仪器仪表台班单价由折旧费、维护费、校验费、动力费四项费用组成。

4. 企业管理费

企业管理费是指建筑安装企业组织施工生产和经营管理所需的费用，内容包括：

（1）管理人员工资。按规定支付给管理人员的计时工资、奖金、津贴补贴、加班加点工资及特殊情况下支付的工资等。

（2）办公费。企业管理办公用的文具、纸张、账表、印刷、邮电、书报、办公软件、现场监控、会议、水电、烧水和集体取暖降温（包括现场临时宿舍取暖降温）等费用。

（3）差旅交通费。职工因公出差、调动工作的差旅费、住勤补助费，市内交通费和误餐补助费，职工探亲路费，劳动力招募费，职工退休、退职一次性路费，工伤人员就医路费，工地转移费，以及管理部门使用的交通工具的油料、燃料等费用。

（4）固定资产使用费。管理和试验部门及附属生产单位使用的属于固定资产的房屋、设备、仪器等的折旧、大修、维修或租赁费。

（5）工具用具使用费。企业施工生产和管理使用的不属于固定资产的工具、器具、家具、交通工具和检验、试验、测绘、消防用具等的购置、维修和摊销费。

（6）劳动保险和职工福利费。由企业支付的职工退职金、按规定支付给离休干部的经费，集体福利费、夏季防暑降温、冬季取暖补贴、上下班交通补贴等。

（7）劳动保护费。企业按规定发放的劳动保护用品的支出。如工作服、手套、防暑降温饮料，以及在有碍身体健康的环境中施工的保健费用等。

（8）检验试验费。施工企业按照有关标准规定，对建筑以及材料、构件和建筑安装物进行一般鉴定、检查所发生的费用，包括自设试验室进行试验所耗用的材料等费用。不包括新结构、新材料的试验费，对构件做破坏性试验及其他特殊要求检验试验的费用和建设单位委托检测机构进行检测的费用，对此类检测发生的费用，由建设单位在工程建设其他费用中列支。但对施工企业提供的具有合格证明的材料进行检测不合格的，该检测费用由施工企业支付。

（9）工会经费。企业按《工会法》规定的全部职工工资总额比例计提的工会经费。

（10）职工教育经费。按职工工资总额的规定比例计提，企业为职工进行专业技术和职业技能培训，专业技术人员继续教育、职工职业技能鉴定、职业资格认定以及根据需要对职工进行各类文化教育所发生的费用。

（11）财产保险费。施工管理用财产、车辆等的保险费用。

（12）财务费。企业为施工生产筹集资金或提供预付款担保、履约担保、职工工资支付担保等所发生的各种费用。

（13）税金。企业按规定缴纳的房产税、车船使用税、城镇土地使用税、印花税等。

（14）其他。包括技术转让费、技术开发费、投标费、业务招待费、绿化费、广告费、公证费、法律顾问费、审计费、咨询费、保险费等。

5．利润

利润是指施工企业完成所承包工程获得的盈利。

6．规费

规费是指按国家法律、法规规定，由省级政府和省级有关权力部门规定必须缴纳或计取的费用。

（1）社会保险费，包括以下方面：

1）养老保险费：是指企业按照规定标准为职工缴纳的基本养老保险费。

2）失业保险费：是指企业按照规定标准为职工缴纳的失业保险费。

3）医疗保险费：是指企业按照规定标准为职工缴纳的基本医疗保险费。

4）生育保险费：是指企业按照规定标准为职工缴纳的生育保险费。

5）工伤保险费：是指企业按照规定标准为职工缴纳的工伤保险费。

山东省人民政府办公厅《关于贯彻国办发〔2017〕19号文件促进建筑业改革发展的实施意见》（鲁政办发〔2017〕57号）和山东省住房城乡建设厅、省财政厅《关于停止实施主管部门代收、代拨建筑企业养老保障金制度的通知》（鲁建建管字〔2018〕17号）等有关规定，社会保险费由建设单位按照规定费率直接向施工企业支付。

（2）住房公积金，是指企业按规定标准为职工缴纳的住房公积金。

根据2018年颁发的《中华人民共和国环境保护税法》相关规定，原规费中的工程排污费现已停止征收，是否在规费中开列相应替代项目应按各地市相关规定执行。如山东省建筑安装工程费用规费项目中暂列环境保护税。根据《山东省环境保护税核定征收管理办法》（国家税务总局山东省税务局、山东省生态环境厅〔2019〕年第 10 号公告修改）规定，将环境保护税列入概算，由工程建设方按规定向税务机关缴纳，因此，自 2022 年起将规费中的环境保护税删除。

此外，根据山东省人民政府办公厅《关于进一步促进建筑业改革发展的十六条意见》（鲁政办字〔2019〕53 号）和山东省住房城乡建设厅等 12 部门《印发关于促进建筑业高质量发展的十条措施的通知》（鲁建发〔2021〕2 号）等有关规定，鼓励工程建设各方创建优质工程。依法招标的工程，应按招标文件中提出的创建目标（国家级、省级、市级）计列优质优价费。山东省规费中还规定应计取建设项目工伤保险。

根据《建设工程工程量清单计价标准》（GB/T 50500—2024），在工程项目清单计价时，不再单列规费项目。为贯彻落实《住房和城乡建设部办公厅关于印发工程造价改革工作方案的通知》，部分省区市发布不再单列规费项目的文件。如上海市发布《关于调整本市建设工程规费项目设置等相关事项的通知》（沪建标定联〔2023〕120 号），建设工程费用组成中取消规费项目单列，将施工现场作业人员养老保险、医疗保险（含生育保险）、失业保险、工伤保险和住房公积金列入人工单价，管理人员养老保险、医疗保险（含生育保险）、失业保险、工伤保险和住房公积金列入企业管理费。相应的人工工资单价组成和企业管理费做相应调整。

7. 税金

税金是指国家税法规定的应计入建筑安装工程造价内的增值税。其中甲供材料、甲供设备不作为增值税的计税基础。在计算税金时，分一般计税法和简易计税法两种方法。

二、按造价形成划分

建筑安装工程费按照工程造价形成由分部分项工程费、措施项目费、其他项目费、规费、税金组成，分部分项工程费、措施项目费、其他项目费包含人工费、材料费、施工机具使用费、企业管理费和利润。根据《建设工程工程量清单计价标准》（GB/T 50500—2024），在工程项目清单计价时，不再单列规费项目。建筑安装工程费由分部分项工程费、措施项目费、其他项目费和增值税组成。

1. 分部分项工程费

分部分项工程费是指各专业工程的分部分项工程所发生的各项费用。

（1）专业工程。按现行国家计量标准划分的房屋建筑与装饰工程、仿古建筑工程、通用安装工程、市政工程、园林绿化工程、矿山工程、构筑物工程、城市轨道交通工程、爆破工程等各类工程。

（2）分部分项工程。按现行国家计量标准对各专业工程划分的项目。如房屋建筑与装饰工程划分为土石方工程、地基处理与桩基工程、砌筑工程、钢筋及钢筋混凝土工程等。

2. 措施项目费

为完成工程项目施工，发生于施工准备和施工及验收过程中的技术、生活、安全生产、环境保护等方面的项目。其发生的费用为措施项目费。

（1）临时设施费。临时设施费是为进行建设工程施工所需的生活和生产用的临时建（构）筑物和其他临时设施，包括临时设施的搭设、移拆、维修、清理、拆除后恢复等，以及因修建临时设施应由承包人所负责的有关内容所发生的费用。

临时设施费主要包括：施工现场配电线路；配电箱、开关箱、接地装置保护等临时用电设施费用；施工现场生活用水、施工用水等临时用水设施费用；现场办公生活设施费用，包括临时宿舍、文化福利及公用事业房屋与构筑物、仓库、办公室、加工厂及规定范围内道路等临时设施的搭设、维修、拆除、清理费用或摊销费等，以及为符合卫生和安全要求发生的费用。

（2）文明施工费。文明施工费是指施工现场文明施工、绿色施工所需各项措施发生的费用。

文明施工费主要包括：施工现场围挡；五板一图（工程概况、管理人员名单及监督电话、安全生产、文明施工、消防保卫五板和施工现场总平面图）；现场出入的大门设置本企业标识的费用；现场道路、排沟、排水设施、工地地面硬化处理及绿化等场容场貌；宣传栏以及其他有特殊要求的文明施工做法所发生的费用。

（3）环境保护费。环境保护费是指施工现场为达到环保要求所需各项措施发生的费用。

环境保护费主要包括：材料堆放时悬挂有名称、品种、规格等标牌的费用；水泥和其他易飞扬细颗粒建筑材料密闭存放或采取覆盖措施的费用；易燃、易爆和有毒有害物品分类存放发生的费用；垃圾清运时，施工现场设置密闭或垃圾站的费用；施工垃圾、生活垃圾分类存放发生的费用；施工垃圾采用相应容器或管道进行运输的费用；环保部门所需要的其他保护费用。

（4）安全施工费。安全施工费是指施工现场安全施工所需各项措施发生的费用。

安全施工费主要包括接料平台、上下脚手架人行通道（斜道）、水平安全网、密目式立网、安全帽、安全带等一般防护；通道棚、建筑物作业周边防护栏杆；施工电梯、物料提升机、吊篮升降处防护栏杆；配电箱和固位使用的施工机械周边围栏、防护棚；基坑周边防护栏杆；上下斜道防护栏杆；灭火器、砂箱、消防水桶、加压泵等消防安全防护；临边洞口交叉高处作业防护；安全警示标志牌；各种安全应急预案的编制、培训和有关器材的配置及检修费用；其他必要的安全措施费用。

根据《建设工程工程量清单计价规范》（GB 50500—2013），临时设施费、环境保护费、文明施工费和安全生产费称为安全文明施工费，属于不可竞争的措施项目，费率标准不予竞争。因此有些省份将其列入规费中。如山东省规定在规费中计列安全文明施工费。此外，安全施工费除了计列常规的安全施工费之外，根据 2022 年颁发的《山东省住房和城乡建设厅关于在全省房屋市政工程施工领域全面实施安全生产责任保险制度的通知》，在招投标和合同签订阶段，安全施工费中暂按 0.15% 的费率计列安全生产责任保险。工程结算时按实际购买保险金额计入。2023 年，山东省住房和城乡建设厅发布《关于调整建设工程安全施工费的通知》鲁建标字〔2023〕2 号，安全生产责任保险费用计入安全施工费中，不再单独计算。建筑工程安全施工费的费率调整为 3.51%。

为推动工程造价改革，部分省区市开始试点取消安全文明施工费作为不可竞争费用的规定。如湖北省住建厅发布《湖北省建设工程造价改革试点实施方案》，决定在武汉市、襄阳市、宜昌市、鄂州市开展工程造价改革试点工作。明确试行工程量清单综合单价调整为全费用综合单价，取消安全文明施工费、规费等作为不可竞争费用的规定，实现工程造价费用组成贴合市场实际。济南市住建局会同市发展改革委、财政局等 9 部门联合印发《济南市房屋建筑和市政基础设施工程最高投标限价编制改革试点工作指引（试行）》，明确在编制投标报价时，安全文明施工费可根据企业实际情况，严格按照国家、山东省、济南市建设工程安全文明施工管理的相关规定、技术标准、指南、图册，以及招标人对安全文明施工的具体要求自主竞报。

《建设工程工程量清单计价标准》（GB/T 50500—2024）中删除安全文明施工费，新增安全生产措施费，将其定义为承包人按照国家、行业及地方主管部门等有关安全生产的要求进行及完成工程所发生的保证施工生产安全所采用的措施而发生的费用。其包括的内容和使用范围，应符合合同约定和国家及省级、行业主管部门有关文件及"计量标准"的规定。

（5）夜间施工增加费。因夜间或在地下室等特殊施工部位施工时，所采用照明设备的安拆、维护、照明用电及施工人员夜班补助、夜间施工劳动效率低等内容所发生的费用。

（6）二次搬运费。因施工场地条件及施工程序限制而发生的材料、构配件、半成品等一次运输不能到达堆放地点，必须进行二次或多次搬运所发生的内容所发生的费用。

（7）冬雨季施工增加费。在冬季或雨季施工，引起防寒、保温、防滑、防潮和排除雨雪等措施的增加，人工、施工机械效率的降低等内容所发生的费用。

（8）已完工程及设备保护费。建设项目施工过程中直至竣工验收前，对已完工程及设备采取的必要保护措施所发生的费用。

（9）特殊地区施工增加费。在特殊地区（高温、高寒、高原、沙漠、戈壁、沿海、海洋等）及特殊施工环境（邻公路、邻铁路等）下施工时，弥补施工降效所需增加的内容增加的费用。

（10）既有建（构）筑物、设施保护费。在工程施工过程中，对既有建（构）筑物及地上、地下设施进行的遮盖、封闭、隔离等必要临时保护措施，措施项目因专业的不同而不同，也会由于一些特殊事件进行相应的调整。

（11）脚手架。搭设脚手架、斜道、上料平台，铺设安全网，铺（翻）脚手板，转运、改制、维修维护，拆除、堆放、整理及、外运、归库等发生的费用。

（12）垂直运输。垂直运输机械进出场及安拆，固定装置、基础制作、安装，行走式机械轨道的铺设、拆除，设备运转、使用等所发生的费用。

（13）其他大型机械进出场及安拆费。除垂直运输机械以外的大型机械安装、检测、试运转和拆卸，运进、运出施工现场的装卸和运输，轨道、固定装置的安装和拆除等发生的费用。

（14）施工排水。提供满足施工排水所需的排水系统，包括设备安拆、调试及配套设施的设置等，设备运转、使用等发生的费用。

（15）施工降水。提供满足施工降水所需的降水系统，包括设备安拆、调试及配套设施的设置等，设备运转、使用等发生的费用。

党的二十大报告明确指出，推进新型工业化，加快建设制造强国、质量强国、航天强国、交通强国、网络强国、数字中国。构建新一代信息技术、人工智能、生物技术、新能源、新材料、高端装备、绿色环保等一批新的增长引擎。智慧工地建设是践行数字中国、实现建筑业数字转型的重要举措。按照智慧工地建设的指导意见，山东省增加智慧工地单价措施费，以建筑面积为基数，按照不同星级计算。智慧工地费不再计取企业管理费、利润、规费，仅计取税金。

3. 其他项目费

（1）暂列金额。发包人在工程量清单中暂定并包括在合同总价中，用于招标时尚未能确定或详细说明的工程、服务和工程实施中可能发生的合同价款调整等所预留的费用。

（2）专业工程暂估价。发包人在工程量清单中提供的，在招标时暂不能确定工程具体要求及价格而预估的含增值税的专业工程费用。

（3）计日工。承包人完成发包人提出的零星项目或工作，但不宜按合同约定的计量与计价规则进行计价，而应依据经发包人确认的实际消耗人工工日、材料数量、施工机具台班等，按合同约定的单价计价的一种方式。相应的费用为计日工费。

（4）总承包服务费。按合同约定，承包人对发包人提供材料履行保管及其配套服务所需的费用；和（或）承包人对合同范围的专业分包工程（承包人实施的除外）提供配合、协调、施工现场管理、已有临时设施使用、竣工资料汇总整理等服务所需的费用；以及（或）承包人对非合同范围的发包人直接发包的专业工程履行协调及配合责任所需的费用。

（5）合同中约定的其他项目。

第二节　建筑安装工程费用构成要素计算方法

一、人工费

人工费 $=\sum$（工日消耗量×日工资单价）

$$日工资单价 = \frac{生产工人平均月工资(计时、计件) + 平均月(奖金 + 津贴补贴 + 特殊情况下支付的工资)}{年平均每月法定工作日}$$

工程造价管理机构确定日工资单价应通过市场调查、工程项目技术要求，参考实物工程量人工单价综合分析确定，并定期发布。最低日工资单价不得低于工程所在地人力资源和社会保障部门所发布的最低工资标准的：普工 1.3 倍、一般技工 2 倍、高级技工 3 倍。如山东省住房和城乡建设厅于 2020 年 11 月 12 日发布了《关于调整建设工程定额人工单价及各专业定额价目表的通知》，将综合工日单价调整为：建筑工程 128 元/工日，装饰工程 138 元/工日，安装工程 138 元/工日，市政工程 117 元/工日，园林绿化工程 117 元/工日；《山东省建设工程施工机械台班费用编制规则》（鲁建标字〔2016〕39 号）中的人工单价调整为 130 元/工日。各地市根据当地市场行情确定适用的人工工资单价水平。

编制最高投标限价时，人工工资单价按照工程所在地工程造价管理部门发布的人工工资单价计算；编制投标报价时，投标单位可自行确定人工工资单价。

【例 3-1】　某施工企业参加某工程的投标，根据企业实际和人工市场行情确定人工工资单价。按照企业数据统计，平均月工资 2351 元/人，平均月奖金 300 元/人，津贴补贴 100 元/人，特殊情况下支付的工资月平均 50 元/人。年法定节假日 135 天。年日历天数按 365 天计算。根据以上数据确定的人工工资单价是多少？

解　年平均每月法定工作日 ＝（365－135）/12 ＝ 19.2（天）

日工资单价 ＝（2351＋300＋100＋50）/19.2 ＝ 145.89（元/工日）

【例 3-2】　某民用建筑工程位于济南市。招标文件约定按照《山东省建筑工程消耗量定额》（2016）的数量标准确定消耗量。其中一项工作内容为预制钢筋混凝土方桩，需截桩 25 根。

（1）招标人委托某工程造价咨询企业编制该工程的最高投标限价。该工程造价咨询企业按照 2020 年山东省济南市价目表计算该截桩工程的人工费是多少？

（2）某施工企业参与该工程投标。自行确定的人工工资单价为 135 元/工日。投标时截桩的人工费是多少？

解　查济南市 2020 年价目表，截桩对应定额子目为 3-1-42。定额单位为 10 根，定额人工费为 572.16 元，因此，编制最高投标限价时，截桩人工费＝25×572.16÷10＝1430.40（元）。

或查定额子目 3-1-42，人工消耗量为 4.47 工日/10 根，济南市 2020 年工程造价管理部门发布的人工工资单价为 128 元/工日，因此，编制最高投标限价时，截桩人工费＝25×4.47×128÷10＝1430.40（元）。

投标时截桩人工费＝25×4.47×135÷10＝1508.63（元）。

二、材料费

材料费＝∑（材料消耗量×材料单价）

材料单价＝[（材料原价＋运杂费）×（1＋运输损耗率）]×[1＋采购保管费率]

（1）材料原价。材料原价是指材料的出厂价格，进口材料抵岸价或销售部门的批发牌价和零售价。在确定原价时，凡同一种材料因来源地、交货地、供货单位、生产厂家不同，而有几种价格（原价）时，根据不同来源地供货数量比例，采取加权平均的方法确定其综合原价。计算公式如下

加权平均原价＝$(C_1 K_1 + C_2 K_2 + \cdots\cdots + C_n K_n) \div (K_1 + K_2 + \cdots\cdots + K_n)$

式中　K_1、K_1、$\cdots$、K_n——各不同供应地点的供应量或各不同使用地点的需求量；

C_1、C_2、$\cdots$、C_n——各不同供应地点的原价。

若材料供货价格为含税价格，则以购进货物适用的税率（13%或9%）或征收率（3%）扣除增值税进项税额，从而得到该材料的除税原价。一般计税法下，采用不含增值税进项税额的材料单价计算材料费；简易计税法下，采用含增值税进项税额的材料单价计算材料费。

（2）材料运杂费。同品种材料有若干来源地，采用加权平均的方法计算

加权平均运杂费＝$(K_1 T_1 + K_2 T_2 + \cdots\cdots + K_n T_n) \div (K_1 + K_2 + \cdots\cdots + K_n)$

式中　K_1、K_1、$\cdots$、K_n——各不同供应地点的供应量或各不同使用地点的需求量；

T_1、T_2、$\cdots$、T_n——各不同运距的运杂费。

另外，在运杂费中需要考虑为了便于材料运输和保护而发生的包装费。材料包装费用有两种情况：一是包装费已计入材料原价中，此种情况不再计算包装费，如袋装水泥，水泥纸袋已包括在水泥原价中；另一种情况是材料原价中未包含包装费，如需包装，包装费则应计入材料运杂费中。

若运杂费用为含税价格，则需要按"两票制"和"一票制"两种支付方式扣除增值税进项税额，从而得到该材料的除税运杂费。

（3）运输损耗费。运输损耗费计算公式如下

运输损耗费＝（材料原价＋运杂费）×相应材料运输损耗费率

式中，材料运输损耗率一般是通过各地建设主管部门制定的费率确定。

（4）采购及保管费。一般按照材料到库价格以费率确定。计算公式如下：

采购及保管费＝材料运到工地仓库价格×采购及保管费率

或

　　　　采购及保管费＝（材料原价＋运杂费＋运输损耗费）×采购及保管费率

采购保管费率一般按各省、市、自治区建设行政主管部门制定的费率确定。一般材料的采购保管费率为 2.5%，设备的采购保管费率为 1%。

【例 3-3】　某施工企业参与某民用建筑工程的投标，其中一项工作为屋面（平面）SBS防水卷材（一层），工程量为 685.78m²，采用热熔法施工。招标文件的要求按照《山东省建筑工程消耗量定额》（2016）确定人材机消耗量。该工作内容所需的 SBS 防水卷材由施工企业自行采购。经市场调查确定一家潜在供应商，供货价为 25 元/m²（含税），适用增值税率为 13%。供货商运至施工现场，采购及保管费率为 2.5%，其余材料按山东省 2020 年发布的材料预算价格计算。一般计税法。该防水卷材工作的材料费是多少？

　　解　根据工作内容及做法，按定额 9-2-10 确定材料消耗量，定额单位为 10m²，材料消耗量如下：SBS 防水卷材 11.5635m²，改性沥青嵌缝油膏 0.5977kg，液化石油气 2.6992kg，SBS 弹性沥青防水胶 2.892kg。

　　SBS 防水卷材供货价（除税）＝25÷（1＋13%）＝22.12（元/m²）。

　　由于供货商负责运至施工现场，供货价中已包含材料原价、材料运杂费和运输损耗费。

　　SBS 防水卷材材料预算价格＝22.12×（1＋2.5%）＝22.68（元/m²）。

　　查 2020 年山东省人材机价格表，其余材料单价（除税）分别为：改性沥青嵌缝油膏 5.59 元/kg、液化石油气 4.03 元/kg、SBS 弹性沥青防水胶 31.33 元/kg。

　　因此，该防水卷材工程材料费为

$$685.78×（11.5635×22.68＋0.5977×5.59＋2.6992×4.03＋2.892×31.33）÷10$$
$$＝25\ 173.99（元）$$

三、施工机具使用费

1. 施工机械使用费

施工机械使用费＝∑（施工机械台班消耗量×机械台班单价）

机械台班单价＝台班折旧费＋台班大修费＋台班检修费＋台班维护费＋台班安拆费及场外运费＋台班人工费＋台班燃料动力费＋台班其他费用

（1）台班折旧费。

台班折旧费＝机械原值×（1－残值率）×时间价值系数/耐用总台班

残值率是指机械报废时回收的残值占机械原值的比率。目前各类施工机械均按 5% 计算。

时间价值系数指购置施工机械的资金在施工生产过程中随着时间的推移而产生的单位增值。其公式如下

　　　　　　时间价值系数＝1＋（折旧年限＋1）/2×年折现率

其中，年折现率应按编制期银行年贷款利率确定。

（2）检修费的组成及确定。

　　　　　　台班检修费＝（一次检修费×寿命期内检修次数）/耐用总台班

其中：一次检修费按机械设备规定的检修范围和工作内容，进行一次检修所需消耗的工时、配件、辅助材料、油燃料以及送修运输等全部费用计算。

寿命期检修次数指为恢复原机功能，按规定在寿命期内需要进行的检修次数。

（3）台班维护费的组成及确定。

台班维护费＝［（各级维护一次费用×寿命期各级维护总次数）＋临时故障排除费］/耐用总台班＋替换设备和工具附具台班摊销费＋例保辅料费

各级维护（一次）费用指机械在各个使用周期内为保证机械处于完好状况，必须按规定的各级维护间隔周期、维护范围和内容进行的一、二、三级维护或定期维护所消耗的工时、配件、辅料、油燃料等费用。

（4）台班安拆费及场外运输费的组成和确定。

$$台班安拆及场外运输费＝台班辅助设施摊销费$$

$$+\frac{机械一次安拆费×年平均安拆次数＋P×年平均场外运输次数}{年工作台班}$$

$$P＝一次运输及装卸费＋辅助材料一次摊销费＋一次架线费$$

台班安拆费及场外运输费分别按不同机械型号、质量、外形体积以及不同的安装、拆卸和运输方式测算其一次安装拆卸费和一次场外运输费，以及年平均安拆、运输次数，作为计算依据。

（5）台班人工费的组成和确定。

台班人工费＝人工消耗量×［1＋（年制度工作日—年工作台班）/年工作台班］×人工单价

其中，人工消耗量是指机上司机（司炉）和其他操作人员工日消耗量。

年制度工作日应执行编制期国家有关规定。

（6）台班燃料动力费的组成和确定。

定额机械燃料动力消耗量，以实测的消耗量为主，以现行定额消耗量和调查的消耗量为辅的方法确定。计算公式如下

$$台班燃料动力消耗量＝(实测数×4＋定额平均值＋调查平均值)/6$$

$$台班燃料动力费＝台班燃料动力消耗量×相应单价$$

（7）台班其他费用的组成和确定。

$$台班其他费用＝(年车船使用税＋年保险费＋年检测费)/年工作台班$$

其中，年车船使用税、年检测费用应执行编制期国家及地方政府有关部门的规定；年保险费执行编制期国家及地方政府有关部门强制性保险的规定，非强制性保险不应计算在内。

2. 仪器仪表使用费

$$仪器仪表使用费＝工程使用的仪器仪表摊销费＋维修费$$

四、企业管理费

企业管理费一般按照规定的计算基数乘以费率计算。

计算基数可以是人工费，也可以是人工费和机械费之和，或者是分部分项工程费。如山东省规定企业管理费为按照省级造价管理部门发布的人工工资单价计算的省人工费为计算基数乘以相应的费率计算。

在进行投标报价时，费率可由投标单位自行确定，也可参照所在地区工程造价管理部门发布的费率标准。在编制最高投标限价时，按照所在地区工程造价管理部门发布的费率计算。2022年山东省发布的企业管理费费率标准见表3-1。

表 3-1 企业管理费费率表 单位:%

专业名称	计税方式及工程类别	一般计税			简易计税		
		Ⅰ	Ⅱ	Ⅲ	Ⅰ	Ⅱ	Ⅲ
建筑工程	建筑工程	43.4	34.7	25.6	43.2	34.5	25.4
	构筑物工程	34.7	31.3	20.8	34.5	31.2	20.7
	单独土石方工程	28.9	20.8	13.1	28.8	20.7	13.0
	桩基工程	23.2	17.9	13.1	23.1	17.8	13.0
装饰工程		66.2	52.7	32.2	65.9	52.4	32.0

注 来源为山东省建设工程费用项目组成及计算规则（2022 版）；表中工程类别可根据山东省工程类别划分标准确定。

【例 3-4】 假设［例 3-2］中工程类别为Ⅲ类工程，按照《山东省建设工程费用项目组成及计算规则》（2022 版）计算预制钢筋混凝土方桩截桩对应的企业管理费（一般计税）。

(1) 工程造价咨询公司编制该工程的最高投标限价，企业管理费是多少？

(2) 投标企业自行确定的企业管理费费率为 25%，企业管理费是多少？

解 表 3-1 中桩基工程适用于建设单位直接发包的桩基础工程。本工程预制钢筋混凝土桩由总包单位施工，因此按照建筑工程确定工程类别。

由表 3-1 可查，一般计税法下，Ⅲ类建筑工程企业管理费的费率为 25.6%，因此，编制最高投标限价时的企业管理费 $=25 \times 4.47 \times 128 \div 10 \times 25.6\% = 366.18$（元）。

投标企业编制投标报价时的企业管理费 $=25 \times 4.47 \times 128 \div 10 \times 25\% = 357.60$（元）。

五、利润

利润的计算方法与企业管理费相同。

2022 年山东省发布的利润率标准见表 3-2。

表 3-2 利润率表 单位:%

专业名称	计税方式及工程类别	一般计税			简易计税		
		Ⅰ	Ⅱ	Ⅲ	Ⅰ	Ⅱ	Ⅲ
建筑工程	建筑工程	35.8	20.3	15.0	35.8	20.3	15.0
	构筑物工程	30.0	24.2	11.6	30.0	24.2	11.6
	单独土石方工程	22.3	16.0	6.8	22.3	16.0	6.8
	桩基工程	16.9	13.1	4.8	16.9	13.1	4.8
装饰工程		36.7	23.8	17.3	36.7	23.8	17.3

注 来源为山东省建设工程费用项目组成及计算规则（2022 版）；表中工程类别可根据山东省工程类别划分标准确定。

六、规费

如前文所述，《建设工程工程量清单计价标准》（GB/T 50500—2024）不再单列规费项目。部分省区市发布不再单列规费项目的文件。

在还未进行规费计价方式改革的省份，各项规费应根据工程所在地省、自治区、直辖市或行业建设主管部门规定的计算方法和费率计算。

以山东省建设工程费用项目组成及计算规则（2022 版）及 2023 年关于调整安全施工费

的文件（鲁建标字〔2023〕2号）为例，建筑与装饰工程各项规费的计算方法及费率见表3-3。

表 3-3 规费计算表

费用名称　专业名称	计算基数	费率（%）			
		一般计税下		简易计税下	
		建筑工程	装饰工程	建筑工程	装饰工程
安全文明施工费		5.64	5.32	5.44	5.12
其中：1.安全施工费	规费前造价合计	3.51	3.51	3.31	3.31
2.环境保护费	规费前造价合计	0.56	0.12	0.56	0.12
3.文明施工费	规费前造价合计	0.65	0.10	0.65	0.10
4.临时设施费	规费前造价合计	0.92	1.59	0.92	1.59
社会保险费	规费前造价合计	1.52		1.40	
住房公积金		按工程所在地设区市相关规定计算			
建设项目工伤保险	规费前造价合计	0.105		0.1	
优质优价费	规费前造价合计	国家级（1.76）、省级（1.16）、市级（0.93）		国家级（1.66）、省级（1.10）、市级（0.88）	

注　住房公积金按工程所在地设区市相关规定计算，如山东省东营市按人工费之和的2.5%计算；青岛市按人工费之和的3.8%计算；济南市按规费前造价合计的0.21%计算。

七、税金

一般计税法下，建筑工程的增值税＝税前工程造价×9%。其中，9%为建筑业拟征增值税税率；当采用简易计税方法时，增值税税率为3%。建筑工程增值税＝税前工程造价×3%。

税前工程造价为人工费、材料费、施工机具使用费、企业管理费、利润和规费之和。一般计税法下，各费用项目均以不包含增值税可抵扣进项税额的价格计算。简易计税法下，各费用项目均以包含增值税可抵扣进项税额的价格计算。

八、按费用构成要素划分的计价程序

基于上述各构成要素的计算方法，在编制投标报价或最高投标限价时，将各项费用进行汇总得到单位工程的建筑安装工程费。参照《山东省建设工程费用项目组成及计算规则》（2022版），山东省行政区域内的按费用构成要素划分的计价程序见表3-4。该计价程序也被称为定额计价计算程序。

表 3-4 建筑工程费用定额计价计算程序

序号	费用名称	计算方法
一	分部分项工程费	$\sum\{[$定额$\sum($工日消耗量×人工单价$)+\sum($材料消耗量×材料单价$)+\sum($机械台班消耗量×台班单价$)]×$分部分项工程量$\}$
	计费基础 JD1	分部分项工程的省价人工费之和＝$\sum[$分部分项工程定额$\sum($工日消耗量×省人工单价$)×$分部分项工程量$]$

续表

序号	费用名称	计算方法
二	措施项目费	2.1＋2.2
	2.1 单价措施费	$\sum\{[定额\sum(工日消耗量\times人工单价)＋\sum(材料消耗量\times材料单价)＋\sum(机械台班消耗量\times台班单价)]\times单价措施项目工程量\}$
	2.2 总价措施费	JD1×相应费率
	计费基础 JD2	单价措施项目的省价人工费＋总价措施费中的省价人工费之和＝$\sum[$单价措施项目定额$\sum(工日消耗量\times省人工单价)\times$单价措施项目工程量$]＋\sum(JD1\times省发措施费费率\times总价措施费中人工费含量)$
三	其他项目费	3.1＋3.3＋3.4＋3.5＋3.6＋3.7＋3.8
	3.1 暂列金额	
	3.2 专业工程暂估价	
	3.3 特殊项目暂估价	
	3.4 计日工	
	3.5 采购保管费	
	3.6 其他检验试验费	
	3.7 总承包服务费	
	3.8 其他	
四	企业管理费	(JD1＋JD2)×管理费费率
五	利润	(JD1＋JD2)×利润率
六	规费	6.1＋6.2＋6.3＋6.4＋6.5
	6.1 安全文明施工费	(一＋二＋三＋四＋五)×费率
	6.2 社会保险费	(一＋二＋三＋四＋五)×费率
	6.3 住房公积金	按工程所在地设区市相关规定计算
	6.4 建设项目工伤保险	(一＋二＋三＋四＋五)×费率
	6.5 优质优价费	(一＋二＋三＋四＋五)×费率
七	设备费	$\sum(设备单价\times设备工程量)$
八	税金	(一＋二＋三＋四＋五＋六＋七)×税率
九	工程费用合计	一＋二＋三＋四＋五＋六＋七＋八

按照山东省规定的计价程序：

（1）在计算人工费、材料费、机械费时，将其划分成分部分项工程费、措施项目费和其他项目费三大类。

（2）总价措施费一般无法根据图纸等资料计算工程量，因此按照规定的计算基础乘以费率确定。建筑装饰工程主要考虑夜间施工增加费、二次搬运费、冬雨季施工增加费和已完工程及设备保护费。夜间施工增加费、二次搬运费、冬雨季施工增加费以分部分项省人工费为基数计算，已完工程及设备保护费以省分部分项费为基数计算。即在确定计算基数时，人工工资单价按照省级造价管理部门测算的人工工资单价计算。在进行投标报价时，总价措施费的费率由投标企业自行确定，也可参照工程造价管理部门发布的参考费率标准。在编制最高投标限价时，按照工程造价管理部门发布的费率标准执行，见表 3-5。

表 3-5　　　　　　　　　　　　　　　　总价措施费率表　　　　　　　　　　　　　单位：%

费用名称\\\n专业名称	一般计税下				简易计税下			
	夜间施工费	二次搬运费	冬雨季施工增加费	已完工程及设备保护费	夜间施工费	二次搬运费	冬雨季施工增加费	已完工程及设备保护费
建筑工程	2.55	2.18	2.91	0.15	2.80	2.40	3.20	0.15
装饰工程	3.64	3.28	4.10	0.15	4.00	3.60	4.50	0.15
措施费中人工费含量	25				10			

（3）在计算企业管理费和利润时，计算基数除了分部分项费和单价措施费中的省人工费外，还包含总价措施费中的人工费。为简化计算，山东省测算了各总价措施项目的人工费含量。夜间施工增加费、二次搬运费和冬雨季施工增加费的人工费含量为 25%，已完工程及设备保护费的人工费含量为 10%。

🔄 复习巩固

1. 两种建筑安装工程费用项目划分有什么区别和联系？
2. 人工工资单价有哪些组成内容？
3. 材料费有哪些组成内容？
4. 施工机械使用费有哪些组成内容？
5. 规费的组成内容有哪些？
6. 单价措施和总价措施主要包括哪些内容？

📋 能力提高

1. 任选《山东省建筑工程消耗量定额》（2016）的一项定额子目，按照 2020 年山东省造价管理部门发布的人工、材料、机械单价，计算该定额人工费、材料费、机械费。

2. 某办公楼项目位于济南市。发承包双方约定该工程争创省级优良工程。经计算，规费前造价合计为 12 387 245.79 元。一般计税，按照山东省现行费用项目组成及计算规则，计算该工程的规费、税金，并汇总该工程建筑安装工程费。

📖 课程思政

一项建筑工程包含若干施工内容，按照本章所讲的建筑安装工程费用计算方法，计价工作程序复杂、数据众多。如果仅靠手工完成，效率较低，周期较长。随着时代的发展，信息化数字化网络化工具不断深入到各行各业的工作开展中。对于工程造价而言，能否利用现代化的辅助工具帮助提升工程造价管理工作的效率和水平成为当代工程造价从业者关注的热点问题。党的二十大报告指出要构建新一代信息技术、人工智能、生物技术、新能源、新材料、高端装备、绿色环保等一批新的增长引擎。住房和城乡建设部等部门于 2020 年发布了关于推动智能建造与建筑工业化协同发展的指导意见，提出在建造全过程加大建筑信息模型（BIM）、互联网、物联网、大数据、云计算、移动通信、人工智能、区块链等新技术的集成与创新应用的目标任务。

　　传统造价工作模式下，造价咨询人员基本要用 50％～80％的工作时间在编制成本预算，碰上紧急的项目还要再加班，可谓是劳民伤财。上海某咨询公司在开展上海中心大厦项目的造价咨询服务时，充分利用 BIM 技术，通过构建 BIM 模型，在前期预算阶段、中期付款、设计变更管理以及将来的竣工结算等工作环节，开展基于 BIM 的造价技术的省时、省力的工作模式，把庞大的专业信息数据、计算结果有效进行系统化管理，同时让各专业工程三维可视化，项目信息形象化、直观化，把各环节各工种有机结合，创造协同化的造价咨询工作平台，展现了 BIM 技术造价信息服务所带来的价值。

第四章 工程量清单计价

☞ **本章概要：** 本章介绍工程量清单计价依据；按照工程量清单计价模式的要求重点介绍招标工程量清单的编制及清单计价的基本原理和方法。

☞ **知识目标：** 了解工程量清单的计价依据；掌握招标工程量清单的内容及编制方法；掌握清单计价的内容及方法。

☞ **能力目标：** 具备编制一般民用建筑工程招标工程量清单和清单计价的能力。

☞ **素养目标：** 培养市场思维，适应清单计价模式。

第一节 工程量清单计价依据

我国自 2003 年开始推行工程量清单计价模式。为规范建设工程工程量清单计价行为，住房和城乡建设部颁布了《建设工程工程量清单计价规范》（GB 50500—2003）。2008 年对 2003 版计价规范进行了修订。2012 年 12 月 25 日，住房和城乡建设部第 1567 号公告，批准《建设工程工程量清单计价规范》（GB 50500—2013）为国家标准，自 2013 年 7 月 1 日实施。同时颁布《房屋建筑与装饰工程工程量计算规范》（GB 50854—2013）等九本工程量计算规范（以下简称《计量规范》）。这两种规范是工程量清单计价的主要依据。2024 年 12 月 30 日，住房和城乡建设部批准《建设工程工程量清单计价标准》为国家标准（以下简称《计价标准》），编号为 GB/T 50500—2024，自 2025 年 9 月 1 日起实施。原国家标准《建设工程工程量清单计价规范》（GB 50500—2013）同时废止。2024 年 12 月 13 日，颁布《房屋建筑与装饰工程工程量计算标准》（GB/T 50854—2024）等九本工程量计算标准（以下简称《计量标准》），自 2025 年 9 月 1 日起实施，2013 版《计量规范》同时废止。

一、计价标准

《计价标准》主要由正文和附录两大部分构成，两者具有同等效力。

正文共 12 章，包括总则，术语，基本规定，工程量清单编制，最高投标限价编制，投标报价编制，合同工程计量，合同价款调整，合同价款期中支付，工程结算与支付，合同价款争议的解决、工程计价成果与档案管理。

附录包括：附录 A 物价变化合同价格调整方法，附录 B 工程计价文件封面，附录 C 工程计价文件扉页，附录 D 工程计价说明，附录 E 工程计价费用汇总表，附录 F 合同价款支付申请（核准）表，附录 G 主要材料一览（调差）表。

1.《计价标准》的总则

（1）为规范建设工程计价规则和方法，完善工程造价市场形成机制，推动工程造价管理高质量发展，根据《中华人民共和国民法典》《中华人民共和国建筑法》《中华人民共和国招标投标法》《中华人民共和国价格法》等法律法规，制定本标准。

（2）本标准适用于建设工程施工发承包及实施阶段的计价活动。其他的计价活动可参照应用。

（3）建设工程的计价活动应遵循客观公正、平等自愿、诚实守信、法定优先、有约从约的原则。

（4）工程造价咨询人出具的工程量清单、最高投标限价、投标报价、工程计量、合同价格调整和期中支付、工程结算与支付等工程造价成果文件，应由一级注册造价工程师审核签字并加盖执业专用章。

（5）发承包双方中的任一方，应对出具的工程造价成果文件的质量向另一方负责。接受委托的承担工程造价文件编制与核对的工程造价咨询人及其从业人员，应对工程造价成果文件的质量向委托方负责。发承包双方中的任一方应就其委托并确认的工程造价咨询人编制与核对的工程造价成果文件的质量，向另一方负责。

（6）工程造价咨询人不得就同一工程既接受招标人委托编制工程量清单、最高投标限价，又接受投标人委托编制投标报价，或同时接受两个及以上投标人的委托编制投标报价；也不得就同一工程既接受承包人的委托进行工程结算编制、核对、审计等工作，不得再接受委托进行同一工程的工程造价鉴定工作。

（7）建设工程施工发承包及实施阶段的计价活动，除应符合本标准规定外，尚应符合国家现行有关标准的规定。

2.《计价标准》的主要术语

（1）工程量清单（bills of quantities）：建设工程文件中载明项目编码、项目名称、项目特征、计量单位、工程数量等的明细清单。

（2）项目特征（item description）：载明构成工程量清单项目自身的本质及要求，用于说明设计图纸、技术标准规范及招标文件要求完成的清单项目的文字性描述。

（3）综合单价（all-in unit rate）：综合考虑技术标准规范、施工工期、施工顺序、施工条件、地理气候等影响因素以及约定范围与幅度内的风险，完成一个单位数量工程量清单项目所需的费用。清单项目综合单价包括人工费、材料费、施工机具使用费、管理费、利润和一定范围内的风险费用，不包括增值税。

（4）工程量清单缺陷（bill of quantities defects）：工程量清单的分部分项工程项目清单中所列的清单项目与对应的合同图纸及合同规范所要求的清单项目在列项、项目特征、工程数量上存在的差异。它包括工程量清单多列项、错漏项、项目特征不符、工程数量偏差及其他同类。

（5）工程造价咨询人（engineering cost consultant）：依法开展建设工程造价咨询工作，具备提供工程造价咨询服务能力，具有法人资格，能独立承担民事责任的企业及其合法继承人。

（6）最高投标限价（bid price ceiling）：招标人根据国家法律法规及相关标准、建设主管部门的有关规定，以及拟定的招标文件和招标工程量清单，并结合工程实际情况，按照本标准规定编制的，限定投标人投标报价的最高价格。

（7）投标价（tender sum）：投标人投标时响应招标工程设计文件及技术标准规范、招标工程量清单、招标文件的合同条款等要求，在投标文件中的投标总价及已标价工程量清单中标明的合价及其综合单价等价格。

二、计量标准

1. 现行《计量标准》

《房屋建筑与装饰工程工程量计算标准》（GB/T 50854—2024）适用于房屋建筑与装饰工程施工发承包及实施阶段的工程计量和工程量清单编制。目的是规范建设工程工程计量行为，统一房屋建筑与装饰工程工程量计算规则、工程量清单的编制方法。

2.《计量标准》的主要内容

《房屋建筑与装饰工程工程量计算标准》（GB/T 50854—2024）主要包括总则、术语、工程计量、工程量清单编制、本标准用词说明和引用标准名录六部分。其中，工程量清单编制部分对分部分项工程项目清单和措施项目清单编制做出了明确的规定。附录共 16 个，规定了土石方工程，地基处理与边坡支护工程，桩基工程，砌筑工程，混凝土及钢筋混凝土工程等分部工程和措施项目的项目编码、项目名称、项目特征、计量单位、工程量计算规则和工作内容，见表 4-1。

表 4-1　　　　　　　　　　《计量标准》清单项目设置（节选）

项目编码	项目名称	项目特征	计量单位	工程量计算规则	工作内容
010501001	基础垫层	1. 基础形式 2. 厚度 3. 材料品种、强度要求、配比	m³	按设计图示尺寸以体积计算	1. 混凝土输送、浇筑、振捣、养护 2. 其他材料的现场拌和、铺设、找平、压实

第二节　工程量清单的编制

一、一般规定

（1）工程量清单应由具有编制能力的招标人或受其委托的工程造价咨询人编制。

（2）招标工程量清单应根据招标文件要求及工程交付范围，以合同标的或以单项工程、单位工程为工程量清单编制对象进行列项编制，并作为招标文件的组成部分。

（3）工程量清单成果文件应包括封面、签署页、编制说明、工程量计算规则说明、工程量清单及计价表格等。编制说明应列明工程概况、招标（或合同）范围、编制依据等；工程量计算规则说明应明确工程量清单使用的国家及行业工程量计算标准，以及根据工程实际需要补充的工程量计算规则等。

（4）招标人根据工程实际情况编制的招标工程量清单应用于总价合同的，其清单项目和工程数量应视为与招标图纸和技术标准规范相符，存在工程量清单缺陷的，承包人应承担工程量清单缺陷的补充完善责任，工程量清单缺陷不做调整，即投标人应在接收招标文件后，在规定时间内对招标工程量清单的分部分项工程项目清单进行复核。如投标人对工程量清单有疑问或异议的，应按招标文件的规定以书面形式提请招标人澄清，招标人核实后做出修正的，投标人应按修正后的工程量清单进行报价。如投标人经复核认为招标工程量清单及修正后（如有）的分部分项工程项目清单存在工程量清单缺陷的，可在已标价工程量清单的分部分项工程项目清单中进行补充完善及报价，并对已标价分部分项工程项目清单的完整性和准确性负责。无论投标人是否已提出疑问、异议或按已修正后的工程量清单报价，或对分部分项工程项目清单做出补充完善及报价，除招标工程量清单说明为暂定数量的单价计价分部分项工程项目清单外，合同价格不应因存在工程量清单缺陷而调整。

编制的招标工程量清单应用于单价合同时，其清单项目列项、项目特征的工作内容及其工程数量应视为符合招标图纸和技术标准规范的要求，存在分部分项工程项目清单缺陷的，应由发包人承担相关清单缺陷责任。

（5）采用单价合同的工程量清单中分部分项工程项目清单工程数量为暂定的工程量，在合同履行中应按发包人提供的实际施工图纸、合同约定国家及行业工程量计算标准及补充的工程量计算规则重新计量确定，但措施项目清单和以项计价的分部分项工程项目清单应按本标准总价计价的规定计算，即采用单价合同的工程，发包人提供的除措施项目清单外的项目清单存在工程量清单缺陷的风险由发包人承担。无论采用单价合同还是总价合同，承包人应对措施项目清单的准确性和完整性负责。

（6）采用总价合同的工程量清单，如工程量清单存在缺陷的，清单缺陷引起的价款变化应视为已包含在合同总价内，合同履行中不予调整；但分部分项工程项目清单内说明是暂定数量的清单项目及其工程数量，应按本标准单价计价的规定重新计量确定，并对相关清单项目的合同价格及合同总价进行相应调整。

（7）无论采用单价合同还是总价合同，分部分项工程项目清单的项目编码、项目名称、项目特征、计量单位、工作内容应按国家及行业工程量计算标准和补充工程量清单计算规则进行编制；措施项目清单的项目编码、项目名称、工作内容应按国家及行业工程量计算标准编制。

（8）编制工程量清单应依据：

1）现行《计价标准》和《计量标准》。

2）国家及省级、行业建设主管部门颁发的其他专业工程计量标准和计价规定、补充的工程量计算规则。

3）建设工程设计文件及技术资料。

4）与建设工程项目有关的标准、规范。

5）招标文件。

6）施工现场情况和地勘水文资料。

7）其他相关资料。

二、分部分项工程项目清单的编制

分部分项工程项目清单应按照"计量标准"规定的项目编码、项目名称、项目特征、计量单位和工程量计算规则进行编制。分部分项工程项目清单见表4-2。

表 4-2　　　　　　　　　　　　　分部分项工程项目清单计价表

工程名称：　　　　　　　　标段：　　　　　　　　　　　　　　　　　第　页　共　页

序号	项目编码	项目名称	项目特征描述	计量单位	工程量	金额（元）	
						综合单价	合价
1	010102002001	挖沟槽土方	1. 土壤类别：三类土 2. 开挖深度：4.0m 3. 基底处理方式：基底夯实和钎探	m³	100.00		

续表

序号	项目编码	项目名称	项目特征描述	计量单位	工程量	金额（元）	
						综合单价	合价
2	010102002002	挖沟槽土方	1. 土壤类别：三类土 2. 开挖深度：2.0m 3. 基底处理方式：基底夯实和钎探	m³	50.00		
			本页小计				
			合计				

1. 项目编码

项目编码应采用十二位阿拉伯数字表示，一至九位应按《计量标准》附录的规定设置。十至十二位应根据拟建工程的工程量清单项目名称和项目特征设置。

项目编码采用五级编码设置，具体为：一至二位为专业工程代码，9 本《计量标准》按照先后顺序分别为 01 至 09；三至四位为专业工程附录分类码；五至六位为分部工程顺序码；七至九位为分项工程项目名称顺序码；十至十二位是清单项目名称顺序码，从 001 顺序编码。如表 4-2 中第一项"挖沟槽土方"清单项目，属于《房屋建筑与装饰工程工程量计算标准》附录 A.2 基础土石方中的第二个清单项，且在该工程挖沟槽土方清单项中列在第一顺序。因此其项目编码为 010102002001。

同一招标工程的同一单项工程的项目编码不得有重码。如表 4-2 中，该工程有两项"挖沟槽土方"，但挖土深度不同，应分别列项。其项目编码十至十二位分别为 001 和 002，避免重复。

编制工程量清单出现《计量标准》附录中未包括的项目，编制人应作补充。补充项目的编码由计量标准的代码 01 与 B 和三位阿拉伯数字组成，并应从 01B001 起顺序编制。补充的工程量清单应附有补充项目的项目名称、项目特征、计量单位、工程量计算规则、工程内容。不能计量的措施项目应附有补充项目的项目名称、工作内容及包含范围。

2. 项目名称

项目名称应按相关《计量标准》的规定，并结合拟建工程实际确定编写。

3. 项目特征

工程量清单的项目特征应按相关《计量标准》的规定，并结合拟建工程的实际确定。分部分项工程项目清单的项目特征应结合图纸和规范的要求进行描述。

4. 计量单位和工程量

计量单位和工程量应按照相关《计量标准》规定的计量单位和工程量计算规则计算。工程量的有效位数应遵守下列规定：

1) 以"t"为计量单位，保留小数点后三位数字，第四位小数四舍五入。

2) 以"m""m²""m³"为计量单位，保留小数点后两位数字，第三位小数四舍五入。

3) 以"个""根""座""套""孔""樘"为计量单位，取整数。

单价合同的工程量清单，应依据招标图纸、技术标准规范、国家及行业工程量计算标准及补充的工程量计算规则，确定分部分项工程项目清单及其项目特征，并计算其工程数量。清单项目按项计量编制的，应在其计量单位中以项表示。如招标工程需要，可参考同类工程的设计图纸等资料在招标工程量清单中合理列出招标图纸没反映、但施工中可能会发生的清单项目及其项目特征，并结合招标工程及参考同类工程资料确定暂定工程数量。

总价合同的工程量清单，按照招标图纸及技术标准规范可确定项目特征，但不能准确计算工程数量的项目可按暂定数量编制，并在其项目特征中说明为暂定工程量。

分部分项工程项目清单中由发包人提供材料或暂估价材料价格的清单项目编制应符合下列规定：

（1）发包人提供材料的清单项目应按规定在招标文件中明确，并在项目特征中说明主材由发包人提供。

（2）材料暂估价的清单项目应在项目特征中明确材料暂估价的金额，并填写材料暂估单价及调整表单独列出材料明细项目及其暂估单价，见表4-3。

材料暂估价是指发包人在工程量清单中提供的，用于支付设计图纸要求必需使用的材料，但在招标时暂不能确定其标准、规格、价格而在工程量清单中预估到达施工现场的不含增值税的材料价格。

表 4-3　　　　　　　　　　　　　　　　材料暂估单价及调整表

工程名称　　　　　　　　　　　　　　标段：　　　　　　　　　　　　　　第　页　共　页

序号	材料名称	规格型号	计量单位	暂估			确认			调整金额	备注
				数量	单价	合价	数量	单价	合价		
1	商品混凝土	C15-C20	m³		400						对应标号的混凝土构件
2	商品混凝土	C25-C40	m³		500						对应标号的混凝土构件
	合计										

注　此表由招标人填写"暂估单价"，并在备注栏说明暂估价的材料拟用在哪些清单项目上，投标人应将上述材料暂估单价计入工程量清单综合单价报价中。

三、措施项目清单

编制工程量清单时，措施项目应按规定的项目编码、项目名称和工作内容确定。发包人提供设计图纸并要求承包人按图施工的措施项目，应按《计量标准》规定编制工程量清单，列入分部分项工程项目清单中。

措施项目清单应结合招标工程的实际情况和相关部门的有关规定，依据常规的施工工艺、顺序及生活、安全、环境保护、临时设施、文明施工等非工程实体方面的要求，按国家及行业工程量计算标准的措施项目分类规则，以及补充的工程量计算规则，结合招标文件及合同条款要求进行编制。其中安全生产措施项目应按国家及省、行业主管部门的管理要求和招标工程的实际情况列项。

措施项目清单见表4-4。

表 4-4　　　　　　　　　　　　　　　　措施项目清单计价表

工程名称：　　　　　　　　　　　　　标段：　　　　　　　　　　　　　　第　页　共　页

序号	项目编码	项目名称	工作内容	价格	备注
			本页小计		
			合计		

四、其他项目清单

其他项目清单包括暂列金额、专业工程暂估价、计日工、总承包服务费和合同中约定的其他项目。其他项目清单计价表见表4-5。

表 4-5　　　　　　　　　　　　　　　其他项目清单计价表

工程名称：　　　　　　　　　　标段：　　　　　　　　　　　第　页　共　页

序号	项目名称	暂估（暂定）金额（元）	结算（确定）金额（元）	调整金额±（元）	备注
1	暂列金额				
2	专业工程暂估价				
3	计日工				
4	总承包服务费				
5	合同中约定的其他项目				
	合计				

1. 暂列金额

暂列金额应根据工程特点按招标文件的要求列项，可按用于暂未明确或不能详细说明工程、服务的暂列金额（如有）和用于合同款调整的暂列金额分别列项。用于暂未明确或不能详细说明工程、服务的暂列金额应提供项目及服务名称，并根据同类工程的合理价格估算暂列金额；用于合同价款调整的暂列金额可按招标图纸设计深度及招标工程实施工期等因素对合同价款调整的影响程度，结合同类工程情况合理估算。

暂列金额明细表见表4-6。

表 4-6　　　　　　　　　　　　　　　暂列金额明细表

工程名称：　　　　　　　　　　标段：　　　　　　　　　　　第　页　共　页

序号	项目名称	计算基础	费率（%）	暂定金额（元）	确定金额（元）	调整金额±（元）	备注
1	合同价格调整暂列金额						
2	未确定工程暂列金额						
2.1							
3	未确定服务暂列金额						
3.1							
4	未确定其他暂列金额						
4.1							
	本页小计						
	合计						

2. 专业工程暂估价

专业工程暂估价应根据招标文件说明的专业工程分类别和（或）分专业列项，并列出明细表，其暂估价可根据项目情况，结合同类工程合理价格或概算金额估算。直接发包的专业工程应根据招标文件说明发包人直接发包的各专业工程分别列项，并列出明细表。发包人提供材料的可按承包人负责安装和承包人不负责安装分别列项，并填写发包人提供材料一览表列出材料明细项目及其暂估单价。

专业工程暂估价明细表见表 4-7。

表 4-7　　　　　　　　　　专业工程暂估价明细表

工程名称：　　　　　　　　　　标段：　　　　　　　　　　第　页　共　页

序号	专业工程名称	暂估金额（元）			确认金额（元）			调整金额±（元）	备注
		不含税价格	增值税	含税价格	不含税价格	增值税	含税价格		
	本页小计								
	合计								

3. 计日工

计日工应在项目特征中说明招标工程实施中可能发生的计日工性质的工种类别、材料及施工机具名称、零星工作项目、拆除修复项目等，并列出每一项目相应的名称、计量单位和合理暂估数量。

计日工表见表 4-8。

表 4-8　　　　　　　　　　计日工表

工程名称：　　　　　　　　　　标段：　　　　　　　　　　第　页　共　页

编号	计日工名称	单位	暂定数量	实际数量	综合单价（元）	合价		调整金额±（元）
						暂定	实际	
一	人工							
1								
2								
	人工小计							
二	材料							
1								
2								
	材料小计							
三	施工机具							
1								
2								
	施工机具小计							
	总计							

　　4. 总承包服务费

　　总承包服务费的相关管理、协调及配合责任等应在招标文件及合同中详细说明。

　　发包人提供材料、专业分包工程的总承包服务费应分别列项，可按项或费率计量。按费率计量的，宜以暂估价作为计价基础；直接发包的专业工程的总承包服务费宜以项计量。

　　总承包服务费计价表见表 4-9。

表 4-9　　　　　　　　　　　　　　总承包服务费计价表

工程名称：　　　　　　　　　　　标段：　　　　　　　　　　　　　　　　第　页　共　页

序号	项目名称	计算基础	费率（%）	金额（元）	确认计算基础	结算金额（元）	调整金额±（元）	备注
1	发包人提供材料							
2	专业分包工程							
3	直接发包的专业工程							
	本页小计							
	合计							

　　5. 合同中约定的其他项目

　　出现《计价标准》中未包含的其他项目，可根据招标文件要求结合工程实际情况补充列项。

五、增值税

　　增值税应根据政府有关主管部门的规定列项，按增值税率计算。增值税计价表见表 4-10。

表 4-10　　　　　　　　　　　　　　增值税计价表

工程名称：　　　　　　　　　　　标段：　　　　　　　　　　　　　　　　第　页　共　页

序号	项目名称	计算基础说明	计算基础	税率（%）	金额（元）
		合计			

第三节　工程量清单计价

一、工程量清单计价的概念及一般规定

　　1. 工程量清单计价的概念

　　工程量清单计价包括最高投标限价和投标报价，并贯穿于合同价款约定、工程计量、合同价款调整、合同价款期中支付、结算与支付及合同价款争议的解决等全过程计价活动。本部分主要介绍最高投标限价和投标报价活动中的清单计价。

　　（1）最高投标限价。设有最高投标限价的，应按国家有关规定编制最高投标限价，并在发布招标文件时公布最高投标限价及其编制依据。最高投标限价应由具有编制能力的招标人或受其委托的工程造价咨询人编制。

（2）投标报价。投标报价应由投标人或受其委托的工程造价咨询人编制。投标人应自主确定投标报价，并应对已标价工程量清单填报价格的一致性及合理性负责，承担不合理报价及总价合同的工程量清单缺陷等风险。投标报价不得低于成本价，且不得高于招标人公布的最高投标限价。

2. 工程量清单计价一般规定

（1）工程量清单的清单项目价款确定可采用单价计价、总价计价方式。根据工程项目特点及实际情况不宜采用单价计价、总价计价方式的，可采用费率计价等其他计价方式，并应在招标文件和合同文件中对其计价要求、价款调整规则等予以说明。

（2）工程量清单计价采用综合单价计价。工程量清单的清单项目综合单价及合价应为不含增值税的税前全费用价格，由人工费、材料费、施工机具使用费、管理费、利润等组成，包括相应清单项目约定或合理范围的风险费，以及不可或缺的辅助工作所需的费用。清单项目的税金应填写在增值税中，但其他项目清单中的专业工程暂估价已含增值税，工程量清单的增值税中不应再计取其相应税金。

（3）分部分项工程项目清单、措施项目清单中，按单价计价方式计价的，应按其工程数量乘以相应的综合单价计算该工程量清单项目的价格。按总价计价方式计价的，应以项为单位计算其清单项目价格。分部分项工程项目清单计价宜采用单价计价方式，措施项目清单计价宜采用总价计价方式。

（4）最高投标限价和投标报价清单计价的方法相同，但也存在差异。编制最高投标限价时，招标人依据招标文件要求、工程实际情况、结合类似工程合理的施工方案及工期数据合理确定计划工期，最高投标限价应基于合理计划工期内完成招标工程所需的费用进行编制。招标人可依据招标工程量清单及同类工程的价格信息和造价资讯等，按相关主管部门规定确定招标工程可接受的最高价格。编制投标报价时，应基于投标人的工程实施方案及投标工期、投标人企业定额、工程造价数据、市场价格信息及价格变动预期、装备及管理水平，造价资讯等，体现投标人自主报价。

二、分部分项工程项目清单的计价

分部分项工程项目清单计价应根据拟定的招标文件和招标工程量清单中的特征描述及有关要求确定各清单项目的综合单价。分部分项工程费等于招标工程量清单中已经给出的工程量乘以计算出的综合单价。如表4-2中"010102002001挖沟槽土方"清单项目，经计算，该清单项目综合单价为27.46元。该清单项目计价表见表4-11。因此，分部分项工程项目清单计价的核心是确定各清单项目的综合单价。

表 4-11 分部分项工程项目清单计价表

工程名称： 标段： 第 页 共 页

序号	项目编码	项目名称	项目特征描述	计量单位	工程量	综合单价	合价
1	010102002001	挖沟槽土方	1. 土壤类别：三类土 2. 开挖深度：4.0m 3. 基底处理方式：基底夯实和钎探	m³	100.00	36.89	3689.00

综合单价的确定应根据工程实际、施工方案确定清单项目的"工作内容"，并计算各工作内容所需要的人工、材料和施工机具的消耗数量，并根据人材机价格信息确定各人材机的单价，考虑企业管理费和利润后，形成分部分项工程清单项目的综合单价。计算过程和结果可通过综合单价分析表体现，见表 4-12。

表 4-12　　　　　　　　　分部分项工程项目清单综合单价分析表

工程名称：某建筑工程　　　　　　　　　　标段：　　　　　　　　　第 1 页 共 1 页

项目编码	010101003001		项目名称	挖沟槽土方			计量单位	m³
序号	费用项目	单位	数量	取费基数金额（元）	费率（%）		单价	合价
1	人工费							13.23
1.1	挖土人工	工日	0.0806				128	10.32
1.2	基底钎探人工	工日	0.0227				128	2.91
2	材料费							0.88
2.1	水	m³	0.0178				6.60	0.12
2.2	钢钎	kg	0.0442				8.89	0.39
2.3	中砂	m³	0.0014				162.24	0.23
2.4	烧结煤矸石普通砖	千块	0.0002				679.73	0.14
3	机械							17.41
3.1	履带式单斗挖掘机（液压 1m³）	台班	0.0034				1235.15	4.20
3.2	履带式推土机 75kW	台班	0.0030				967.75	2.90
3.3	自卸汽车 15t	台班	0.0085				1040.11	8.84
3.4	洒水车 4000L	台班	0.0009				513.69	0.46
3.5	轻便钎探器	台班	0.0043				235.11	1.01
	小计							31.52
4	企业管理费	元		13.23	25.6%			3.39
5	利润	元		13.23	15%			1.98
	综合单价	元						36.89

分部分项工程项目清单综合单价分析表（简版）见表 4-13。

表 4-13　　　　　　　　　分部分项工程项目清单综合单价分析表

工程名称：某建筑工程　　　　　　　　　　标段：　　　　　　　　　第 1 页 共 1 页

序号	项目编码	项目名称	项目特征描述	计量单位	综合单价组成明细（元）					综合单价
					人工费	材料费	施工机具使用费	管理费	利润	
1	010101003001	挖沟槽土方	（略）	m³	13.23	0.88	17.41	3.39	1.98	36.89

对分部分项工程项目清单中发包人提供材料的清单项目，投标人应按招标文件说明的发包人提供材料的规格型号、品牌档次，对发包人提供材料的清单项目进行安装报价，并应满足工程数量对人工价格变化、招标文件规定的有效损耗率、自身原因损耗使用材料产生的承包风险等要求。投标报价的综合单价及投标总价不应包含发包人提供材料的供货人将相关的材料运抵交货地点、完成卸货的费用。

对分部分项工程项目清单中载明材料暂估价的清单项目，应按工程量清单载明的材料暂估单价（不含增值税）计入综合单价。

三、措施项目清单的计价

编制最高投标限价时，措施项目清单的价格可根据招标文件和招标工程量清单、工程实施要求及常规的施工工艺措施、合同条款、类似工程的措施价格信息及市场造价资讯等确定。其中安全生产措施费的计算应符合国家及省级、行业主管部门的规定。

编制投标报价时，投标人应按自身的工程实施方案及投标工期等，对措施项目清单进行自主报价。其中安全生产措施费应符合国家及省级、行业主管部门的规定。措施项目清单的报价应满足下列因素对价格影响的要求：

（1）招标工程的特点及其标段划分和完工交付标准。

（2）工程地质条件、邻近建筑物、现场设施情况、周边道路、交通、水文、环境。

（3）招标文件说明的相关合同责任。

（4）招标文件规定的承包风险。

（5）发包人提供材料的货物供应、专业分包工程、直接发包的专业工程的总承包管理服务（仅适用于总承包合同的投标报价）。

（6）除计价标准规定的工程变更、暂列金额中未能完全预见或详细说明的工程、新增工程、工程索赔等引起的措施项目费用调整外，执行措施项目费用包干引起的承包风险。

投标人应在投标文件提交时完整提交与已标价工程量清单中综合单价及合价一致的费用构成明细表。措施项目清单构成明细分析表、措施项目费用分拆表、大型机械进出场及安拆费用组成明细表见表4-14～表4-16。

表 4-14　　　　　　　　措施项目清单构成明细分析表

工程名称：某建筑工程　　　　　　　　标段：　　　　　　　　第 1 页 共 1 页

序号	项目编码	措施项目名称	计算基础	费率（%）	价格（元）	人工费	材料费	施工机具使用费	管理费	利润	备注
						价格构成明细					
1	措施项目清单1										
1.1	构成明细1										
1.2	构成明细2										
	合计										

注　采用费率计价方式的，应分别填写"计算基础""费率""价格"列数值；采用总价计价方式的，可只填"价格"列数值。

表 4-15 措施项目费用分拆表

工程名称：某建筑工程　　　　　　标段：　　　　　　第 1 页 共 1 页

序号	项目编码	措施项目名称	价格（元）	1. 初始设立费用		2. 中期运行费用		3. 后期拆除费用	
				占比（%）	金额（元）	占比（%）	金额（元）	占比（%）	金额（元）
		本页小计		—		—		—	
		合计		—		—		—	

表 4-16 大型机械进出场及安拆费用组成明细表

工程名称：某建筑工程　　　　　　标段：　　　　　　第 1 页 共 1 页

序号	大型机械名称、规格、型号	数量 A	进出场次数 B	进出场费用单价(元)$C=C_1+C_2+C_3$			合价（元）$D=A\times B\times C$	备注
				机械安拆费（C_1）	机械装卸运输费（C_2）	固定装置安拆费（C_3）		
			本页小计					
			合计					

注 相同大型机械进出场价格不同时，应分别列项；有厂家特别说明要求的，可在备注栏列明。

四、其他项目清单的计价

1. 暂列金额、专业工程暂估价

编制最高投标限价时，暂列金额和专业工程暂估价按招标工程量清单中列出的相关金额计价；编制投标报价时，投标人应按招标工程量清单中提供的暂列金额、专业工程暂估价金额，准确填报在相应投标总价内。

2. 计日工

计日工综合单价应为完成相应清单项目单位数量不含增值税的价格，包括随时、少量完成相关计日工项目所需的费用。计日工清单项目合价可依据计日工清单项目数量乘以综合单价计算。

计日工人工费、材料费、施工机具使用费可按合同约定的市场价格信息来源所发布工程价格信息确定。合同没约定或约定不明的，可依据工程所在地工程造价管理部门或行业发布的工程价格信息中的不含税人工、材料、施工机具租赁市场价格信息，以及合同清单中类似清单项目综合单价分析表中的明细价格组成等确定相应计日工综合单价。

3. 总承包服务费

编制最高投标限价时，总承包服务费按招标工程量清单列出的需要投标人提供服务的发包人提供材料、专业分包工程、直接发包的专业工程，以及类似工程价格信息和造价资讯等分别确定各清单项目的服务费或费率并计价。

编制投标报价时，投标人应按工程实施方案和对专业分包工程、直接发包的专业工程的工期安排，以及对发包人提供材料的供应履行管理及协调责任，对各专业分包工程履行管理和协调及配合责任，对各直接发包的专业工程履行协调及配合责任等招标文件规定的总承包服务内容及要求，对其他项目清单中的各项总承包服务费进行投标报价，并满足总承包服务费计价风险的要求。

五、工程项目清单费用汇总

基于上述各清单表格的费用计算方法，在编制投标报价或最高投标限价时，将各项费用进行汇总得到单位工程的建筑安装工程费，进而得到工程项目的费用，见表 4-17。

表 4-17　　　　　　　　　　　　**工程项目清单汇总表**

工程名称：　　　　　　　　　标段：　　　　　　　　　　　第 1 页 共 1 页

序号	项目内容	金额（元）
1	分部分项工程项目	
1.1	单项工程 1	
1.1.1	单位工程 1	
1.1.2	单位工程 2	
1.2	单项工程 2	
2	措施项目	
2.1	其中：安全生产措施项目	
3	其他项目	
3.1	暂列金额	
3.2	专业工程暂估价	
3.3	计日工	
3.4	总承包服务费	
3.5	合同中约定的其他项目	
4	增值税	
合　　计		

复习巩固

1. 招标工程量清单与已标价工程量清单有哪些区别？
2. 一套完整的工程量清单包括哪些内容？
3. 分部分项工程项目清单的五个要件是什么？如何确定？
4. 编制招标工程量清单时，暂列金额、暂估价、计日工和总承包服务费如何确定？
5. 简述综合单价的计算步骤。
6. 最高投标限价和投标报价的编制有哪些不同？

能力提高

1. 工程量清单计价模式下，如何体现投标企业自主报价？
2. 某投标单位参加某工程（土建和装饰均为Ⅱ类工程）的投标，查阅装饰部分的分部分项工程项清单，共有 35 项分部分项工程清单项目，其中有一项吊顶天棚清单项目，具体信息见表 4-18。并结合自身实际计价，一般计税。

表 4-18　　　　　　　　　　　　　吊顶天棚清单项目

工程名称：　　　　　　　　　　标段：　　　　　　　　　　　　　　　　　第　页　共　页

序号	项目编码	项目名称	项目特征描述	计量单位	工程量	金额（元）	
						综合单价	合价
28	011302001001	平面吊顶天棚	装配式 T 形铝合金龙骨，双层，主龙骨中距 600mm，PVC 扣板面层	m²	21.63		

投标单位在编制投标报价时，确定施工所需的 T 形铝合金龙骨 600mm×600mm 中距市场价格（含税）为 18.5 元/m²，适用增值税率为 13%。其余人材机价格均按照 2024 年 11 月济南市信息价计算。企业管理费和利润按山东省最新规定。假设定额工程量与清单工程量相同，计算该清单项的综合单价，并编制综合单价分析表。

🔖 课程思政

我国 2001 年正式加入 WTO，纵观世界各国的招标计价办法，绝大多数国家均采用最具竞争性的工程量清单计价方法。国内利用国际贷款项目的招投标也都实行工程量清单计价。因此，为了与国际接轨，我国也大力推广采用工程量清单即工程量清单计价模式。实行工程量清单计价，可以有效规范市场秩序，规范业主在招标时的行为，避免暗箱操作、盲目压价、行政干预等行为的发生，有利于遏制腐败现象，为所有投标的企业提供一个公平的竞争环境，同时也可以让企业自主报价的能力得到更有效的发挥。

工程量清单计价需要"多能"的复合型造价人才，要求造价工作者不断强化自身知识技能的学习，注重自身综合素质的全面提高。

（1）造价人员要理论联系实际，深入施工现场，熟悉施工工艺，确保清单计价更加准确、切合实际。

（2）造价人员要有把握市场的能力，掌握建筑市场的发展，熟悉材料价格变化动态，能够利用现代信息技术更广泛地采集价格信息。

（3）造价人员要具备较好的沟通协调能力。清单计价要求造价人员进行材料、机械询价，合同谈判，造价纠纷协调等，需要造价人员运用智慧的沟通方法，合理高效完成。

第五章　工程量计算原理

☞ **本章概要**：本章主要介绍工程量计算的依据、基本要求和步骤，同时介绍工程量计算中常用的几个基数。

☞ **知识目标**：了解工程量的作用，熟悉工程量计算的基本要求和步骤，掌握常用基数的含义和计算方法。

☞ **能力目标**：能够基于实际工程图纸，梳理出需要计算的工程量，并能够计算几个常用基数。

☞ **素养目标**：培养严谨、仔细、守规的职业精神。

第一节　工程量计算的要求和步骤

一、工程量的作用

工程量是以规定的计量单位，按照相应的工程量计算规则计算的工程数量。工程量的计算是进行工程计价的重要依据。在工程量清单计价模式下招标人需要依据相应的《计量标准》计算工程量（清单工程量），以编制完整的工程量清单。在进行清单计价时，工程造价咨询企业或投标单位需要根据参考的定额或企业定额等计算工程量（定额工程量），以确定工程施工所需的人工、材料和机械的消耗量。工程量计算的快慢和准确程度，也直接影响计价工作的效率和准确性。

二、工程量的计算依据

（1）经审定通过的施工设计图纸及其说明。

（2）各专业《计量标准》。

（3）现行"计价标准"。

（4）地区、行业主管部门颁布的定额及工程量计算规则。

（5）经审定通过的施工组织设计或施工方案。

（6）经审定通过的其他有关技术经济文件。

三、工程量计算的基本要求

（1）工程量计算可以采用算量软件或手算表格形式计算，单位要用国际单位制表示，如 m、t 等，还要在工程量计算表中显示或列出计算公式，以便于审查核对。

（2）工程量的计量单位应与相应的《计量标准》或定额的单位一致，一般应以 m、m^2、m^3、t 等为计量单位。

（3）必须在熟悉和审查图纸的基础上进行，要严格按照工程量计算规则，结合施工图所注位置与尺寸为依据进行计算。

（4）必须准确理解工程量计算规则。如计算面积时，必须清楚是按水平投影面积计算、垂直投影面积计算，还是按展开面积计算。

（5）在列计算式时，应将图纸上标明的毫米数换算成米数。

（6）数字计算要精确。

（7）要按一定的顺序计算。为了便于计算和审核工程量，防止重复和漏算，计算工程量时除了按《计量标准》或定额项目的顺序进行计算外，对于每一个单位工程或分项工程也要按一定的顺序进行计算。

（8）要结合图纸，尽量做到结构按分层计算，内装饰按分层分房间计算，外装饰分立面计算；有些项目要按使用材料的不同分别进行计算。

（9）手工算量的计算底稿要整齐，数字清楚，数值准确，切忌潦草凌乱，辨认不清。

四、工程量计算的顺序

1. 单位工程工程量计算顺序

（1）按图纸顺序计算。根据图纸排列的先后顺序，由建施到结施；每个专业图纸由前到后，先算平面，后算立面，再算剖面；先算基本图，再算详图。用这种方法计算工程量的要求是，对清单项目内容要很熟，否则容易出现项目间的混淆及漏项。

（2）按《计量标准》的分部分项顺序计算。按《计量标准》的分部分项次序，由前到后，逐项对照，清单项目与图纸设计内容能对上号时就计算。这种方法一是要首先熟悉图纸，二是要熟练掌握《计量标准》的规定。使用这种方法要注意，有些设计采用了新工艺、新材料，或有些零星项目，可能没有对应的清单项目，在计算工程量时，应单独列出来，不要因清单缺项而漏掉。

（3）按施工顺序计算。按施工顺序计算工程量，就是先施工的先算，后施工的后算，即由平整场地、挖基础土方等算起，直到装饰工程等全部施工内容结束为止。用这种方法计算工程量，要求编制人具有一定的施工经验，能掌握施工的全过程，并且要求对清单计价办法及图纸内容十分熟悉，否则容易漏项。

（4）利用 BIM 算量软件计算。按照选用的 BIM 算量软件的操作说明和流程，将设计图纸内容及设计参数按要求输入 BIM 软件，形成三维算量模型。BIM 软件根据设定的工程量计算规则和要求快速、准确地计算所需的工程量。

无论是采用哪一种计算顺序，在计算一项工程量，查找图纸中的数据时，都要互相对照着看图。如计算墙砌体，就要利用建施图的平面图、立面图、剖面图、墙身详图及结施图的结构平面布置和圈梁布置图等，要注意图纸的连贯性。

2. 分项工程量计算顺序

在同一分项工程内部各个组成部分之间，为了防止重复计算或漏算，也应该遵循一定的计算顺序。分项工程量计算通常采用以下四种不同的顺序：

（1）按照顺时针方向计算。从施工图纸左上角开始，按顺时针方向计算，当计算路线绕图一周后，再重新回到施工图纸左上角的计算方法。这种方法适用于：外墙挖基础土方、外墙基础、外墙、圈梁、过梁、楼地面、天棚、外墙粉饰、内墙粉饰等。

（2）按照横竖分割计算。横竖分割计算是采用先横后竖、先左后右、先上后下的计算顺序。在同一施工图纸上，先计算横向工程量，后计算竖向工程量。在横向采用：先左后右、从上到下；在竖向采用：先上后下，从左至右。这种方法适用于：内墙挖基础土方、内墙基础、内墙、间壁墙、内墙面抹灰等。

（3）按照图纸注明编号、分类计算。按照图纸注明编号、分类计算，主要用于图纸上进行分类编号的钢筋混凝土结构、金属结构、门窗、钢筋等构件工程量的计算。如桩、框架柱、梁、板等构件，都可按图纸注明的编号分类计算。

（4）按照图纸轴线编号计算。为计算和审核方便，对于造型或结构复杂的工程，可以根据施工图纸轴线编号确定工程量计算顺序。因为轴线一般都是按国家制图标准编号的，可以先算横轴线上的项目，再算纵轴线上的项目。

第二节　工程量计算的基数

一、基数的概念

工程量计算中有许多共性的因素，如外墙混凝土带形基础工程量按外墙中心线长度乘以基础设计断面以立方米计算，而外墙墙体工程量按外墙中心线长度乘以墙厚乘以高度以立方米计算；地面垫层按室内主墙间净面积乘以设计厚度以立方米计算，楼地面找平层和整体面层均按主墙间净面积以平方米计算。可见，有许多分项工程量的计算都会用到外墙中心线长度和主墙间净面积等，称其为工程量计算的基数，它们在整个工程量计算过程中要反复多次被使用，在工程量计算之前，就可以根据工程图纸尺寸将这些基数先计算好，在工程量计算时利用这些基数分别计算与它们各自有关项目的工程量。

常用的工程量计算基数包括"四线"和"二面"。"四线"是指在建筑设计平面图中外墙中心线的总长度（$L_{中}$）；外墙外边线的总长度（$L_{外}$）；内墙净长线长度（$L_{内}$）；内墙混凝土基础（垫层）净长度（$L_{净}$）

"二面"是指在建筑设计平面图中底层建筑面积（$S_{底}$）和房心净面积（$S_{房}$）。

二、一般线面基数计算

$L_{中}$——建筑平面图中设计外墙中心线长度。

$L_{内}$——建筑平面图中设计内墙净长线长度。

$L_{外}$——建筑平面图中外墙外边线长度。

$L_{净}$——基础平面图中内墙混凝土基础（垫层）净长度。

$S_{底}$——建筑物底层建筑面积。

$S_{房}$——建筑平面图中房心净面积。

【例 5-1】 平面图如图 5-1 所示，计算一般线面基数。

解 $L_{中}=(3.00\times2+3.30)\times2=18.60$（m）

$L_{外}=(6.24+3.54)\times2=19.56$（m） 或 $L_{外}=18.60+0.24\times4=19.56$（m）

$L_{内}=3.30-0.24=3.06$（m）

$S_{底}=6.24\times3.54=22.09$（m²）

$S_{房}=(3.00\times2-0.24\times2)\times(3.30-0.24)=16.89$（m²）

【例 5-2】 计算如图 5-2 所示基础平面图的各个基数。

分析 图中外墙厚度为 370mm，根据图示尺寸标注，外墙轴线和中心线不重合，需要根据轴线和中心线的位置关系推算外墙中心线长度。

解 $L_{外}=(7.80+5.30)\times2=26.20$（m）

图 5-1　建筑平面图

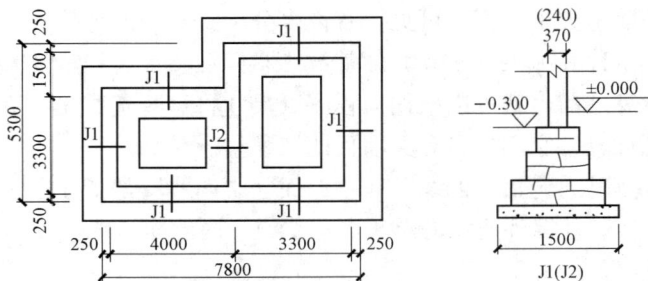

图 5-2　基础平面图及详图

$L_{中}=(7.80-0.37)\times 2+(5.30-0.37)\times 2=24.72$（m）

$L_{内}=3.30-0.24=3.06$（m）

$L_{净}=L_{内}+墙厚-垫层宽=3.06+0.37-1.50=1.93$（m）（垫层）

$S_{底}=7.80\times 5.30-4.00\times 1.50=35.34$（m^2）

$S_{房}=(4.00-0.24)\times(3.30-0.24)+(3.30-0.24)\times(3.30+1.50-0.24)$

$\quad\quad=25.46$（m^2）

三、基数的扩展计算

某些分项工程的计算不能直接使用基数，但与基数之间有着必然的联系，可以利用基数扩展计算。

【例 5-3】　如图 5-3 所示，计算散水、女儿墙的中心线长度。

分析　图中散水和女儿墙给出了大样图，但未体现散水和女儿墙的长度尺寸标注。由图可以看出，散水和女儿墙均与外墙有关，可以利用外墙的尺寸标注推算散水和女儿墙的长度。

解　$L_{外}=(12.37+7.37+1.50)\times 2=42.48$（m）

女儿墙中心线长度$=L_{外}-$女儿墙厚$\times 4=42.48-0.24\times 4=41.52$（m）

散水中心线长度$=L_{外}+$散水宽$\times 4=42.48+0.80\times 4=45.68$（m）

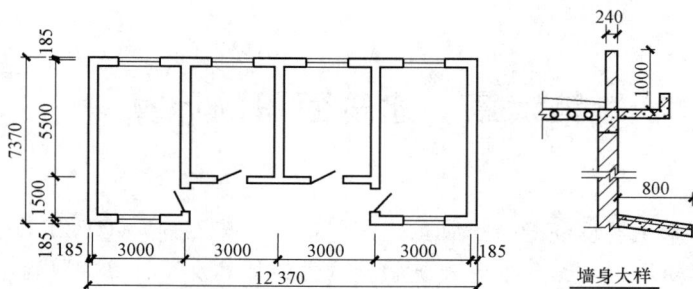

图 5-3 散水、女儿墙

复习巩固

1. 什么是工程量计算的基数？
2. 工程量计算的基数主要有哪些？
3. "四线""二面"的含义是什么？

能力提高

1. 对照"计量标准"，梳理利用"四线""二面"计算工程量的构件。
2. 当轴线与中心线不重合时，如何利用图纸上的轴线尺寸计算相应的中心线长度？

课程思政

工程量计算是一项非常严肃、严谨、细致的工作，必须依照规定的工程量计算规则进行，工程量计算人员必须正确理解工程量计算规则，才能保证工程量计算的准确，避免发承包双方的纠纷。

2016 年 12 月 2 日，某房地产开发有限公司与中国某工程局有限公司签订了《某花园建设工程施工合同》，采用定额计价模式，按《广东省建筑与装饰工程综合定额 2010》等文件执行。承发包双方在计算钢筋工程量时，对非设计接驳、设计搭接及钢筋接头的工程量计算产生争议。发包人认为定额已考虑施工损耗以及因钢筋加工综合开料和钢筋出厂定尺长度所引起的钢筋非设计接驳。承包人认为发包人按定尺长度 5000m 设置，没有考虑梁、板的贯通钢筋国家设计标准图集设计接驳及水平方向的梁板钢筋接头要求。2020 年 2 月 28 日，承发包双方通过广东省建设工程造价纠纷处理系统提交计价争议解决申请。广东省建设工程标准定额站基于《广东省建筑与装饰工程综合定额（2010）》，从钢筋的非设计接驳、设计规范和标准图集中的设计接驳，以及计算设计接驳处的钢筋接头后的钢筋搭接长度重复计算问题进行了解释。解决了发承包双方的工程量计算争议。

（案例来源：工程造价改革实践-广东省数字造价管理成果（2021 年），中国建筑工业出版社）

第六章　建筑面积的计算

☞ **本章概要**：本章主要围绕着《建筑工程建筑面积计算规范》（GB/T 50353—2013）的计算规则，介绍了各种建筑物及构件的计算及不计算建筑面积的范围。

☞ **知识目标**：了解建筑面积的概念及作用，掌握建筑工程建筑面积的计算规则。

☞ **能力目标**：能够基于实际工程图纸，计算建筑工程的建筑面积。

☞ **素养目标**：培养严谨、仔细、守规的职业精神。

第一节　建筑面积概述

一、建筑面积的概念

建筑面积是建筑工程楼地面处围护结构或围护设施外表面所围合的建筑空间的水平投影面积。它包括房屋建筑中的下列三类面积：

（1）使用面积。使用面积是指建筑物各层平面布置中可直接为生产或生活使用的净面积的总和。如居住生活间、工作间和生产间等的净面积。居室净面积在民用建筑中，也称"居住面积"。

（2）辅助面积。辅助面积是指建筑物各层平面布置中为辅助生产或生活所占的净面积的总和。如楼梯间、走道间、电梯间等所占面积。使用面积与辅助面积的总和称为"有效面积"。

（3）结构面积。结构面积是指建筑物各层平面布置中指构成房屋承重系统，分隔平面各组成部分的墙、柱、墙墩以及隔断等构件所占的面积。

二、建筑面积的作用

建筑面积计算是工程计算中的最基础的工作，在工程建设中具有重要意义。首先，在工程建设的众多技术经济指标中，大多数以建筑面积为基数，建筑面积是核定估算、概算、预算工程造价的一个重要基础数据，是计算和确定工程造价，并分析工程造价和工程设计合理性的一个基础指标。其次，建筑面积是国家进行建设工程数据统计、固定资产宏观调控的重要指标；再次，建筑面积还是房地产交易、工程承发包交易、建筑工程有关运营费用核定的一个关键指标。建筑面积的作用具体体现在以下几个方面：

（1）建筑面积是国家控制基本建设规模的主要指标。

（2）建筑面积是初步设计阶段选择概算指标的重要依据之一。

（3）建筑面积在施工图设计阶段是校对某些分部分项工程的依据。

（4）建筑面积是计算面积利用系数、土地利用系数及单位建筑面积经济指标的依据。

三、建筑面积计算规范

（一）发展历程

我国的《建筑面积计算规则》是在 20 世纪 70 年代依据苏联的做法结合我国的情况制订

的。1982 年，国家经委基本建设办公室（82）经基设字 58 号印发的《建筑面积计算规则》是对 20 世纪 70 年代制订的《建筑面积计算规则》的修订。1995 年，建设部发布《全国统一建筑工程预算工程量计算规则》（土建工程 GJGDZ－101－95），其中含"建筑面积计算规则"，是对 1982 年《建筑面积计算规则》的修订。一直以来，《建筑面积计算规则》在建筑工程造价管理方面起着非常重要的作用，是房屋建筑计算工程量的主要指标，是计算单位工程每平方米预算造价的主要依据，是统计部门汇总发布房屋建筑面积完成情况的基础。

随着我国建筑市场的发展，建筑的新结构、新材料、新技术、新工艺层出不穷。为了解决建筑技术发展产生的面积计算问题，使建筑面积的计算更加科学合理，完善和统一建筑面积的计算范围和计算方法，对建筑市场发挥更大的作用，建设部于 2005 年对《建筑面积计算规则》进行了修订。考虑到《建筑面积计算规则》的重要作用，修订的《建筑面积计算规则》改为《建筑工程建筑面积计算规范》（GB/T 50353—2005）。2013 年，住房和城乡建设部在总结《建筑工程建筑面积计算规范》（GB/T 50353—2005）实施情况的基础上，再次进行了修订，颁布了《建筑工程建筑面积计算规范》（GB/T 50353—2013）。本着不重算、不漏算的原则，对建筑面积的计算范围和计算方法进行了修改、统一和完善。

（二）术语

（1）建筑面积（construction area）：建筑物（包括墙体）所形成的楼地面面积。

（2）自然层（floor）：按楼地面结构分层的楼层。

（3）结构层高（structure story height）：楼面或地面结构层上表面至上部结构层上表面之间的垂直距离。

（4）围护结构（building envelope）：围合建筑空间的墙体、门、窗。

（5）建筑空间（space）：以建筑界面限定的、供人们生活和活动的场所。

（6）结构净高（structure net height）：楼面或地面结构层上表面至上部结构层下表面之间的垂直距离。

（7）围护设施（enclosure facilities）：为保障安全而设置的栏杆、栏板等围挡。

（8）地下室（basement）：室内地平面低于室外地平面的高度超过室内净高的 1/2 的房间。

（9）半地下室（semi-basement）：室内地平面低于室外地平面的高度超过室内净高的 1/3，且不超过 1/2 的房间。

（10）架空层（stilt floor）：仅有结构支撑而无外围护结构的开敞空间层。

（11）走廊（corridor）：建筑物中的水平交通空间。

（12）架空走廊（elevated corridor）：专门设置在建筑物的二层或二层以上，作为不同建筑物之间水平交通的空间。

（13）结构层（structure layer）：整体结构体系中承重的楼板层。

（14）落地橱窗（french window）：突出外墙面且根基落地的橱窗。

（15）凸窗（飘窗）（bay window）：凸出建筑物外墙面的窗户。

（16）檐廊（eaves gallery）：建筑物挑檐下的水平交通空间。

（17）挑廊（overhanging corridor）：挑出建筑物外墙的水平交通空间。

（18）门斗（air lock）：建筑物入口处两道门之间的空间。

（19）雨篷（canopy）：建筑出入口上方为遮挡雨水而设置的部件。

（20）门廊（porch）：建筑物入口前有顶棚的半围合空间。

（21）楼梯（stairs）：由连续行走的梯级、休息平台和维护安全的栏杆（或栏板）、扶手以及相应的支托结构组成的作为楼层之间垂直交通使用的建筑部件。

（22）阳台（balcony）：附设于建筑物外墙，设有栏杆或栏板，可供人活动的室外空间。

（23）主体结构（major structure）：接受、承担和传递建设工程所有上部荷载，维持上部结构整体性、稳定性和安全性的有机联系的构造。

（24）变形（deformation joint）：防止建筑物在某些因素作用下引起开裂甚至破坏而预留的构造缝。

（25）骑楼（overhang）：建筑底层沿街面后退且留出公共人行空间的建筑物。

（26）过街楼（overhead building）：跨越道路上空并与两边建筑相连接的建筑物。

（27）建筑物通道（passage）：为穿过建筑物而设置的空间。

（28）露台（terrace）：设置在屋面、首层地面或雨篷上的供人室外活动的有围护设施的平台。

（29）勒脚（plinth）：在房屋外墙接近地面部位设置的饰面保护构造。

（30）台阶（step）：联系室内外地坪或同楼层不同标高而设置的阶梯形踏步。

第二节　建筑面积计算方法

一、计算建筑面积的一般规定

有围护结构的，按围护结构计算面积；无围护结构、有底板的，按底板计算面积（如室外走廊、架空走廊）；底板也不便于计算的，则取顶盖计算面积（如车棚、货棚等）；在确定建筑面积时，围护结构优于底板，底板优于顶盖。如阳台、架空走廊、楼梯是利用其底板计算建筑面积，有盖无盖不作为计算建筑面积的必备条件，顶盖只是起遮风挡雨的辅助功能。

二、计算建筑面积的具体规定

（1）建筑物的建筑面积应按自然层外墙结构外围水平面积之和计算。结构层高在2.20m及以上的，应计算全面积；结构层高在2.20m以下的，应计算1/2面积。

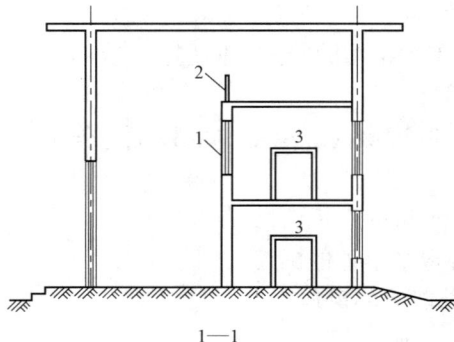

图6-1　建筑物内的局部楼层
1—围护结构；2—围护设施；3—局部楼层

（2）建筑物内设有局部楼层时，对于局部楼层的二层及以上楼层，有围护结构的应按其围护结构外围水平面积计算，无围护结构的应按其结构底板水平面积计算，且结构层高在2.20m及以上的，应计算全面积，结构层高在2.20m以下的，应计算1/2面积，见图6-1。

（3）对于形成建筑空间的坡屋顶，结构净高在2.10m及以上的部位应计算全面积；结构净高在1.20m及以上至2.10m以下的部位应计算1/2面积；结构净高在1.20m以下的部位不应计算建筑面积，见图6-2。

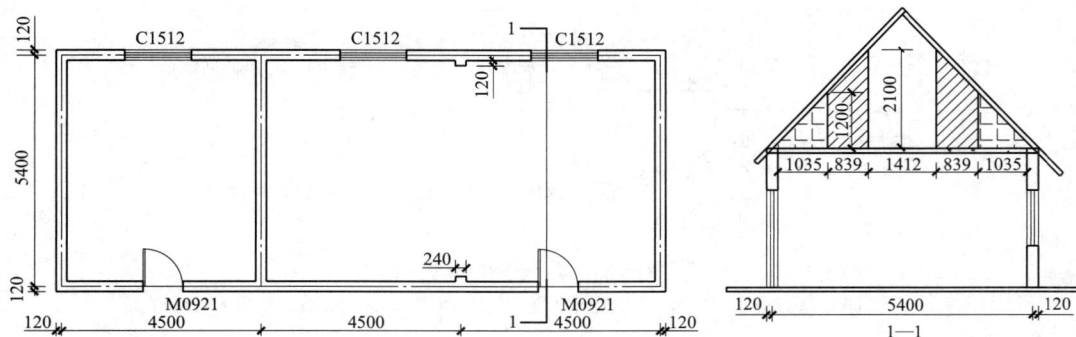

图 6-2　利用坡屋顶空间示意图

（4）对于场馆看台下的建筑空间，结构净高在 2.10m 及以上的部位应计算全面积；结构净高在 1.20m 及以上至 2.10m 以下的部位应计算 1/2 面积；结构净高在 1.20m 以下的部位不应计算建筑面积。室内单独设置的有围护设施的悬挑看台，应按看台结构底板水平投影面积计算建筑面积。有顶盖无围护结构的场馆看台应按其顶盖水平投影面积的 1/2 计算面积。

（5）地下室、半地下室应按其结构外围水平面积计算，见图 6-3。结构层高在 2.20m 及以上的，应计算全面积；结构层高在 2.20m 以下的，应计算 1/2 面积。

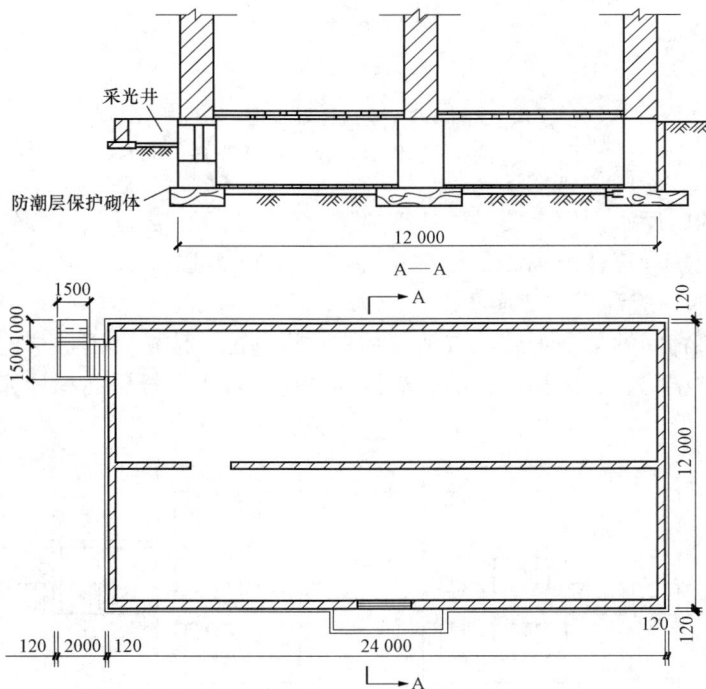

图 6-3　地下室空间示意图

（6）出入口外墙外侧坡道有顶盖的部位，应按其外墙结构外围水平面积的 1/2 计算面积，如图 6-4 所示。

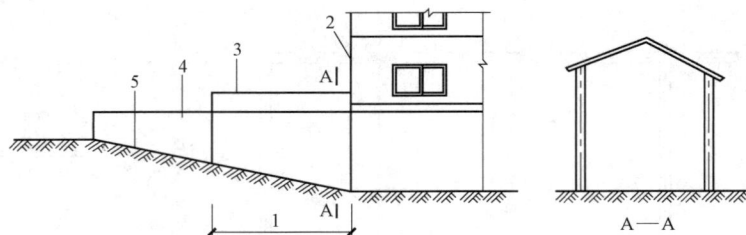

图 6-4　地下室出入口

1—有顶盖部位；2—主体建筑；3—出入口顶盖；4—封闭出入口侧墙；5—出入口坡道

（7）建筑物架空层及坡地建筑物吊脚架空层，应按其顶板水平投影计算建筑面积，见图 6-5。结构层高在 2.20m 及以上的，应计算全面积；结构层高在 2.20m 以下的，应计算 1/2 面积。

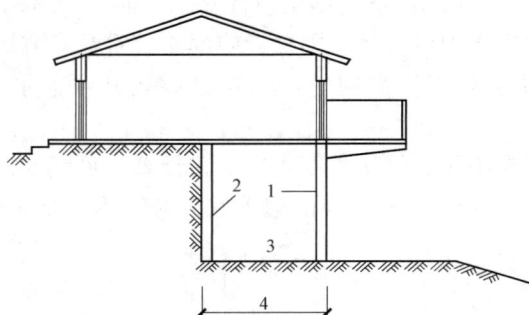

图 6-5　建筑物架空层

1—柱；2—墙；3—架空层；4—计算建筑面积部位

（8）建筑物的门厅、大厅应按一层计算建筑面积，门厅、大厅内设置的走廊应按走廊结构底板水平投影面积计算建筑面积。结构层高在 2.20m 及以上的，应计算全面积；结构层高在 2.20m 以下的，应计算 1/2 面积。

（9）对于建筑物间的架空走廊，有顶盖和围护设施的，应按其围护结构外围水平面积计算全面积；无围护结构、有围护设施的，应按其结构底板水平投影面积计算 1/2 面积，见图 6-6 和图 6-7。

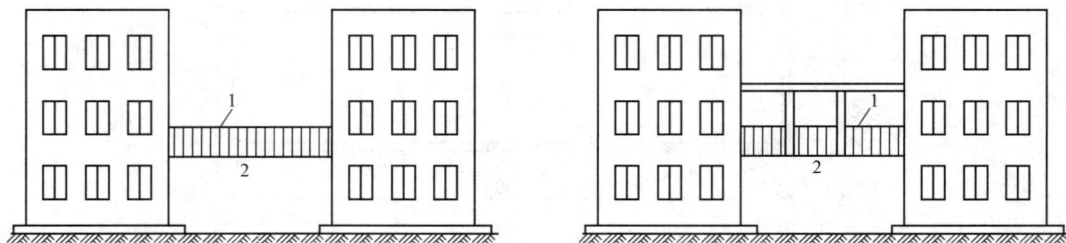

图 6-6　有围护设施的架空走廊

1—栏杆；2—架空走廊

（10）对于立体书库、立体仓库、立体车库，有围护结构的，应按其围护结构外围水平面积计算建筑面积；无围护结构、有围护设施的，应按其结构底板水平投影面积计算建筑面积。无结构层的应按一层计算，有结构层的应按其结构层面积分别计算。结构层高在 2.20m 及以上的，应计算全面积；结构层高在 2.20m 以下的，应计算 1/2 面积。

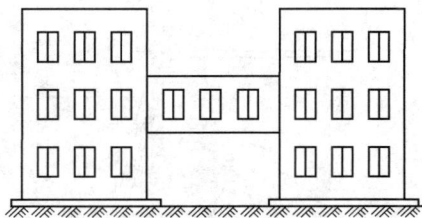

图 6-7　有围护结构的架空走廊

（11）有围护结构的舞台灯光控制室，应按其围护结构外围水平面积计算。结构层高在 2.20m 及以上的，应计算全面积；结构层高在 2.20m 以下的，应计算 1/2 面积。

（12）附属在建筑物外墙的落地橱窗，应按其围护结构外围水平面积计算。结构层高在 2.20m 及以上的，应计算全面积；结构层高在 2.20m 以下的，应计算 1/2 面积。

（13）窗台与室内楼地面高差在 0.45m 以下且结构净高在 2.10m 及以上的凸（飘）窗，应按其围护结构外围水平面积计算 1/2 面积。

（14）有围护设施的室外走廊（挑廊），应按其结构底板水平投影面积计算 1/2 面积；有围护设施（或柱）的檐廊，应按其围护设施（或柱）外围水平面积计算 1/2 面积，见图 6-8。

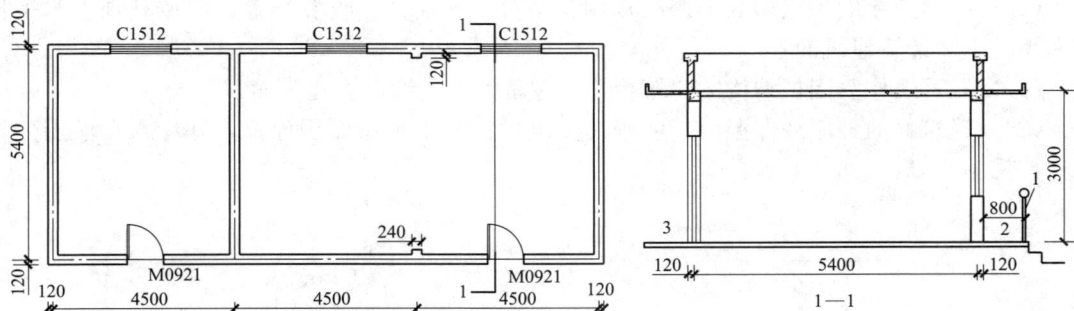

图 6-8　檐廊
1—围护设施；2—计算建筑面积的檐廊；3—不计算建筑面积的檐廊

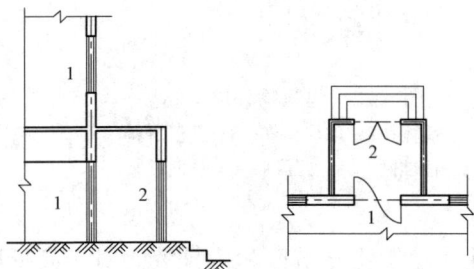

图 6-9　门斗
1—室内；2—门斗

（15）门斗应按其围护结构外围水平面积计算建筑面积，且结构层高在 2.20m 及以上的，应计算全面积；结构层高在 2.20m 以下的，应计算 1/2 面积，见图 6-9。

（16）门廊应按其顶板的水平投影面积的 1/2 计算建筑面积；有柱雨篷应按其结构板水平投影面积的 1/2 计算建筑面积；无柱雨篷的结构外边线至外墙结构外边线的宽度在 2.10m 及以上的，应按雨篷结构板的水平投影面积的 1/2 计算建筑面积。

（17）设在建筑物顶部的、有围护结构的楼梯间、水箱间、电梯机房等，结构层高在 2.20m 及以上的应计算全面积；结构层高在 2.20m 以下的，应计算 1/2 面积。

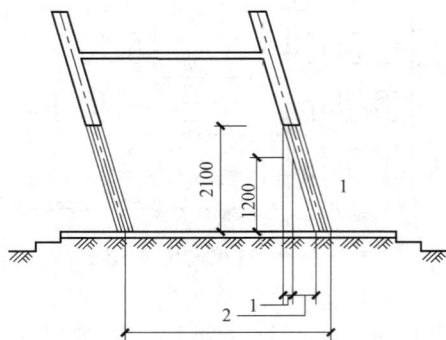

图 6-10　斜围护结构示意图
1—计算 1/2 建筑面积部位；
2—不计算建筑面积部位

（18）围护结构不垂直于水平面的楼层，应按其底板面的外墙外围水平面积计算。结构净高在 2.10m 及以上的部位，应计算全面积；结构净高在 1.20m 及以上至 2.10m 以下的部位，应计算 1/2 面积；结构净高在 1.20m 以下的部位，不应计算建筑面积，见图 6-10。

（19）建筑物的室内楼梯、电梯井、提物井、管道井、通风排气竖井、烟道，应并入建筑物的自然层计算建筑面积。有顶盖的采光井应按一层计算面积，且结构净高在 2.10m 及以上的，应计算全面积；结构净高在 2.10m 以下的，应计算 1/2 面积，见图 6-11。

（20）室外楼梯应并入所依附建筑物自然层，并应按其水平投影面积的 1/2 计算建筑面积。

（21）在主体结构内的阳台，应按其结构外围水平面积计算全面积；在主体结构外的阳台，应按其结构底板水平投影面积计算 1/2 面积。

（22）有顶盖无围护结构的车棚、货棚、站台、加油站、收费站等，应按其顶盖水平投影面积的 1/2 计算建筑面积。

（23）以幕墙作为围护结构的建筑物，应按幕墙外边线计算建筑面积。

（24）建筑物的外墙外保温层，应按其保温材料的水平截面积计算，并计入自然层建筑面积，见图 6-12。

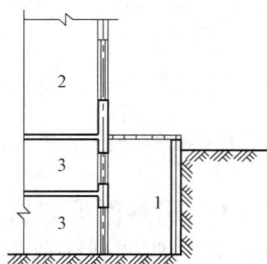

图 6-11　地下室采光井
1—采光井；2—室内；3—地下室

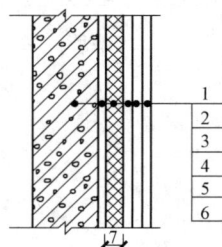

图 6-12　建筑物外墙保温
1—墙体；2—黏结胶浆；3—保温材料；
4—标准网；5—加强网；6—抹面砂浆；
7—计算建筑面积部位

（25）与室内相通的变形缝，应按其自然层合并在建筑物建筑面积内计算。对于高低联跨的建筑物，当高低跨内部连通时，其变形缝应计算在低跨面积内。

（26）对于建筑物内的设备层、管道层、避难层等有结构层的楼层，结构层高在 2.20m 及以上的，应计算全面积；结构层高在 2.20m 以下的，应计算 1/2 面积。

三、不计算建筑面积的范围

（1）与建筑物内不相连通的建筑部位。

（2）骑楼、过街楼底层的开放公共空间和建筑物通道，见图 6-13 和图 6-14。

（3）舞台及后台悬挂幕布和布景的天桥、挑台等。

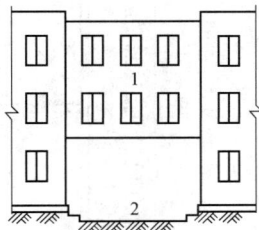

图 6-13　骑楼图　　　　　　　　　图 6-14　过街楼
1—骑楼；2—人行道；3—街道　　　　1—过街楼；2—建筑物通道

（4）露台、露天游泳池、花架、屋顶的水箱及装饰性结构构件。

（5）建筑物内的操作平台、上料平台、安装箱和罐体的平台。

（6）勒脚、附墙柱、垛、台阶、墙面抹灰、装饰面、镶贴块料面层、装饰性幕墙，主体结构外的空调室外机搁板（箱）、构件、配件，挑出宽度在 2.10m 以下的无柱雨篷和顶盖高度达到或超过两个楼层的无柱雨篷。

（7）窗台与室内地面高差在 0.45m 以下且结构净高在 2.10m 以下的凸（飘）窗，窗台与室内地面高差在 0.45m 及以上的凸（飘）窗。

（8）室外爬梯、室外专用消防钢楼梯。

（9）无围护结构的观光电梯。

（10）建筑物以外的地下人防通道，独立的烟囱、烟道、地沟、油（水）罐、气柜、水塔、储油（水）池、储仓、栈桥等构筑物。

四、应用举例

【例 6-1】　计算图 6-3 中所示地下室建筑面积，假定地下室结构层高为 2m，出入口有侧墙和顶盖，采光井无顶盖。

解　该地下室建筑面积＝24.00×12.00÷2＋（2.00＋0.12×2）×1.50÷2＋1.50×1.00÷2＝146.43（m²）

【例 6-2】　计算图 6-8 单层建筑物的建筑面积。

解　（1）首层建筑面积＝（4.50×3＋0.12×2）×（5.40＋0.12×2）＝77.494（m²）

（2）檐廊建筑面积＝（4.50×3＋0.12×2）×0.8×÷2＝5.496（m²）

该单层建筑物建筑面积＝77.494＋5.496＝82.99（m²）

【例 6-3】　试计算如图 6-15 和图 6-16 所示二层小住宅的建筑面积，各层结构层高均为 3.0m。

解　（1）底层建筑面积 $S_底$＝11.34×9.44－4.40×1.80＝99.13（m²）

（2）二层建筑面积 S_2＝11.34×9.44－4.40×1.80－7.20×（1.20－0.12）÷2＝95.24（m²）

总建筑面积 $S＝S_底＋S_2$＝99.13＋95.24＝194.37（m²）

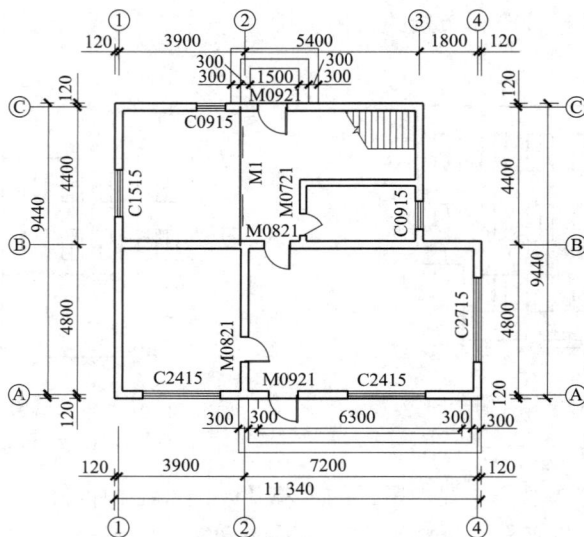

图 6-15　某住宅底层平面图

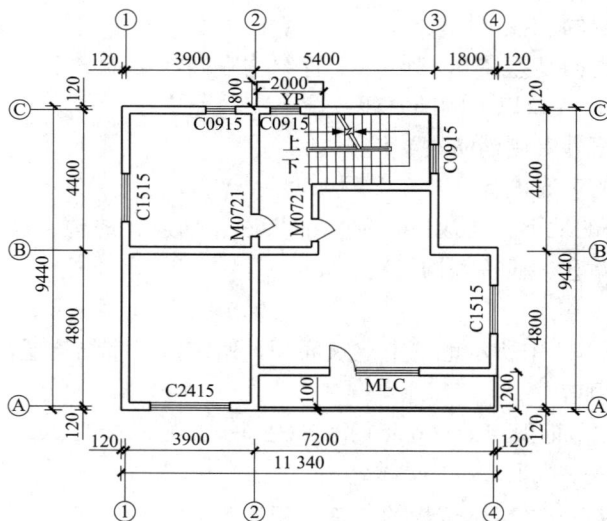

图 6-16　某住宅二层平面图

【例 6-4】　某五层建筑物的各层平面布置相同，建筑面积相同，标注层平面图如图 6-17 所示，墙厚均为 240mm，轴线居中，试计算该建筑物建筑面积。

解　用面积分割法进行计算：

②～④轴线间矩形面积：$S_1 = 13.8 \times 12.24 = 168.91$（$m^2$）

$$S_2 = 3.00 \times 0.12 \times 2 = 0.72 \text{（} m^2 \text{）}$$

扣除 $S_3 = 3.60 \times 3.18 = 11.45$（$m^2$）

三角形 $S_4 = 0.50 \times 4.02 \times 4.02 \times \tan 30° = 4.67$（$m^2$）

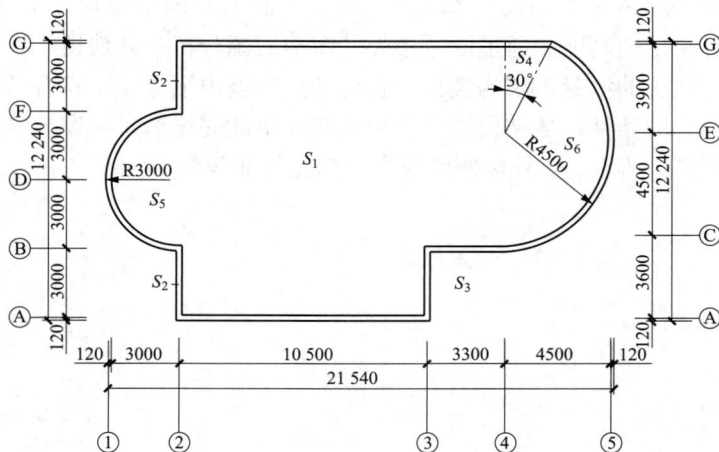

图 6-17　某建筑物标准层平面图

半圆 $S_5 = 3.14 \times (3.12)^2 \times 0.50 = 15.28$（$m^2$）

扇形 $S_6 = 3.14 \times (4.62)^2 \times 150°/360° = 27.93$（$m^2$）

总建筑面积：
$$S = (S_1 + S_2 - S_3 + S_4 + S_5 + S_6) \times 5$$
$$= (168.91 + 0.72 - 11.45 + 4.67 + 15.28 + 27.93) \times 5$$
$$= 1030.30 \text{（}m^2\text{）}$$

复习巩固

1. 建筑面积计算应满足的必要条件包括哪些？
2. 结构层高和结构净高有什么区别？
3. 围护结构和围护设施有什么区别？
4. 什么情况下需要按 1/2 计算建筑面积？
5. 什么情况下不计算建筑面积？

能力提高

根据案例图纸，计算该工程的建筑面积。

课程思政

某市某工程，建筑面积约 15 万 m^2。在该工程 3 号楼外墙窗建筑面积计算时，发承包双方产生了争议。3 号楼外墙窗凸出了建筑物外墙面，应属于飘窗；由于飘窗的窗台与室内地面高差为 0.40m，因此发包人认为飘窗建筑面积不予计算。承包人认为外墙窗应按自然层外墙结构外围水平面积之和计算建筑面积，理由是外墙窗没有凸出外墙面，外墙窗的结构空间直接与室内连通，且具备使用功能，应属于主体结构内的窗户，不能认定为飘窗；同时由于外墙窗的结构层高在 2.20m 以上，因此应按自然层外墙结构外围水平面积之和计算建筑面积。

依据飘窗的定义，凸窗（飘窗）既作为窗，就有别于楼（地）板的延伸，也就是不能把楼（地）板延伸出去的窗称为凸窗（飘窗）。凸窗（飘窗）的窗台应只是墙面的一部分且距（楼）地面应有一定的高度。通过 3 号楼外墙窗剖面图分析，外墙窗不符合"凸出建筑物外墙面"的条件，楼层的混凝土结构楼板一直延伸至外墙窗下方，不符合条文说明中"不是楼（地）板的延伸"的条件；从结构形式上分析其并不能完全满足飘窗定义的条件，因此本争议的窗不属于飘窗。因此，3 号楼外墙窗应计算建筑面积。

第二篇

房屋建筑与装饰工程估价应用

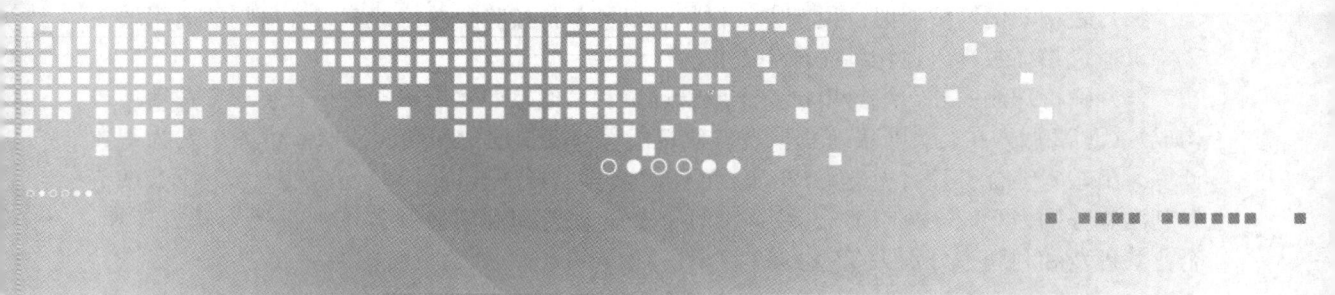

说　　明

　　本篇根据《建设工程工程量清单计价标准》（GB/T 50500—2024）、《房屋建筑与装饰工程工程量计算标准》（GB/T 50854—2024）及现行计价文件等相关规定，分章节介绍了土石方工程，地基处理与边坡支护工程，桩基工程，砌筑工程，混凝土及钢筋混凝土工程，金属结构工程，木结构工程，门窗工程，屋面及防水工程，保温、隔热、防腐工程，楼地面工程，墙、柱面装饰与隔断、幕墙工程，天棚工程，油漆、涂料、裱糊工程，其他装饰工程及措施项目等 16 个分部工程和措施项目的工程量清单的编制及计价方法。

　　（1）除特殊注明外，本篇工程量清单计价应用中的实例依据《山东省建筑工程消耗量定额》（2016）确定清单项目各工作内容的人材机消耗，并根据定额规则计算各工作内容的工程量。可通过扫描二维码查看《山东省建筑工程消耗量定额》（2016）。

　　（2）除特殊注明外，在计算清单项目综合单价时，采用 2024 年 11 月济南市信息价确定人材机单价。教材中各案例涉及的人材机信息价如未给出，可通过扫描二维码查找。

　　（3）教材案例均按一般计税考虑，材料和机械单价按除税单价计算。各材料的适用增值税率可通过扫描二维码在相关文件中查找。

　　（3）除特殊注明外，综合单价中企业管理费和利润按照《山东省建筑安装工程费用项目构成》（2022 版）执行，Ⅲ类工程取费。建筑工程部分管理费和利润按照省价人工费为基数计算。山东省综合工日（土建）128 元/工日，综合工日（装饰）138 元/工日。企业管理费和利润率分别为 25.6％和 15％。装饰工程部分管理费和利润按照省价人工费为基数计算，企业管理费和利润率分别为 32.2％和 17.3％。

第七章　土石方工程

☞ **本章概要**：本章主要围绕《房屋建筑与装饰工程工程量计算标准》（GB/T 50854—2024）重点介绍土石方工程所包含的单独土石方、基础土石方、平整场地及其他等三个分部工程项目清单编制和清单计价。

☞ **知识目标**：熟悉土石方工程的清单项目设置，掌握土石方工程各清单项目的工程量计算规则，掌握土石方工程的清单编制和清单计价方法。

☞ **能力目标**：能够基于实际工程图纸，编制土石方工程的分部分项工程项目清单，并能够根据相关计价依据完成清单计价工作。

☞ **素养目标**：培养严谨、细致、守规的职业精神。

第一节　招标工程量清单编制

一、清单项目设置

按照《房屋建筑与装饰工程工程量计算标准》（GB/T 50854—2024）的规定，土石方工程包括单独土石方、基础土石方、平整场地及其他三个分部工程，共 12 个清单项目，见表7-1～表 7-3。

表 7-1　　　　　　　　　　单独土石方（编码：010101）

项目编号	项目名称	项目特征	计量单位	工程量计算规则	工程内容
010101001	挖单独土方	土类别	m³	按原始地貌与预设标高之间的挖填尺寸，以体积计算	1. 开挖 2. 装车 3. 场内运输 4. 障碍物清除
010101002	挖单独石方	岩石类别			
010101003	单独土石方回填	1. 材料品种 2. 密实度			1. 运输 2. 回填 3. 压实

表 7-2　　　　　　　　　　基础土石方（编码：010102）

项目编号	项目名称	项目特征	计量单位	工程量计算规则	工程内容
010102001	挖基坑土方	1. 土类别 2. 开挖深度 3. 基底处理方式	m³	详见本节工程量计算规则相关内容	1. 开挖、放坡（若有）、挡土板围护（若有） 2. 装车 3. 场内运输 4. 清底修边 5. 基底夯实 6. 基底钎探
010102002	挖沟槽土方				
010102003	挖冻土	冻土厚度	m³		1. 开挖 2. 装车 3. 场内运输
010102004	挖淤泥流砂	开挖深度			

续表

项目编号	项目名称	项目特征	计量单位	工程量计算规则	工程内容
010102005	挖基坑石方	1. 开挖深度 2. 岩石类别	m³	详见本节工程量计算规则相关内容	1. 开挖、放坡（若有）、挡土板围护（若有） 2. 装车 3. 场内运输 4. 检底修边
010102006	挖沟槽石方				
010102007	回填方	1. 填方部位 2. 材料品种 3. 密实度	m³		1. 运输 2. 回填 3. 压实

表 7-3　　　　　　　　　平整场地及其他（编码：010103）

项目编号	项目名称	项目特征	计量单位	工程量计算规则	工程内容
010103001	平整场地	土石类别	m²	详见本节工程量计算规则相关内容	1. 土方挖、填、运 2. 场地找平
010103002	余方弃置	土石类别	m³		1. 装卸 2. 外运 3. 消纳

二、相关问题及说明

（1）清单项目说明。

1）单独土石方项目，是指为使施工场地达到预设标高（设计室外标高/设计室外地面做法底标高/委托人指定标高）所进行的土石方工程。工作内容中的"障碍物清理"，是指对开挖时可随土石方一并挖除的天然障碍物的清除工作。

2）基础土石方项目，是指预设标高以下为实施基础施工所进行的土石方工程。

3）项目特征中的"土类别""岩石类别"可按表 7-4、表 7-5 确定，如有需要可增加干土、湿土的描述。如土类别、岩石类别不能准确划分时，可依据地勘报告进行描述。

表 7-4　　　　　　　　　　　　　　土分类表

土分类	土的名称
一、二类土	粉土、沙土（粉砂、细砂、中砂、粗砂、砾砂）、粉质黏土、弱中盐渍土、软土（淤泥质土、泥炭、泥炭质土）、软塑红黏土、冲填土
三类土	黏土、碎石土（圆砾、角砾）混合土、可塑红黏土、强盐渍土、素填土、压实填土
四类土	碎石土（卵石、碎石、漂石、块石）、坚硬红黏土、超盐渍土、杂填土

表 7-5　　　　　　　　　　　　　　岩石分类表

岩石分类		代表性岩石
软质岩	极软岩	1. 全风化的各种岩石； 2. 强风化的软岩； 3. 各种半成岩

续表

岩石分类		代表性岩石
软质岩	软岩	1. 强风化的坚硬岩 2. 中等（弱）风化～强风化的较坚硬岩 3. 中等（弱）风化的较软岩 4. 未风化的泥岩、泥质页岩、绿泥石片岩、绢云母片岩等
	较软岩	1. 强风化的坚硬岩 2. 中等（弱）风化的较坚硬岩 3. 未风化～微风化的凝灰岩、千枚岩、砂质泥岩、泥灰岩、泥质砂岩、粉砂岩、砂质页岩等
硬质岩	较坚硬岩	1. 中等（弱）风化的坚硬岩 2. 未风化～微风化的熔结凝灰岩、大理岩、板岩、白云岩、石灰岩、钙质砂岩、粗晶大理岩等
	坚硬岩	未风化～微风化的花岗岩、正长岩、闪长岩、辉绿岩、玄武岩、安山岩、片麻岩、硅质板岩、石英岩、石英砂岩、硅质胶结的砾岩、石英砂岩、硅质石灰岩等

4）平整场地，指基础土石方施工前，对建筑物所在场地标高±300mm 之间的就地挖、填、运及平整。

5）余方弃置包括施工现场至指定弃置点的土石方装卸、运输，且应满足国家及当地建设行政主管部门关于建筑垃圾消纳和处置的要求。

（2）沟槽、基坑土石方的划分。基础土石方中，底宽≤3m 且底长＞3 倍底宽的为沟槽，超出上述范围的为基坑。底宽、底长均不包括工作面宽度。

（3）干土、湿土、淤泥、冻土的划分。干土、湿土的划分，以地质勘测资料的地下常水位为准。地下常水位以上为干土，以下为湿土。地表水排出后，土的含水率大于或等于25％时为湿土。

含水率超过液限，土和水的混合物呈现流动状态时为淤泥。

温度在 0℃及以下，并夹含有冰的土为冻土。冻土清单项，指短时冻土和季节冻土。

（4）石方爆破。石方爆破工程，应按《爆破工程工程量计算标准》（GB/T 50862—2024）的相应项目编码列项。

（5）项目特征中的"基底处理方式"可描述为基底夯实、基底钎探等。如基础土石方采用逆作法等特殊工艺时，应增加相应特征描述。

（6）回填方的"材料品种"可描述为就地取土、素土、灰土等。如同时采用多种材料回填时，应分别编码列项。

三、清单工程量计算规则

（一）一般规定

计算土石方的开挖、回填工程量时，均不考虑不同密实状态的土、石体积折算。

（二）单独土石方

挖单独土方、挖单独石方、单独土石方回填按原始地貌与预设标高之间的挖填尺寸，以体积计算。

（三）基础土石方

1. 挖基坑土（石）方

挖基坑土（石）方按设计图示基础（含垫层）底面积另加工作面面积，乘以挖土（石）深度，以体积计算。

基础土方的开挖深度，自预设标高算至基础（含垫层）底标高，下有石方的算至土石分界线。

基础石方开挖深度，按石方开挖前标高至基础（含垫层）底标高计算。

2. 挖沟槽土（石）方

挖基础沟槽土（石）方按设计图示基础（含垫层）底面积另加工作面面积，乘以挖土（石）深度，以体积计算。

管沟土（石）方按设计图示管底基础（含垫层）底面积另加工作面面积，乘以挖土（石）深度，以体积计算；无管底基础及垫层时，按管外径的水平投影面积另加工作面面积，乘以挖土深度，以体积计算。管道线路上各类井的土方并入管沟土方内计算。

挖沟槽、基坑土石方的工作面宽度可按表 7-6、表 7-7 计算。

表 7-6　　　　　　　　　　基础施工所需工作面宽度计算表

基础材料	每边各增加工作面宽度（mm）
砖基础	200
浆砌毛石、条石基础	250
混凝土基础、垫层（支模板）	600
基础垂直面做防水层或防腐层	1000（自防水层或防腐层面）
基础垂直面做砂浆防潮层	400（自防潮层面）
支挡土板	100（在上述宽度外另加）

表 7-7　　　　　　　　　管沟施工每侧所需工作面宽度计算表

管道结构宽（mm） 管道材质	≤500	≤1000	≤2500	>2500
混凝土及钢筋混凝土管道（mm）	400	500	600	700
其他材质管道（mm）	300	400	500	600

　注　管道结构宽：有管座的按基础外缘，无管座的按管道外径。

3. 挖冻土、淤泥流砂

挖冻土按设计图示开挖面积乘以厚度，以体积计算；挖淤泥流砂按设计图示位置、界限，以体积计算。

4. 回填方

回填方按设计图示尺寸，以体积计算。

（1）基础回填，按设计图示基础（含垫层）底面积另加工作面面积，乘以回填深度，减去回填范围内建筑物（构筑物）、基础（含垫层）、管道，以体积计算。

（2）房心回填，按回填区的净体积计算。

（四）平整场地及其他

1. 平整场地

平整场地按设计图示尺寸，以建筑物首层建筑面积计算。建筑物地下室结构外边线突出首层结构外边线时，其突出部分的建筑面积合并计算。

2. 余方弃置

余方弃置按挖方清单项目工程量减回填清单项目工程量（可利用），以体积计算。

四、招标工程量清单编制实例

【例 7-1】　某建筑平面图如图 7-1 所示，计算平整场地的清单工程量并编制分部分项工程项目清单。

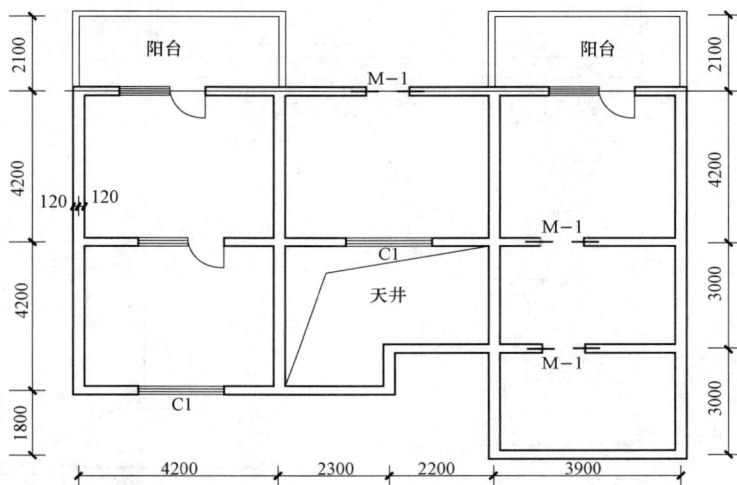

图 7-1　某建筑物首层平面图

解　（1）清单工程量计算。先计算除阳台以外的建筑物整体底面积为

$(4.20+2.30+2.20+3.90+0.24)\times(1.80+4.20+4.20+0.24)-[(0.12+4.20+2.30+0.12)\times1.80+(2.20-0.24)\times3.00]=134.05-18.01=116.04$（m²）

增加阳台为

$2.10\times(4.20+0.24)\div2+2.10\times(3.90+0.24)\div2=9.01$（m²）

扣天井为

$(2.30-0.24)\times(4.20-0.24)+(2.20-0.12+0.12)\times(3.00-0.24)=14.23$（m²）

清单工程量 $=116.04+9.01-14.23=110.82$（m²）

（2）分部分项工程项目清单见表 7-8。

表 7-8　　　　　　　　　　　　　**分部分项工程项目清单计价表**

工程名称：某建筑工程　　　　　　　　标段：　　　　　　　　　　　　　　　　第 1 页　共 1 页

序号	项目编码	项目名称	项目特征描述	计量单位	工程量	金额（元）	
						综合单价	合价
1	010103001001	平整场地	土类别：三类土	m²	110.82		

【例 7-2】 某基础工程平面图和断面图，如图 7-2 所示。根据招标人提供的地质资料为二类土。计算图示范围内条形基础和独立基础挖土方清单工程量并编制分部分项工程项目清单。

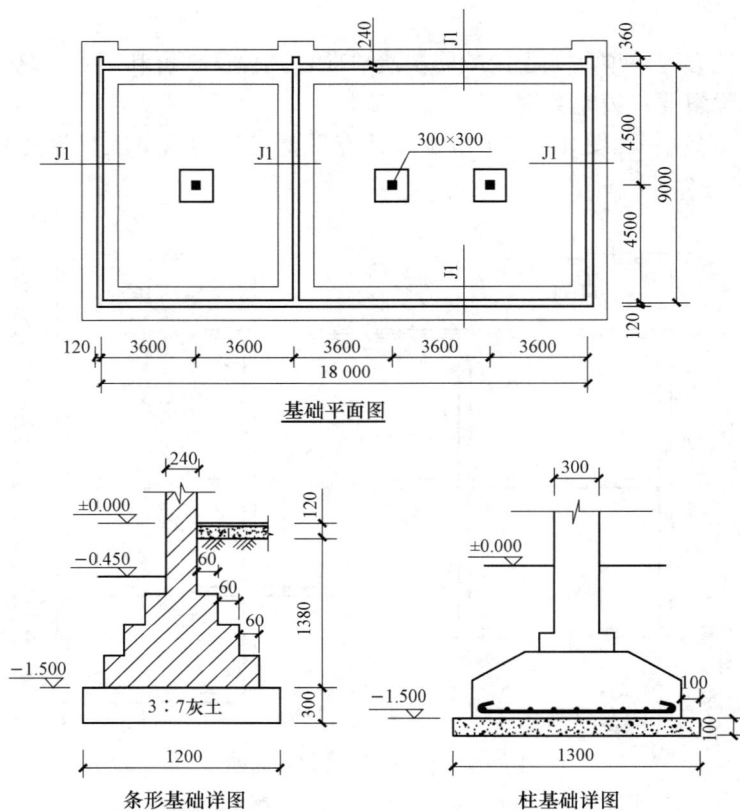

图 7-2　某基础工程平面图及大样图

解　柱下独立基础土方按"挖基坑土方"列清单项，条形基础土方按"挖沟槽土方"列清单项。

独立基础及垫层采用现浇混凝土，按照《计量标准》，混凝土基础、垫层工作面宽度 600mm，因此，独立基础挖基坑土方清单工程量 $=(1.30+0.60\times2)\times(1.30+0.60\times2)\times(1.5+0.10-0.45)\times3=21.56$（$m^3$）。

条形基础为 3：7 灰土垫层和砖基础。3：7 灰土垫层施工暂不考虑工作面，砖基础工作面宽度 200mm，砖基础外边至 3：7 灰土垫层外边的距离为 300mm，因此，挖沟槽土方断面宽度至 3：7 灰土垫层外边线。

挖沟槽土方清单工程量 $=[(9.00+18.00)\times2+(9.00-1.20)+0.24\times3]\times1.20\times(1.50+0.30-0.45)=101.28$（$m^3$）。

该工程分部分项工程项目清单见表 7-9。

表 7-9 　　　　　　　　　　　　分部分项工程项目清单计价表

工程名称：某建筑工程　　　　　　　　　　标段：　　　　　　　　　　第 1 页 共 1 页

序号	项目编码	项目名称	项目特征描述	计量单位	工程量	金额（元）	
						综合单价	合价
1	010102001001	挖基坑土方	1. 土类别：二类土 2. 开挖深度：1.15m 3. 基底处理方式：基底夯实、基底钎探	m³	21.56		
2	010102002001	挖沟槽土方	1. 土类别：二类土 2. 开挖深度：1.35m 3. 基底处理方式：基底夯实、基底钎探	m³	101.28		

【例 7-3】 某单层建筑物，其基础平面布置图和基础大样图，如图 7-3 所示。试编制基础土石方的分部分项工程项目清单。轴线居墙中，未注明条形基础均为 TJ-1，框架柱断面尺寸均为 450mm×450mm。设计室外地坪以下各类构件所占体积总和为 46.32m³。

解 根据图纸内容，结合《房屋建筑与装饰工程工程量计算标准》（GB/T 50854—2024）中基础土石方清单项目设置，本例应设置挖基坑土方、挖沟槽土方、回填方和余方弃置 4 个清单项目。

（1）挖基坑土方清单工程量计算。

本例按照混凝土基础垫层（支模板）考虑，独立基础垫层每边工作面宽度为 600mm。

由独立基础大样图可知，挖土深度为 2.50＋0.1－0.45＝2.15（m）。

DJz01：$(2.50＋0.10×2＋0.60×2)×(2.50＋0.10×2＋0.60×2)×2.15×2＝65.40$（m³）

DJz02：$(2.00＋0.10×2＋0.60×2)×(2.00＋0.10×2＋0.60×2)×2.15×4＝99.42$（m³）

挖基坑土方清单工程量＝65.40＋99.42＝164.82（m³）

（2）挖沟槽土方清单工程量计算。

挖沟槽土方每边工作面宽度为 600mm。挖土深度为 2.20＋0.1－0.45＝1.85（m）。

根据 TJ-1 与独立基础的标高关系，柱间 TJ-1 挖沟槽长度算至独立基础侧面，如图 7-3 所示。

柱间 TJ-1 挖沟槽长度＝$(15.60－1.25×2－1.105×2)×2＋(6.00－1.105×2)×2＋6.00－1.355×2＝32.65$（m）。

②轴和④轴挖沟槽长度＝$(6.00－0.80)×2＝10.40$（m）

挖沟槽土方清单工程量＝$(32.65＋10.40)×(0.80＋0.60×2)×1.85＝159.29$（m³）

（3）回填方清单工程量计算。

164.82＋159.29－46.32＝277.79（m³）

（4）余方弃置清单工程量计算。

164.82＋159.29－277.79＝46.32（m³）

（5）工程量清单编制。该工程分部分项工程项目清单见表 7-10。

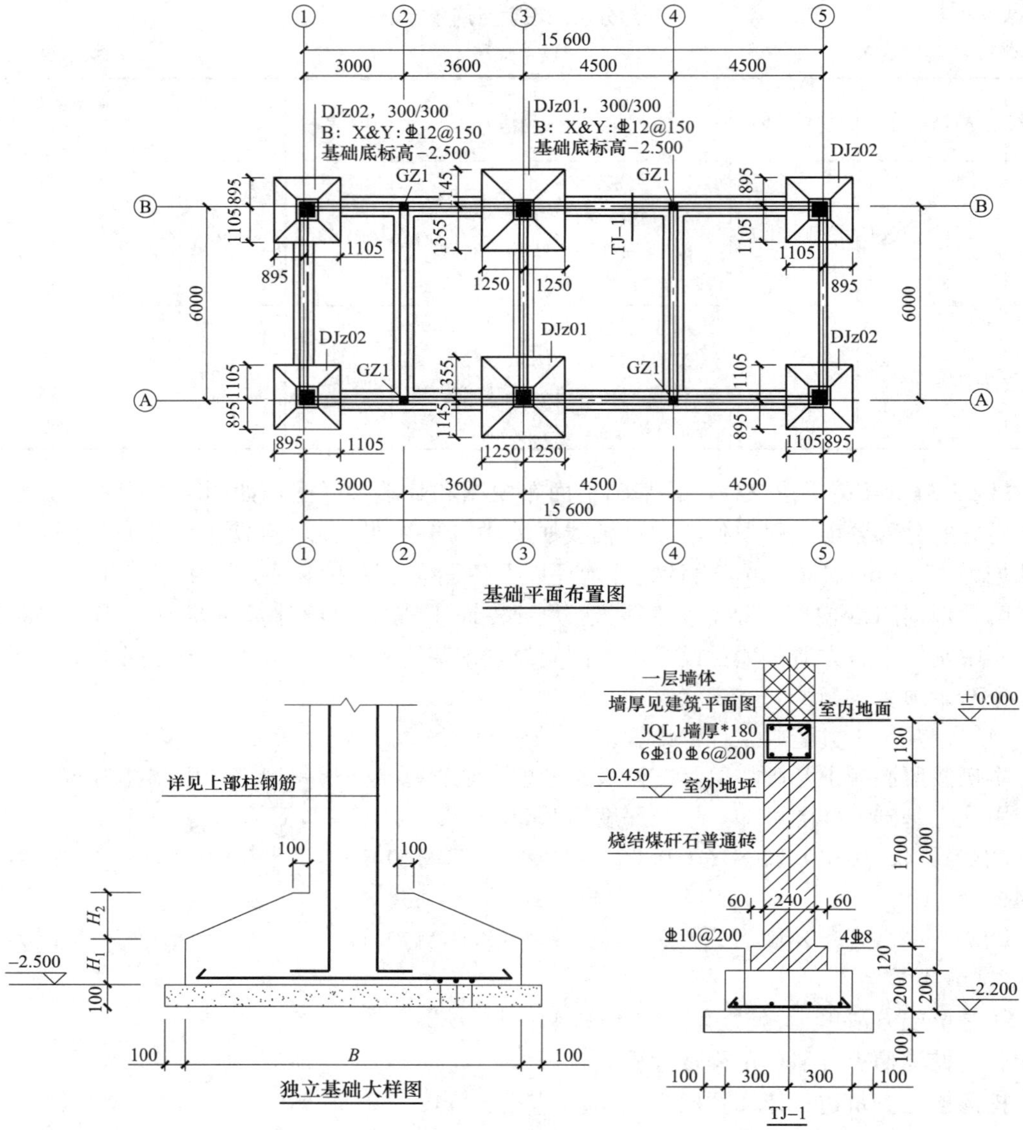

基础平面布置图

独立基础大样图

TJ-1

图 7-3　某基础工程平面布置图及详图

表 7-10　　　　　　　　　　　分部分项工程项目清单计价表

工程名称：某建筑工程　　　　　　　　　　　　标段：　　　　　　　　　　　　第 1 页 共 1 页

序号	项目编码	项目名称	项目特征描述	计量单位	工程量	金额（元）	
						综合单价	合价
1	010102001001	挖基坑土方	1. 土类别：二类土 2. 开挖深度：2.15m 3. 基底处理方式：基底夯实、基底钎探	m³	164.82		

续表

序号	项目编码	项目名称	项目特征描述	计量单位	工程量	金额（元）	
						综合单价	合价
2	010102002001	挖沟槽土方	1. 土类别：二类土 2. 开挖深度：1.95m 3. 基底处理方式：基底夯实、基底钎探	m³	159.29		
3	010102007001	回填方	1. 填方部位：基础回填 2. 材料品种：就地取土 3. 密实度：夯实	m³	277.79		
4	010103002001	余方弃置	土类别：二类土 运距：满足工程所在地要求	m³	46.32		

第二节　工程量清单计价应用

本节分别以［例 7-1］和［例 7-3］中的平整场地清单项目和挖沟槽土方清单项目介绍土石方工程清单计价。

【例 7-4】　某工程造价咨询企业受招标人委托编制［例 7-1］工程的最高投标限价。试计算［例 7-1］中平整场地清单项目的综合单价。计价依据和要求参照教材第二篇"说明"。

解　（1）工作内容的确定。本工程按人工平整考虑，包括就地挖、填、运、找平。

（2）工程量计算。参照《山东省建筑工程消耗量定额》（2016），平整场地按定额 1-4-1 确定人材机消耗量。定额包括挖、填、运、找平等工作内容。按设计图示尺寸，以建筑物首层建筑面积计算。建筑物地下室结构外边线突出首层结构外边线时，其突出部分的建筑面积合并计算。建筑物首层外围，若计算 1/2 面积、或不计算建筑面积的构造需要配置基础，且需要与主体结构同时施工时，计算了 1/2 面积的（如主体结构外的阳台、有柱混凝土雨篷等），应补齐全面积；不计算建筑面积的（如装饰性阳台等），应按其基准面积合并于首层建筑面积内，一并计算平整场地。

因此，该工程平整场地定额工程量为

S＝116.04＋2.10×（4.20＋0.24）÷2＋2.10×（3.90＋0.24）÷2－14.23＝110.82（m²）

（3）人材机消耗量的确定。查定额子目 1-4-1，定额单位：10m²；消耗量：综合工日（土建）0.42 工日，无材料和机械消耗。因此，该工程平整场地的人工消耗量＝0.42×110.82÷10＝4.6544（工日）。

根据［例 7-1］，平整场地清单项目的工程量为 110.82m²。因此，每一计量单位平整场地清单项目所需的人工数量＝4.6544÷110.82＝0.0420（工日/m²）。

（4）人材机价格的确定。2024 年 11 月济南市信息价：综合工日（土建）为 128 元/工日。

（5）费率确定。本例按Ⅲ类工程，参考山东省建设工程费用组成及计算规则（2022 版）确定企业管理费费率为 25.6%，利润率为 15%，计费基数均为省人工费（省人工工资单价

128 元/工日）。

根据以上信息确定综合单价，计算过程和结果见表 7-11。

表 7-11　　　　　　　　　　　　综合单价分析表

工程名称：某建筑工程　　　　　　　　标段：　　　　　　　　　　第 1 页 共 1 页

项目编码	010103001001		项目名称		平整场地		计量单位	m²
序号	费用项目	单位	数量	取费基数金额（元）	费率（%）		单价	合价
1	人工费							5.38
1.1	挖填运找平综合用工	工日	0.0420				128	5.38
2	材料费							—
3	机械							—
	小计							5.38
4	企业管理费	元		5.38	25.6%			1.38
5	利润	元		5.38	15%			0.81
	综合单价	元						7.57

分部分项工程项目清单计价表见表 7-12。

表 7-12　　　　　　　　　　分部分项工程项目清单计价表

工程名称：某建筑工程　　　　　　　　标段：　　　　　　　　　　第 1 页 共 1 页

序号	项目编码	项目名称	项目特征描述	计量单位	工程量	金额（元）	
						综合单价	合价
1	010103001001	平整场地	土类别：三类土	m²	110.82	7.57	838.91

【例 7-5】　某投标人参与［例 7-3］工程的投标，计算"挖沟槽土方"清单项的综合单价。

投标人确定的施工方案如下：采用挖掘机挖土、自卸汽车运土，人工配合清理基底和边坡。放坡系数为 1：0.5，从垫层底开始放坡。基础及垫层最小工作面宽度为 600mm。土方开挖后采用自卸汽车将土临时运至场区内指定的地点，平均运距 1km 以内。若回填后有余土，另按运输部门的规定运至指定的地点。本案例暂不考虑余土外运。计价依据和要求参照教材第二篇"说明"。

解　（1）确定工作内容。根据施工方案、技术规范及《房屋建筑与装饰工程工程量计算标准》（GB/T 50854—2024），工作内容包括土方开挖、土方场内运输和基底钎探三项。

（2）计算工程量。根据施工方案，考虑工作面和放坡。该工程沟槽施工的断面如图 7-4 所示。

挖沟槽土方工程量 =（32.65 + 10.40）×（0.80 + 0.60 × 2 + 1.85 × 0.5）× 1.85 = 232.95（m³）

基底钎探工程量按照垫层（或基础）底面积计算。

基底钎探工程量 =（32.65 + 10.40）× 0.80 = 34.44（m²）

（3）人材机消耗量的确定。

1）机械挖土方。按照《山东省建筑工程消耗量定额》（2016）的规定，机械挖土以及机

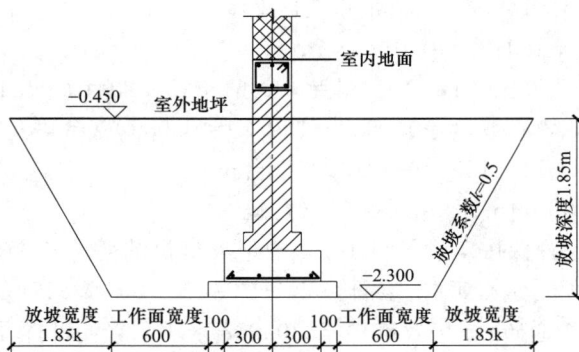

图 7-4 沟槽挖土断面示意图

械挖土后的人工清理修整，按机械挖土相应规则一并计算挖土总量。其中，机械挖沟槽土方按挖方总量执行相应子目，乘以系数 0.90；人工清理修整，按挖方总量执行规定的子目 1-2-6，并乘以系数 0.125。机械挖土及人工清理修整系数见表 7-13。

表 7-13 机械挖土及人工清理修整系数表

基础类型	机械挖土		人工清理修整	
	执行子目	系数	执行子目	系数
一般土方	相应子目	0.95	1-2-1	0.063
沟槽土方		0.90	1-2-6	0.125
地坑土方		0.85	1-2-11	0.188

本工程采用挖掘机挖土方，按定额 1-2-45 的消耗量标准确定机械挖土方人材机消耗量。

查定额子目 1-2-45，定额单位 $10m^3$。消耗量如下：综合工日（土建）0.09 工日，履带式单斗挖掘机（液压，$1m^3$）0.026 台班，履带式推土机（75kW）0.023 台班。无材料消耗。

定额子目 1-2-6，定额单位 $10m^3$。消耗量如下：综合工日（土建）3.52 工日。无材料和机械消耗。

2）自卸汽车场区内运土，运距≤1km：按定额 1-2-58 确定人材机消耗量。查定额子目 1-2-58，定额单位 $10m^3$。消耗量如下：综合工日（土建）0.03 工日，水 $0.12m^3$，自卸汽车 0.058 台班，洒水车 0.006 台班。

因此，按照施工工程量和人材机消耗量标准，沟槽挖运土方人工消耗量＝232.95×(0.09×0.9＋3.52×0.125＋0.03)÷10＝12.8355（工日）。

水的消耗量＝232.95×0.12÷10＝2.7954（m^3）。

履带式单斗挖掘机（液压，$1m^3$）消耗量＝232.95×0.026÷10×0.9＝0.5451（台班）。

履带式推土机（75kW）消耗量＝232.95×0.023÷10×0.9＝0.4822（台班）。

自卸汽车消耗量＝232.95×0.058÷10＝1.3511（台班）。

洒水车消耗量＝232.95×0.006÷10＝0.1398（台班）。

由［例 7-2］，挖沟槽土方清单项目工程量为 $159.29m^3$。因此，每一计量单位挖沟槽土方清单项目挖运土方所需的人材机数量如下人工数量＝12.8355÷159.29＝0.0806（工日）。

水的数量＝2.7954÷159.29＝0.0175（m³）。

履带式单斗挖掘机（液压，1m³）数量＝0.5451÷159.29＝0.0034（台班）。

履带式推土机（75kW）数量＝0.4822÷159.29＝0.0030（台班）。

自卸汽车数量＝1.3511÷159.29＝0.0085（台班）。

洒水车数量＝0.1398÷159.29＝0.0009（台班）。

3）基底钎探。基底钎探按定额子目 1-4-4 确定人材机消耗量。定额单位 10m²。消耗量标准如下：综合工日（土建）0.42 工日，钢钎（φ22～25）0.817kg，中砂 0.025m³，水 0.005m³，烧结煤矸石普通砖（240×115×53）0.003 千块，轻便钎探器 0.08 台班。

因此，按照施工工程量和人材机消耗量标准，该工程基底钎探人工消耗量＝34.44×0.42÷10＝1.4465（工日）。水的消耗量＝34.44×0.005÷10＝0.0172（m³），钢钎（φ22～25）的消耗量＝34.44×0.817÷10＝2.8137（kg），中砂的消耗量＝34.44×0.025÷10＝0.0861（m³），烧结煤矸石普通砖（240×115×53）的消耗量＝34.44×0.003÷10＝0.0103（千块），轻便钎探器的消耗量＝34.44×0.08÷10＝0.2755（台班）。

挖沟槽土方清单项目工程量为 159.29m³。因此，每一计量单位挖沟槽土方清单项目基底钎探所需的人材机数量如下：

人工数量＝1.4465÷159.29＝0.0091（工日）。水的数量＝0.0172÷159.29＝0.0001（m³），钢钎（φ22～25）的数量＝2.8137÷159.29＝0.0177（kg），中砂的数量＝0.0861÷159.29＝0.0005（m³），烧结煤矸石普通砖（240×115×53）的数量＝0.0103÷159.29＝0.0001（千块），轻便钎探器的数量＝0.2755÷159.29＝0.0017（台班）。

（4）人材机价格的确定。以定额子目 1-2-45 中消耗的人材机为例。本例要求按2024年11月济南市信息价计算，查 2024 年 11 月济南市信息价，各人材机价格信息见表 7-14。

根据以上信息确定综合单价，计算过程和结果见表 7-14。

表 7-14　　　　　　　　　　综合单价分析表

工程名称：某建筑工程　　　　　　　标段：　　　　　　　第 1 页 共 1 页

项目编码	010101003001	项目名称	挖沟槽土方			计量单位	m³
序号	费用项目	单位	数量	取费基数金额（元）	费率（%）	单价	合价
1	人工费						11.48
1.1	挖土人工	工日	0.0806			128	10.32
1.2	基底钎探人工	工日	0.0091			128	1.16
2	材料费						0.42
2.1	水	m³	0.0176			6.60	0.11
2.2	钢钎	kg	0.0177			8.89	0.16
2.3	中砂	m³	0.0005			162.24	0.08
2.4	烧结煤矸石普通砖	千块	0.0001			679.73	0.07
3	机械						16.80
3.1	履带式单斗挖掘机（液压）1m³挖土	台班	0.0034			1235.15	4.20

续表

项目编码	010101003001		项目名称		挖沟槽土方		计量单位	m³
序号	费用项目	单位	数量	取费基数金额（元）	费率（%）		单价	合价
3.2	履带式推土机75kW 配合挖土	台班	0.0030				967.75	2.90
3.3	自卸汽车15t运土	台班	0.0085				1040.11	8.84
3.4	洒水车4000L运土洒水	台班	0.0009				513.69	0.46
3.5	轻便钎探器	台班	0.0017				235.11	0.40
	小计							28.70
4	企业管理费	元		11.48	25.6%			2.94
5	利润	元		11.48	15%			1.72
	综合单价	元						33.36

分部分项工程项目清单计价表见表7-15。

表7-15　　　　　　　　　　**分部分项工程项目清单计价表**

工程名称：某建筑工程　　　　　　　　　　　　标段：　　　　　　　第1页 共1页

序号	项目编码	项目名称	项目特征描述	计量单位	工程量	金额（元）	
						综合单价	合价
2	010102002001	挖沟槽土方	1. 土类别：二类土 2. 开挖深度：1.95m 3. 基底处理方式：基底夯实、基底钎探	m³	159.29	33.36	5313.91

复习巩固

1. 平整场地、单独土石方、基础土石方的范围是什么？
2. 挖土、填土深度与地坪标高是怎样的关系？
3. 土方回填包括哪些内容？清单如何列项？
4. 如何确定基础土方开挖的工作面宽度？
5. 条形基础挖土方的工程量如何计算？

能力提高

1. 论述如何结合土石方施工方案确定基础土方清单项目的综合单价。
2. 对照［例7-5］中人材机消耗量和价格的确定方法，自行计算除挖土方之外其他几项工作内容的人材机消耗量和人材机费用，并与表7-14中的数据对照。
3. 根据案例工程基础布置图，分析需要列哪些土石方清单项目，并计算清单工程量。

课程思政

土石方放坡系数是影响工程造价和质量的关键因素之一。通常情况下，根据土石方机械作业方式、挖土深度、土壤类别等条件确定土方开挖的放坡系数。然而，在实际操作中，放坡系数的确定往往存在争议，尤其是在审计结算阶段。某工程项目结算书中，施工单位按照1：0.75的放坡系数计算土方开挖工程量，并由建设单位现场代表签字确认。然而，审计单位在审查过程中，根据监理日志和施工日志的分析，认为开挖深度已经超出了坑上作业的范围，实际的放坡系数应为1：0.33。施工单位则认为，虽然部分开挖深度超深，但大部分仍然在坑上作业，且建设单位已经签字确认。双方在处理这一问题上产生了分歧，导致结算和审计过程中的争吵。对于争议，可采取以下办法：

（1）重新核实实际施工情况：为了解决这一争议，应重新核实施工现场的实际施工情况。可以通过现场勘查、询问施工人员、查阅施工记录等方式，详细了解土方开挖的实际情况，以便确定正确的放坡系数。

（2）参照相关规范和标准：在确定放坡系数时，应参照国家和行业相关规范、标准进行。如果规范中有明确的要求，应按照规范执行。如果没有明确规定，可以根据实际情况和双方协商的结果确定。

作为造价人员，在实际工作中，要加强签证管理。建设单位和施工单位都应加强对签证的管理。签证单上不仅要签字确认，还要详细记录实际施工情况，包括开挖深度、放坡系数等。同时，要增进双方沟通协作。在处理审计争议时，建设单位和施工单位应加强与审计单位的沟通与协作。双方可以共同查阅相关资料、听取专业意见，协商确定放坡系数等关键参数。通过积极的沟通与协作，达成共识，确保工程造价的准确性和公正性。

第八章 地基处理与边坡支护工程

☞ **本章概要：**本章主要围绕《房屋建筑与装饰工程工程量计算标准》（GB/T 50854—2024）重点介绍地基处理与边坡支护工程所包含的地基处理、基坑与边坡支护两个分部工程项目清单和相应工程量清单报价的编制理论与方法。

☞ **知识目标：**熟悉地基处理与边坡支护工程的清单项目设置，掌握地基处理与边坡支护工程各清单项目的工程量计算规则，掌握地基处理与边坡支护工程的清单编制和清单计价方法。

☞ **能力目标：**能够基于实际工程图纸，编制地基处理与边坡支护工程的分部分项工程项目清单，并能够根据相关计价依据完成清单计价工作。

☞ **素养目标：**培养严谨、细致、守规的职业精神。

第一节 招标工程量清单编制

一、地基处理清单项目设置及计算规则

按照《房屋建筑与装饰工程工程量计算标准》（GB/T 50854—2024）的规定，地基处理部分共 10 个清单项目。地基处理工程量清单项目设置、项目特征描述的内容、计量单位、工程量计算规则及工作内容，应按表 8-1 的规定执行。

表 8-1 地基处理清单项目设置及计算规则（编码：010201）

项目编码	项目名称	项目特征	计量单位	工程量计算规则	工作内容
010201001	换填垫层	1. 换填材料种类及配比 2. 换填方式或压实系数 3. 掺加剂（料）品种	m³	按设计图示尺寸以体积计算	1. 铺设土工材料（若有），分层铺填 2. 碾压、振密或夯实
010201002	预压地基	1. 预压方式 2. 排水竖井种类、断面尺寸、排列方式、间距、深度 3. 预压荷载、时间 4. 砂垫层厚度	m²	按设计图示处理范围以面积计算	1. 设置排水竖井、盲沟、滤水管 2. 铺设砂垫层、密封膜 3. 堆载、卸载或抽气设备安拆、抽真空、挖除砂垫层
010201003	强夯地基	1. 夯击能量 2. 夯击遍数及方式 3. 夯击点布置形式、间距 4. 地耐力要求 5. 夯填材料种类	m²		1. 铺设夯填材料 2. 强夯
010201004	振冲密实地基（不填料）	1. 地层类别 2. 振密深度	m²		1. 振冲加密 2. 泥浆排放及场内运输

项目编码	项目名称	项目特征	计量单位	工程量计算规则	工作内容
010201005	填料桩复合地基	1. 地层类别 2. 桩形式 3. 空桩长度、桩长 4. 桩径 5. 填充材料种类及配比	m³	按设计桩截面面积乘以桩长以体积计算	1. 成孔、填料、振实或夯实 2. 泥浆排放或场内运输
010201006	水泥粉煤灰碎石桩复合地基	1. 地层类别 2. 空桩长度、桩长 3. 桩径 4. 混合料强度等级	m³	按设计桩截面面积乘以桩长以体积计算	1. 成孔 2. 混合料制作、灌注、养护
010201007	水泥土搅拌桩复合地基	1. 地层类别 2. 空桩长度、桩长 3. 桩截面尺寸 4. 做法、搅拌要求 5. 水泥强度等级、掺量	m³	按设计图示桩体尺寸以体积计算	1. 材料制备 2. 预搅下沉，喷浆（粉）搅拌提升
010201008	旋喷桩复合地基	1. 地层类别 2. 空桩长度、桩长 3. 桩截面尺寸 4. 喷射注浆类型 5. 水泥强度等级、掺量	m	按设计图示尺寸以桩长计算	1. 浆液制备 2. 插入喷射管、喷射注浆 3. 拔管、冲洗 4. 泥浆排放或场内运输
010201009	注浆加固地基	1. 地层类别 2. 空钻深度、注浆深度 3. 注浆间距 4. 浆液种类及配比 5. 水泥强度等级	m³	按设计加固地基尺寸以体积计算	1. 成孔 2. 注浆导管制作、安装 3. 浆液制作、压浆
010201010	褥垫层	1. 材料种类及配比 2. 厚度 3. 铺设方式及压实系数	m³	按设计图示尺寸以体积计算	铺设、压实

二、基坑与边坡支护清单项目设置及计算规则

基坑与边坡支护工程共 16 个清单项目，其清单项目设置、项目特征描述的内容、计量单位及工程量计算规则，应按表 8-2 的规定执行。

表 8-2　　　　基坑与边坡支护清单项目设置及计算规则（编码：010202）

项目编码	项目名称	项目特征	计量单位	工程量计算规则	工作内容
010202001	地下连续墙	1. 地层类别 2. 墙体厚度 3. 成槽深度 4. 混凝土种类、强度等级 5. 接头形式	m³	按设计图示墙体尺寸以体积计算	1. 导墙修筑及拆除 2. 挖土成槽、固壁、清底置换 3. 混凝土输送、灌注、养护 4. 接头处理 5. 泥浆制备、排放或场内运输
010202002	型钢水泥土搅拌墙	1. 地层类别 2. 搅拌桩直径 3. 水泥强度等级、掺量 4. 型钢规格型号 5. 型钢是否拔出	m³	按设计图示成墙截面尺寸乘以桩长以体积计算	1. 导墙修筑及拆除（若有） 2. 材料制备 3. 预搅下沉、喷浆、搅拌提升 4. 型钢插、拔 5. 型钢拔出后缝隙注浆（若有）

续表

项目编码	项目名称	项目特征	计量单位	工程量计算规则	工作内容
010202003	咬合灌注桩	1. 地层类别 2. 桩长、桩径 3. 混凝土种类、强度等级	m	按设计图示尺寸以桩长计算	1. 导墙修筑及拆除（若有） 2. 套管压入、管内取土 3. 混凝土输送、灌注、养护 4. 套管拔出
010202004	木制桩	1. 地层类别 2. 材质、规格 3. 桩长、尾径 4. 桩倾斜度	m	按设计图示尺寸以桩长计算	1. 工作平台搭设、拆除 2. 桩靴安装 3. 沉桩
010202005	预制钢筋混凝土板桩	1. 地层类别 2. 送桩深度、桩长 3. 桩截面形式、尺寸 4. 混凝土强度等级			1. 工作平台搭设、拆除 2. 插桩、板桩连接 3. 沉桩
010202006	型钢桩、钢板桩	1. 地层类别 2. 截面形式或组合截面形式 3. 钢桩材质规格和型号 4. 送桩深度、桩长 5. 是否拔出	t	按设计图示尺寸以质量计算	1. 工作平台搭设、拆除 2. 插桩、锁扣连接 3. 沉桩、接桩、拔桩 4. 刷防护材料
010202007	锚杆（锚索）	1. 地层类别 2. 锚杆（索）类型、深度、部位 3. 钻孔直径 4. 杆体材料品种、规格、数量 5. 预应力值 6. 浆液种类、强度等级	m	按设计图示尺寸以钻孔深度计算	1. 工作平台搭设、拆除 2. 成孔 3. 锚杆（锚索）制作、插入 4. 隔离套管、定位支架安装 5. 浆液制作、注浆 6. 预应力锚杆张拉、锁定
010202008	土钉	1. 地层类别 2. 土钉类型、深度、部位 3. 杆体材料品种、规格、数量 4. 浆液种类、强度等级	m	按设计图示尺寸以土钉置入深度计算	1. 工作平台搭设、拆除 2. 成孔 3. 土钉制作、杆体插入或打入 4. 浆液制作、注浆
010202009	喷射混凝土、水泥砂浆	1. 部位 2. 厚度 3. 材料种类 4. 混凝土（砂浆）类别、强度等级	m²	按设计图示尺寸以面积计算	1. 工作平台搭设、拆除 2. 修整边坡 3. 混凝土（砂浆）、输送、喷射、养护 4. 钻排水孔、安装排水管
010202010	钢筋混凝土支撑	1. 部位 2. 混凝土种类 3. 混凝土强度等级	m³	按设计图示尺寸以体积计算	1. 混凝土输送、浇筑 2. 混凝土振捣、养护
010202011	钢筋混凝土支撑的模板	构件部位	m²	按模板与现浇混凝土构件的接触面积计算	1. 模板制作 2. 模板及支撑安装 3. 刷隔离剂

续表

项目编码	项目名称	项目特征	计量单位	工程量计算规则	工作内容
010202011	钢筋混凝土支撑的模板	构件部位	m²	按模板与现浇混凝土构件的接触面积计算	4. 模板及支撑拆除 5. 清理模板黏结物及模内杂物 6. 模板及支撑整理、小修、堆放
010202012	钢筋混凝土腰梁、冠梁	1. 部位 2. 混凝土种类 3. 混凝土强度等级	m³	按设计图示尺寸以体积计算	1. 混凝土输送、浇筑 2. 混凝土振捣、养护
010202013	钢筋混凝土腰梁、冠梁的模板	构件部位	m²	按模板与现浇混凝土构件的接触面积计算	1. 模板制作 2. 模板及支撑安装 3. 刷隔离剂 4. 模板及支撑拆除 5. 清理模板黏结物及模内杂物 6. 模板及支撑整理、小修、堆放
010202014	钢支撑	1. 部位、连接方式 2. 钢材品种、规格	t	按设计图示尺寸以质量计算。不扣除孔眼质量，焊条、铆钉、螺栓等不另增加质量	1. 构件制作（摊销、租赁） 2. 构件安装 3. 探伤 4. 刷漆 5. 拆除
010202015	钢腰梁、冠梁				
010202016	泥浆外运	泥浆来源	m³	按成槽、成孔尺寸，以体积计算	1. 处置 2. 运输 3. 消纳

三、相关说明

（1）项目特征中的土层类别，可按土石方工程中表 7-4 和表 7-5 的规定，并根据岩土工程勘察报告进行描述。

（2）项目特征及工程量计算规则中的桩长应包括桩尖（若有）。空桩长度＝孔深－桩长。孔深为自然地面至设计桩底的深度。

（3）预压地基的"预压方式"可描述为堆载预压、真空预压、堆载与真空联合预压等。设计设置排水竖井的，在项目特征描述中应明确竖井种类、断面尺寸、排列方式、间距和深度等。

（4）填料桩复合地基的"做法"可描述为振冲碎石桩、沉管砂石桩、灰土（土）挤密桩、夯实水泥土桩、柱锤冲扩桩等。设计文件指定成孔方式的，清单编制时应增加"成孔方式"的描述。

（5）水泥土搅拌桩复合地基的"做法"可描述为单轴、双轴和三轴；"搅拌要求"可描述为浆液搅拌法（即湿法）、粉体搅拌法（即干法）。

（6）旋喷桩复合地基的"喷射注浆类型"可描述为单管、双重管、三重管等。

（7）喷射混凝土（砂浆）的钢筋网、钢丝网应按混凝土及钢筋混凝土中的"钢筋网片""钢丝网"项目列项；地下连续墙和混凝土桩的钢筋笼应按"钢筋笼"项目列项；钢筋混凝土支撑、冠梁、腰梁的钢筋按"现浇混凝土基础及联系梁钢筋"项目列项。以上钢筋制作、安装使用相应项目编码列项时均需描述使用部位。

（8）泥浆外运的"泥浆来源"应按泥浆所产生的清单项目进行描述。泥浆外运包括将施工现场的泥浆进行处置、运输到指定地点，应满足国家及当地行政主管部门关于建筑垃圾消纳和处置的要求。

四、招标工程量清单编制实例

【例 8-1】 如图 8-1 所示，实线范围为地基强夯范围。设计要求：间隔夯击，夯点数量及布置如图所示，分两遍夯击，第一遍 5 击，第二遍要求低锤满拍，设计夯击能量为 400kN·m，编制该强夯工程的分部分项工程项目清单。

解　清单工程量＝40.00×18.00＝720.00（m²）

分部分项工程项目清单见表 8-3。

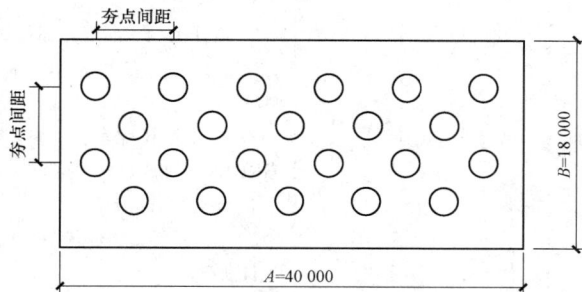

图 8-1　某工程强夯平面图

表 8-3　　　　　　　　　　　　**分部分项工程项目清单计价表**

工程名称：某建筑工程　　　　　　　　　　　标段：　　　　　　　　　第 1 页　共 1 页

序号	项目编码	项目名称	项目特征描述	计量单位	工程量	金额（元）	
						综合单价	合价
1	010201003001	强夯地基	1. 夯击能量：4000kN·m 2. 夯击遍数及方式：2 遍，第一遍 5 击，第二遍低锤满拍 3. 夯击点布置形式、间距：等边三角形，8m 4. 地耐力要求：不小于 150kPa 5. 夯填材料种类：土	m²	720.00		

【例 8-2】 某工程在基础施工期间，由于基坑太深，为防止塌方，采用 C25 混凝土锚杆支护方法加固基坑四壁，加固面积 186m²，加固方案设计每平方米 4 根锚杆，直线布置，单根锚杆总长度 4.5m（含锚固段、自由端和外露长度），钻孔深度 4.2m，锚杆直径 30mm，钻孔直径 40mm，1∶1 水泥砂浆灌浆。喷射 C25 细石混凝土护壁厚 60mm。编制该工程分部分项工程项目清单。

解　按照《房屋建筑与装饰工程工程量计算标准》（GB/T 50854—2024）及该工程的施工内容，应分别按锚杆（锚索）（010202007）和喷射混凝土、水泥砂浆（010202009）编码列项。

（1）锚杆清单工程量按图示尺寸以钻孔深度计算。

锚杆的清单工程量＝4.2×4×186＝3124.80（m）

（2）喷射混凝土按设计图示尺寸以面积计算。

喷射混凝土清单工程量＝186.00（m²）

该工程分部分项工程项目清单见表 8-4。

表 8-4　　　　　　　　　　　　分部分项工程项目清单计价表

工程名称：某建筑工程　　　　　　　　　　标段：　　　　　　　　　第 1 页　共 1 页

序号	项目编码	项目名称	项目特征描述	计量单位	工程量	金额（元）	
						综合单价	合价
1	010202007001	锚杆（锚索）	1. 地层类别：二类土 2. 锚杆类型、深度、部位：钢筋锚杆、4.5m、基坑边坡，钻孔深度 4.2m 3. 杆体材料种类、规格、数量：HRB400，直径 30mm 钢筋 4. 预应力值：无 5. 浆液种类、强度等级：1∶1 水泥抹灰砂浆	m	3124.80		
2	010202009001	喷射混凝土、水泥砂浆	1. 部位：基坑边坡 2. 厚度：60mm 3. 材料种类：细石混凝土 4. 混凝土（砂浆）类别、强度等级：C25 商品混凝土	m²	186.00		

第二节　工程量清单计价应用

本节分别以［例 8-1］和［例 8-2］中的强夯地基清单项目和锚杆（锚索）清单项目介绍地基处理与边坡支护工程清单计价。

【例 8-3】　某工程造价咨询企业受招标人委托编制［例 8-1］工程的最高投标限价。试计算［例 8-1］中强夯地基清单项目的综合单价。计价依据和要求参照教材第二篇"说明"。

解　根据《山东省建筑工程消耗量定额》（2016），强夯按设计图示强夯处理范围以面积计算。因此，强夯工程量＝40.00×18.00＝720.00（m²）。

查《山东省建筑工程消耗量定额》（2016），强夯区分不同的夯击能量、夯点密度设置 4 击、每增减 1 击和低锤满拍子目，夯点密度分≤7 夯点和≤4 夯点两类。

本工程夯点密度夯击密度（夯点/100m²）＝22÷720×100＝3（夯点），夯击能 4000kN·m 以内。根据设计夯击遍数和击数，套用以下定额确定人材机的消耗量：

（1）定额 2-1-61，夯击能 4000kN·m 以内，4 夯点以内，4 击。

（2）定额 2-1-62，夯击能 4000kN·m 以内，4 夯点以内，每增 1 击。

（3）定额 2-1-63，夯击能 4000kN·m 以内，低锤满拍。

查《山东省建筑工程消耗量定额》（2016），定额子目 2-1-61，定额单位 10m²，人材机消耗量如下：综合工日（土建）0.35 工日，强夯机械（400kN·m）0.039 台班，履带式推土机（135kW）0.0273 台班。定额子目 2-1-62，定额单位 10m²，人材机消耗量如下：综合工日（土建）0.05 工日，强夯机械（400kN·m）0.0082 台班，履带式推土机（135kW）0.0057 台班。定额子目 2-1-63 定额单位 10m²，人材机消耗量如下：综合工日（土建）0.95

工日，强夯机械（400kN·m）0.1169台班，履带式推土机（135kW）0.0818台班。

因此，根据定额工程量和消耗量标准，该强夯工程的人材机消耗量如下

人工消耗量＝720×（0.35＋0.05＋0.95）÷10＝97.20（工日）

强夯机械（400kN·m）消耗量＝720×（0.039＋0.0082＋0.1169）÷10＝11.8152（台班）

履带式推土机消耗量＝720×（0.0273＋0.0057＋0.0818）÷10＝8.2656（台班）

由［例8-1］可知，该强夯工程清单项目工程量为720m²，因此，每一计量单位强夯清单项目所需的人材机数量如下：

强夯人工数量＝97.20÷720＝0.135（工日/m²）

强夯机械数量＝11.8152÷720＝0.016 41（台班/m²）

履带式推土机数量＝8.2656÷720＝0.011 48（台班/m²）

将以上消耗量及对应的2024年11月人材机价格信息填入表8-5，得到该强夯清单项目的综合单价。

表8-5　　　　　　　　　　综合单价分析表

工程名称：某建筑工程　　　　　　　标段：　　　　　　　　第 1 页　共 1 页

项目编码	010201003001	项目名称		强夯地基		计量单位	m²
序号	费用项目	单位	数量	取费基数金额（元）	费率（%）	单价	合价
1	人工费						17.28
1.1	强夯人工	工日	0.1350			128	17.28
2	材料费						—
3	机械						43.52
3.1	强夯机械（4000kN·m）	台班	0.0164			1762.09	28.90
3.2	履带式推土机（135kW）	台班	0.0115			1271.45	14.62
	小计						60.80
4	企业管理费	元		17.28	25.6%		4.42
5	利润	元		17.28	15%		2.59
	综合单价	元					67.81

分部分项工程项目清单计价表见表8-6。

表8-6　　　　　　　分部分项工程项目清单计价表

工程名称：某建筑工程　　　　　　　标段：　　　　　　　　第 1 页　共 1 页

序号	项目编码	项目名称	项目特征描述	计量单位	工程量	综合单价	合价
1	010201003001	强夯地基	1. 夯击能量：4000kN·m 2. 夯击遍数及方式：2遍，第一遍5击，第二遍低锤满拍 3. 夯击点布置形式、间距：等边三角形，8m 4. 地耐力要求：不小于150kPa 5. 夯填材料种类：土	m²	720.00	67.81	48 823.20

【例 8-4】 某工程造价咨询企业受招标人委托编制［例 8-2］工程的最高投标限价。试计算［例 8-2］中锚杆（锚索）清单项目的综合单价。计价依据和要求参照教材第二篇"说明"。

解 （1）确定工作内容。根据项目特征，考虑锚杆施工工艺，该清单项目工作内容包括：成孔、锚杆制作、插入、注浆，锚杆张拉锁定（锚头的制作、安装、张拉、锁定）。

（2）施工工程量计算。根据工作内容，参照《山东省建筑工程消耗量定额》（2016），

1）土层锚杆钻孔、注浆按设计孔径尺寸，以长度计算。钻孔、注浆工程量为3124.80m。

2）张拉锚固（锚头的制作、安装、张拉、锁定）按设计图示以数量计算，工程量＝186×4＝744 套。

3）锚杆的制作安装按钢筋工程量计算规则以吨为单位计算。

工程量＝186.00×4×4.5×5.55＝18 581.40（kg）＝18.581（t）

（3）清单项目人材机消耗量的确定。根据《山东省建筑工程消耗量定额》（2016）的定额子目设置及工作内容，锚杆清单项目各工作内容的人材机消耗分别按下列定额标准确定：土层锚杆钻孔和注浆，定额 2-2-16 和 2-2-20；张拉锚固，定额 2-2-26；锚杆制作安装，定额5-4-8。

土层锚杆钻孔（2-2-16），定额单位 10m。消耗量标准如下：综合工日（土建）1.38 工日，工程地质液压钻机 0.35 台班。

利用相同的方法，查询定额可以确定土层锚杆注浆（2-2-20）、张拉加固（锚头的制作、安装、张拉、锁定）（2-2-26）和锚杆制作（5-4-8）的人材机消耗量标准。

以土层锚杆钻孔为例，确定锚杆（锚索）清单项目的人材机消耗：

根据施工工程量，该工程土层锚杆钻孔工作内容的人工消耗量＝3124.80×1.38÷10＝431.2224（工日）。

工程地质液压钻机的消耗量＝3124.80×0.35÷10＝109.368（台班）。

由［例 8-2］可知，锚杆（锚索）清单项目的工程量为 3124.80m，因此，每一计量单位锚杆（锚索）清单项目所需土层锚杆钻孔人工＝431.2224÷3124.80＝0.1380（工日）。

锚杆（锚索）清单项目所需工程地质液压钻机＝109.368÷3124.80＝0.0350（台班）。

利用相同的计算方法，可以计算每一计量单位锚杆（锚索）清单项目其他工作内容所需的人材机的数量，结果见表 8-7。

（4）人材机价格的确定。

根据 2024 年 11 月济南市价格信息，确定各人材机的单价，见表 8-7。

根据以上信息确定综合单价，计算过程和结果见表 8-7。

表 8-7　　　　　　　　综合单价分析表

工程名称：某建筑工程　　　　　标段：　　　　　第 1 页　共 1 页

项目编码	010202008001	项目名称	锚杆（锚索）			计量单位	m
序号	费用项目	单位	数量	取费基数金额（元）	费率（%）	单价	合价
1	人工费						72.49
1.1	土层锚杆钻孔人工	工日	0.1380			128	17.66

续表

项目编码	010202008001		项目名称	锚杆（锚索）			计量单位	m
序号	费用项目	单位	数量	取费基数金额（元）	费率（%）		单价	合价
1.2	注浆人工	工日	0.0330				128	4.22
1.3	张拉锚固人工	工日	0.3667				128	46.94
1.4	锚杆钢筋制作人工	工日	0.0287				128	3.67
2	材料费							76.10
2.1	1∶1水泥抹灰砂浆	m³	0.0201				407.83	8.20
2.2	钢筋 HRB335(HRB400)＞ϕ25	t	0.0061				3867.26	23.59
2.3	其他材料费	元	44.31					44.31
3	机械							45.05
3.1	钢筋切断机 40mm	台班	0.0006				51.52	0.03
3.2	钢筋弯曲机 40mm	台班	0.0008				29.71	0.02
3.3	工程地质液压钻机	台班	0.0350				726.80	25.44
3.4	液压注浆泵 HYB/50-1 型	台班	0.0070				351.81	2.46
3.5	灰浆搅拌机 200L	台班	0.0070				204.16	1.43
3.6	立式油压千斤顶 200t	台班	0.0476				11.55	0.55
3.7	交流弧焊机 32kV·A	台班	0.0333				114.05	3.80
3.8	汽车起重机 8t	台班	0.0143				791.60	11.32
	小计							193.64
4	企业管理费	元		72.49	25.6%			18.56
5	利润	元		72.49	15%			10.88
	综合单价	元						223.08

注　表中其他材料费为除列出的材料之外的所有材料费之和。

分部分项工程项目清单计价表见表 8-8。

表 8-8　　　　　　　　　分部分项工程项目清单计价表

工程名称：某建筑工程　　　　　　　　　　　标段：　　　　　　　　第 1 页　共 1 页

序号	项目编码	项目名称	项目特征描述	计量单位	工程量	金额（元）	
						综合单价	合价
1	010202007001	锚杆（锚索）	1. 地层类别：二类土 2. 锚杆类型、深度、部位：钢筋锚杆、4.5m、基坑边坡，钻孔深度 4.2m 3. 杆体材料种类、规格、数量：HRB400，直径 30mm 钢筋 4. 预应力值：无 5. 浆液种类、强度等级：1∶1水泥抹灰砂浆	m	3124.80	223.08	697 080.40

⟳ 复习巩固

1. 地基处理方式有哪些？
2. 边坡支护方式有哪些？
3. 锚杆支护中的钢筋在清单组价时如何处理？

▤ 能力提高

1. 查相关计价文件，完成［例 8-4］综合单价分析表中其他材料费的计算。
2. 查相关计价文件，完成［例 8-4］综合单价分析表中各人材机数量的计算。

▤ 课程思政

　　某门诊病房综合楼工程在土方开挖过程中，出现坑底突水现象，建设单位委托 A 公司采用全包方式使用降水措施进行施工处理，工程合同总价 390 000 元。但双方就 A 公司施工是否已达到合同约定的支付工程款条件存在争议。

　　A 公司提交如下证据，微信聊天记录、施工视频及照片、《监理通知回复单》等，证明其进场准备施工，完成合同约定的各区基坑降水基础工作。建设单位认为该微信群非官方的沟通手段，不能作为下达指令或完成工作的证明，且聊天记录多是 A 公司方负责人和工作人员单方的信息发布，未得到第三方或建设单位认可。施工视频及照片无原件，且该证据的拍摄时间、地点、人员无法确定，无法证明整个工地的突涌降水情况。对 A 公司提交的《监理通知回复单》《工程联系单》，认为内容系 A 公司单方陈述。建设单位对其主张提交《专题会议纪要》《专家咨询意见书》《监理通知单》《监理例会会议纪要》《工程联系单》及相关监理日记及施工日志等证据。上述证据证明，A 公司新建设的降水井出水效果差，降水施工方案无效，安插轻型井过程中发生突涌，现场注浆是 B 公司提供。A 公司未能解决基坑突涌问题，基坑仍有冒水情况，不执行专家会意见，并准备撤场，不配合监理提出的工作要求等。最终法院认为 A 公司提交的证据均不足以证明其已经解决基坑的突水问题，也无证据证明其已经解决降水问题，A 公司应自行承担相应的不利后果。

　　基坑降水作业由于其特殊性，实际施工时如果没有相应记录，很难认定施工方完成合同约定降水施工义务。对于基坑降水这类劳务作业，施工方造价人员应及时和建设方项目部核实工程量，并签署正式书面文件，否则，仅凭微信聊天记录等没有经过建设方确认的文件是没有证明效力的。

第九章　桩　基　工　程

☞ **本章概要：** 本章围绕《房屋建筑与装饰工程工程量计算标准》（GB/T 50854—2024）重点介绍了预制桩和灌注桩两个分部工程项目清单和计价的编制理论与方法。

☞ **知识目标：** 熟悉桩基工程的清单项目设置，掌握桩基工程各清单项目的工程量计算规则，掌握桩基工程的清单编制和清单计价方法。

☞ **能力目标：** 能够基于实际工程图纸，编制桩基工程的分部分项工程项目清单，并能够根据相关计价依据完成清单计价工作。

☞ **素养目标：** 培养严谨、细致、守规的职业精神。

第一节　招标工程量清单编制

一、清单项目设置

按照《房屋建筑与装饰工程工程量计算标准》（GB/T 50854—2024）的规定，桩基工程包括预制桩和灌注桩两个分部工程，共12个清单项目，见表9-1和表9-2。

表 9-1　　　　　　　　　　预制桩（编码：010301）

项目编号	项目名称	项目特征	计量单位	工程量计算规则	工程内容
010301001	预制钢筋混凝土实心桩	1. 地层类别 2. 送桩深度、桩长 3. 桩截面形式、尺寸 4. 混凝土强度等级	m	按设计图示尺寸以桩长计算	1. 工作平台搭设、拆除 2. 桩机竖拆、移位 3. 沉桩、接桩 4. 送桩、空桩回填 5. 刷防护材料
010301002	预制钢筋混凝土空心桩	1. 地层类别 2. 送桩深度、桩长 3. 桩截面形式、尺寸 4. 桩尖类型 5. 混凝土强度等级			1. 工作平台搭设、拆除 2. 桩机竖拆、移位 3. 桩尖制作安装 4. 沉桩、接桩 5. 桩芯取土 6. 送桩、空桩回填 7. 刷防护材料
010301003	钢管桩	1. 地层类别 2. 送桩深度、桩长 3. 材质 4. 管径、壁厚	t	按设计图示尺寸以质量计算	1. 工作平台搭设、拆除 2. 桩机竖拆、移位 3. 沉桩、接桩 4. 管内取土 5. 切割钢管、精割盖帽 6. 送桩、空孔回填 7. 刷防护材料

续表

项目编号	项目名称	项目特征	计量单位	工程量计算规则	工程内容
010301004	静钻根植桩	1. 地层类别 2. 空桩长度、桩长 3. 植入桩类型及截面尺寸 4. 植入桩混凝土种类、强度等级 5. 扩底直径及高度 6. 桩端水泥浆配比 7. 桩周水泥浆配比	m	按设计图示尺寸以植入桩桩长计算	1. 工作平台搭设、拆除 2. 桩机竖拆、移位 3. 成孔、修孔、扩底 4. 注浆 5. 植桩、接桩 6. 送桩、空孔回填 7. 刷防护材料 8. 泥浆制备、排放或场内运输
010301005	截（凿）桩头	1. 桩类型 2. 桩头截面、高度 3. 混凝土强度等级 4. 有无钢筋	根	按设计图示数量计算	1. 截（切割）桩头 2. 凿平 3. 废料外运、弃置 4. 钢筋整理

表 9-2　　　　　　　　　　　灌注桩（编码：010302）

项目编号	项目名称	项目特征	计量单位	工程量计算规则	工程内容
010302001	泥浆护壁成孔灌注桩	1. 地层类别 2. 空桩长度、桩长 3. 桩径 4. 混凝土种类、强度等级	m³	按设计截面面积乘以设计桩长以体积计算，截面局部扩大部分体积并入计算	1. 护筒埋设 2. 成孔、固壁 3. 混凝土输送、灌注、养护 4. 空孔回填 5. 泥浆制备、排放或场内运输
010302002	沉管灌注桩	1. 地层类别 2. 空桩长度、桩长 3. 桩径 4. 桩尖类型 5. 混凝土种类、强度等级	m³	按设计截面面积乘以设计桩长以体积计算，截面局部扩大部分体积并入计算	1. 桩尖制作、安装 2. 打（沉）拔钢管 3. 混凝土输送、灌注、养护 4. 复打、空孔回填
010302003	干作业机械成孔灌注桩	1. 地层类别 2. 空桩长度、桩长 3. 桩径 4. 扩孔直径、高度 5. 混凝土种类、强度等级	m³	按设计截面面积乘以设计桩长以体积计算，截面局部扩大部分体积并入计算	1. 成孔、扩孔 2. 混凝土输送、灌注、振捣、养护 3. 空孔回填
010302004	爆扩成孔灌注桩				1. 爆破前成孔 2. 爆破扩孔后混凝土输送、灌注、振捣、养护 3. 空孔回填
010302005	钻孔压灌桩	1. 地层类别 2. 空钻长度、桩长 3. 钻孔直径 4. 材料种类、配比、强度等级	m	按设计图示尺寸以桩长计算	1. 钻孔 2. 浆液制备、注浆、投放骨料、补浆 3. 混凝土输送、压灌、养护 4. 空孔回填

续表

项目编号	项目名称	项目特征	计量单位	工程量计算规则	工程内容
010302006	灌注桩后注浆	1. 注浆导管材料、规格 2. 注浆导管长度 3. 单孔注浆量 4. 水泥强度等级	孔	按设计图示注浆孔数计算	1. 注浆导管制作、安装 2. 浆液制作、注浆
010302007	声测管	1. 材质、规格 2. 连接要求	m	按设计图示桩长乘以管根数计算	1. 制作、管底封堵 2. 分段安装、连接 3. 注水、管口封堵

二、相关说明

(1) 项目特征中的"地层类别"按表 7-4 和表 7-5 中关于土类别和岩石类别的规定，并根据岩土工程勘察报告进行描述。

(2) 项目特征及工程量计算规则中的"桩长"应包括桩尖（若有），空桩长度＝孔深－桩长，孔深为自然地面至设计桩底的深度。

(3) 打桩方式及成孔机械由投标人自行确定，若设计有要求时，应在项目特征中增加相关描述。

(4) 各项预制桩项目的工作内容均包括预制桩的场内堆放、场内转运，还包括使用成品预制桩时的成品桩购置工作及使用现场预制桩时的桩制作全部工序。使用现场预制桩时，应在项目特征中增加相关描述。

(5) 预制钢筋混凝土实心桩、预制钢筋混凝土空心桩应按相应截面形式分别编码列项，其项目特征中的桩截面形式、混凝土强度等级、桩尖类型等可直接用标准图集的相关代号或设计桩型描述。

(6) 预制钢筋混凝土桩的桩顶与桩承台的连接构造，应按混凝土及钢筋混凝土工程相关项目编码列项。

(7) 打试验桩和打斜桩应按相应项目单独编码列项，并应在项目特征中注明试验桩或斜桩（斜率）。斜桩的斜率为桩尖的竖向偏离距离与桩的深度之比。

(8) 泥浆护壁成孔灌注桩是指在泥浆护壁条件下成孔的采用水下灌注混凝土的桩。

(9) 干作业机械成孔灌注桩是指在不用泥浆护壁和套管护壁的情况下，用钻机成孔后下钢筋笼并灌注混凝土的桩，适用于地下水位以上的土层。

(10) 内夯沉管灌注桩应按沉管灌注桩编码列项，外管封底部分体积并入桩工程量内。

(11) 混凝土灌注桩的钢筋笼制作、安装，按混凝土及钢筋混凝土相关项目编码列项。

三、招标工程量清单编制实例

【例 9-1】 某桩基工程施工，采用 C30 预制钢筋混凝土实心桩，桩长及桩截面如图 9-1 所示，共 15 根。采用柴油打桩机打桩，无送桩，施工区域土类别为二类土。试编制该桩基工程的分部分项工程项目清单。

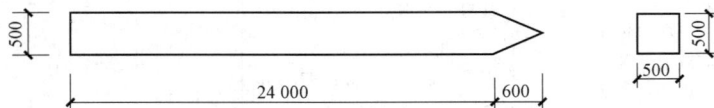

图 9-1　预制钢筋混凝土实心桩

解　清单工程量＝（24.00＋0.6）×15＝369.00（m）

分部分项工程项目清单见表 9-3。

表 9-3　　　　　　　　　**分部分项工程项目清单计价表**

工程名称：某建筑工程　　　　　　　　　　　　　　标段：　　　　　　　　　第 1 页　共 1 页

序号	项目编码	项目名称	项目特征描述	计量单位	工程量	金额（元）	
						综合单价	合价
1	010301001001	预制钢筋混凝土实心桩	1. 地层类别：二类土 2. 送桩深度、桩长：0m，24.6m 3. 桩截面形式、尺寸：方形，500mm×500mm 4. 混凝土强度等级：C30	m	369.00		

【例 9-2】　某桩基工程，采用旋挖钻机成孔混凝土灌注桩，桩长 15m（含扩底高度），桩外径 1.0m，扩底最大直径为 1.5m，如图 9-2 所示。桩根数为 20 根，混凝土强度等级为 C30，商品混凝土。试编制该桩基工程的分部分项工程项目清单。

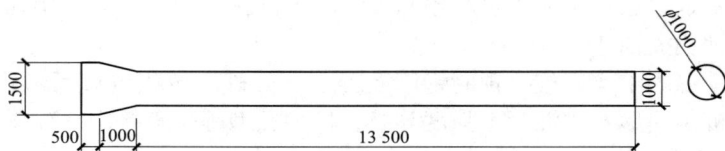

图 9-2　旋挖钻机成孔混凝土灌注桩

解　桩身清单工程量＝3.14×0.5²×13.5×20＝211.95（m³）

扩底清单工程量＝3.14×0.75²×0.5×20＋1/3×1.0×（3.14×0.5²＋3.14×

　　　　　　0.75²＋3.14×0.5×0.75）×20＝42.52（m³）

灌注桩清单工程量＝211.95＋42.52＝254.47（m³）

分部分项工程项目清单见表 9-4。

表 9-4　　　　　　　　　**分部分项工程项目清单计价表**

工程名称：某建筑工程　　　　　　　　　　　　　　标段：　　　　　　　　　第 1 页　共 1 页

序号	项目编码	项目名称	项目特征描述	计量单位	工程量	金额（元）	
						综合单价	合价
1	010302003001	干作业机械成孔灌注桩	1. 地层类别：二类土 2. 空桩长度、桩长：0m，15m 3. 桩径：1.0m 4. 扩孔直径、高度：1.5m，1.5m 5. 混凝土种类、强度等级：C30，商品混凝土	m³	254.47		

第二节　工程量清单计价应用

本节以［例 9-1］中的预制钢筋混凝土实心桩清单项目介绍桩基工程清单计价。

【例 9-3】　某工程造价咨询企业受招标人委托编制［例 9-1］工程的最高投标限价。试计算［例 9-1］中预制钢筋混凝土实心桩清单项目的综合单价。预制实心桩价格为 1200 元/m³（除税），其余计价依据和要求参照教材第二篇"说明"。

解　（1）确定工作内容。该清单项目工作内容包括工作平台的搭拆，桩机竖拆、移位，吊装定位，打桩等工作，暂不考虑接桩、沉桩和送桩。

（2）施工工程量计算。根据《山东省建筑工程消耗量定额》（2016），打、压预制钢筋混凝土桩按设计桩长（包括桩尖）乘以桩截面积，以体积计算。工程量＝0.50×0.50×（24.00＋0.6）×15＝92.25（m³）。

（3）人材机消耗量的确定。根据《山东省建筑工程消耗量定额》（2016）定额子目设置及清单项目工作内容。按定额 3-1-2（打预制钢筋混凝土方桩桩长≤25m）的消耗量标准确定清单项目人材机消耗量。

定额 3-1-2，定额单位 10m³。消耗量标准如下：综合工日（土建）6.62 工日，预制钢筋混凝土桩 10.1m³，白棕绳 0.9kg，草纸 2.5kg，垫木 0.03m³，金属周转材料 2.42kg，履带式柴油打桩机（5t）0.63 台班，履带式起重机（15t）0.38 台班。

按照山东省定额规定，单位（群体）工程的预制钢筋混凝土方桩桩基础工程量在 200m³ 以内时，打桩相应定额人工、机械乘以小型工程系数 1.25，材料不调整。本工程总打桩工程量为 92.25m³，需进行调整。

根据施工工程量、定额消耗量标准及定额调整事项，该预制钢筋混凝土桩工程人工消耗量＝92.25×6.62÷10×1.25＝76.3369（工日）。

预制钢筋混凝土桩消耗量＝92.25×10.1÷10＝93.1725（m³）。

履带式柴油打桩机（5t）的消耗量＝92.25×0.63÷10×1.25＝7.2647（台班）。

履带式起重机（15t）＝92.25×0.38÷10×1.25＝4.3819（台班）。

由［例 9-1］可知，预制钢筋混凝土实心桩清单项目的工程量为 369.00m，因此，每一计量单位预制钢筋混凝土实心桩清单项目所需的人材机数量如下：

人工的数量＝76.3369÷369.00＝0.2069（工日）。

预制钢筋混凝土桩的数量＝93.1725÷369.00＝0.2525（m³）。

履带式柴油打桩机（5t）的数量＝7.2647÷369.00＝0.0197（台班）。

履带式起重机（15t）的数量＝4.3819÷369.00＝0.0119（台班）。

白棕绳等其他材料的计算结果见表 9-5。

本工程将桩基部分单独外包，按照《山东省建设工程费用项目组成及计算规则》（2022 版）中工程类别的划分标准，桩长属于">12m"范围，属于Ⅱ类工程，企业管理费率为 17.9%，利润率 13.1%，以省人工费为计算基数。

根据以上信息计算清单项目综合单价。综合单价分析表见表 9-5。

表 9-5   **综合单价分析表**

工程名称：某建筑工程   标段：   第 1 页 共 1 页

项目编码	010301001001		项目名称	预制钢筋混凝土实心桩			计量单位	m
序号	费用项目	单位	数量	取费基数金额（元）	费率（%）		单价	合价
1	人工费							26.48
1.1	打桩用工	工日	0.2069				128	26.48
2	材料费							304.96
2.1	预制混凝土桩 C30	m³	0.2525				1200	303.00
2.2	其他材料费	元	1.96					1.96
3	机械							47.26
3.1	履带式柴油打桩机（5t）	台班	0.0197				1921.67	37.86
3.2	履带式起重机（15t）	台班	0.0119				789.78	9.40
	小计							378.70
4	企业管理费	元		26.48	17.9%			4.74
5	利润	元		26.48	13.1%			3.47
	综合单价	元						386.91

注 表中其他材料费为白棕绳（单价 14.63 元）、草纸（单价 1.83 元）、垫木（单价 1592.08 元）、金属周转材料（单价 5.34 元）之和。

分部分项工程项目清单计价表见表 9-6。

表 9-6   **分部分项工程项目清单计价表**

工程名称：某建筑工程   标段：   第 1 页 共 1 页

序号	项目编码	项目名称	项目特征描述	计量单位	工程量	金额（元）	
						综合单价	合价
1	010301001001	预制钢筋混凝土实心桩	1. 地层类别：二类土 2. 送桩深度、桩长：0m、24.6m 3. 桩截面形状：方形，500mm×500mm 4. 桩倾斜度：垂直桩 5. 混凝土强度等级：C30	m	369.00	386.91	142 769.80

复习巩固

1. 打试验桩如何列清单项目？

2. 小型打桩工程，人工和机械如何调整？

3. 灌注桩有哪几种？工程量分别如何计算？

能力提高

1. 完成［例 9-3］中其他材料费的计算。

2. 完成［例 9-3］中各种材料和机械的消耗量的计算。

3. 假设［例 9-3］中预制桩的单价 1200 元/m³ 为含税价，适用增值税率为 13%，请重新计算该清单项目的综合单价。

课程思政

A 公司（承包方）与 B 公司（发包方）签订某酒店及博物馆项目桩基、基坑支护、土石方工程施工合同，采用固定单价方式计价。在进行结算审核时，双方就三轴深层搅拌桩的工程量产生争议。

施工过程中三轴深层搅拌桩没有发生设计变更等变化，A 公司按图施工后，监理单位出具监理意见，将重复套打的桩计算二次，核定三轴深层搅拌桩工程量为 12 845m。C 造价咨询公司审核工程造价时三轴深层搅拌桩按招标工程量 8645m 计算。诉讼中双方当事人一致认可：如将套打重复部分计算二次，则此项工程量为 12 799.5m，但对于是否应重复计算套打部分工程量双方存在争议。A 公司认为：三轴深层搅拌桩的套打工艺决定了必然有重复打桩的部分，套打部分在决算时应按实际发生的工程量。B 公司认为三轴深层搅拌桩的施工方法招投标时已经确定，施工中也没有变化，不应增加计算工程量。

法院认为，本工程为固定单价工程，即使工程量清单有误，A 公司在施工结束后也有权按实际工程量结算，故其未在中标后缔约前提出修正工程量清单也属合理，不能得出其认可工程量清单与实际工程量一致的结论。因此，原、被告双方在诉讼中各自引用的招投标文件、合同以及计价规范中关于工程量清单修正的程序、风险范围外价格调整的情形等内容均不适用于本争议焦点。因这一争议是由于套打桩的工程量如何计算没有约定引起的，双方对此均有一定责任，由其中一方单独承担这一工程量计算差异形成的全部争议造价显属不当，故从公平合理的角度，酌定双方各承担一半。

本工程约定的计价方式是固定单价，意味着合同约定的单价包括了风险范围以内的全部费用，而工程量在决算时是可以按实际发生的数量计算的。争议的核心原因在于双方事先没有约定套打桩产生的工程量如何计算。因此，造价工程师要重视合同管理，提升合同管理意识。不仅要事先约定结算方式、计价方法，同时要注意工程量计算的方法。

第十章　砌　筑　工　程

☞ **本章概要：**本章主要围绕《房屋建筑与装饰工程工程量计算标准》（GB/T 50854—2024），重点介绍砌筑工程所包含的砖砌体、砌块砌体、石砌体、轻质墙板等四个分部工程项目清单编制和清单计价。

☞ **知识目标：**熟悉砌筑工程的清单项目设置，掌握砌筑工程各清单项目的工程量计算规则，掌握砌筑工程的清单编制和清单计价方法。

☞ **能力目标：**能够基于实际工程图纸，编制砌筑工程的分部分项工程项目清单，并能够根据相关计价依据完成清单计价工作。

☞ **素养目标：**培养严谨、细致、守规的职业精神。

第一节　招标工程量清单编制

一、清单项目设置

按照《房屋建筑与装饰工程工程量计算标准》（GB/T 50854—2024）的规定，砌筑工程包括砖砌体、砌块砌体、石砌体和轻质墙板 4 个分部工程，共 25 个清单项目，见表 10-1～表 10-4。

表 10-1　　　　　　　　　　　　砖砌体（编码：010401）

项目编号	项目名称	项目特征	计量单位	工程量计算规则	工程内容
010401001	砖基础	1. 砖品种、规格、强度等级 2. 基础类型 3. 砂浆强度等级 4. 防潮层材料种类	m³	详见本节工程量计算规则部分	1. 砂浆制作 2. 砌砖 3. 水平防潮层铺设
010401002	实心砖墙	1. 砖品种、规格、强度等级 2. 墙体类型 3. 墙体厚度 4. 砂浆强度等级			1. 砂浆制作 2. 砌砖 3. 刮缝 4. 墙体顶缝、侧缝填塞处理
010401003	多孔砖墙				
010401004	空心砖墙				
010401005	实心砖柱	1. 砖品种、规格、强度等级 2. 柱截面尺寸 3. 砂浆强度等级			1. 砂浆制作 2. 砌砖 3. 刮缝
010401006	多孔砖柱				
010401007	砖检查井	1. 井截面、深度 2. 砖品种、规格、强度等级 3. 垫层材料种类、厚度 4. 底板厚度及混凝土强度等级 5. 井盖材质 6. 砂浆强度等级 7. 防潮层材料种类	座	按设计图示数量计算	1. 砂浆制作 2. 铺设垫层 3. 底板混凝土输送、浇筑、振捣、养护 4. 砌砖、井盖安装 5. 刮缝 6. 井池底、壁抹灰 7. 抹防潮层

续表

项目编号	项目名称	项目特征	计量单位	工程量计算规则	工程内容
010401008	零星砌砖	1. 零星砌砖名称、部位 2. 砖品种、规格、强度等级 3. 砂浆强度等级	m³	按设计图示尺寸以体积计算	1. 砂浆制作 2. 砌砖 3. 刮缝
010401009	砖散水、地坪	1. 砖品种、规格、强度等级 2. 垫层材料种类、厚度 3. 散水、地坪厚度 4. 面层种类、厚度 5. 砂浆强度等级	m²	按设计图示水平投影面积计算	1. 地基找平、夯实 2. 铺设垫层 3. 砌砖 4. 抹砂浆面层
010401010	砖地沟、明沟	1. 砖品种、规格、强度等级 2. 沟截面尺寸 3. 垫层材料种类、厚度 4. 底板混凝土种类、强度等级及厚度 5. 砂浆强度等级	m	按设计图示尺寸以中心线长度计算	1. 铺设垫层 2. 底板混凝土输送、浇筑、振捣、养护 3. 砌砖 4. 刮缝、抹灰
010401011	贴砌砖墙	1. 砖品种、规格、强度等级 2. 墙体类型 3. 墙体厚度 4. 砂浆强度等级	m³	按设计图示尺寸以体积计算	1. 砂浆制作 2. 砌砖

表 10-2　　　　　　　　　**砌块砌体（编码：010402）**

项目编号	项目名称	项目特征	计量单位	工程量计算规则	工程内容
010402001	砌块墙	1. 砌块品种、规格、强度等级 2. 墙体类型 3. 墙体厚度 4. 砂浆强度等级	m³	详见本节工程量计算规则部分	1. 砂浆制作 2. 砌砖、砌块 3. 刮缝 4. 墙体顶缝、侧缝填塞处理
010402002	砌块柱	1. 砌块品种、规格、强度等级 2. 柱截面尺寸 3. 砂浆强度等级			1. 砂浆制作 2. 砌砖、砌块 3. 刮缝

表 10-3　　　　　　　　　**石砌体（编码：010403）**

项目编号	项目名称	项目特征	计量单位	工程量计算规则	工程内容
010403001	石基础	1. 石料种类、规格 2. 基础类型 3. 砂浆强度等级 4. 防潮层材料种类	m³	详见本节工程量计算规则部分	1. 砂浆制作 2. 吊装 3. 砌石 4. 防潮层铺设
010403002	石勒脚	1. 石料种类、规格 2. 石表面加工要求 3. 勾缝要求 4. 砂浆强度等级	m³		1. 砂浆制作 2. 吊装 3. 砌石 4. 石表面加工 5. 勾缝

续表

项目编号	项目名称	项目特征	计量单位	工程量计算规则	工程内容
010403003	石墙	1. 石料种类、规格 2. 石表面加工要求 3. 墙体类型 4. 勾缝要求 5. 砂浆强度等级	m³		1. 砂浆制作 2. 吊装 3. 砌石 4. 石表面加工 5. 勾缝
010403004	石挡土墙	1. 石料种类、规格 2. 石表面加工要求 3. 勾缝要求 4. 砂浆强度等级 5. 墙（柱）高度	m³		1. 砂浆制作 2. 吊装 3. 砌石 4. 变形缝、泄水孔、压顶抹灰 5. 滤水层 6. 刮缝
010403005	石柱	1. 石料种类、规格 2. 栏杆的高度、厚度 3. 石表面加工要求 4. 勾缝要求 5. 砂浆强度等级	m	详见本节工程量计算规则部分	1. 砂浆制作 2. 吊装 3. 砌石 4. 石表面加工 5. 勾缝
010403006	石栏杆				
010403007	石护坡	1. 石料种类、规格 2. 垫层材料种类、厚度 3. 护坡厚度、高度 4. 石表面加工要求 5. 勾缝要求 6. 砂浆强度等级	m³		1. 铺设垫层 2. 石料加工 3. 砂浆制作 4. 砌石 5. 石表面加工 6. 勾缝
010403008	石台阶				
010403009	石坡道				
010403010	石地沟、明沟	1. 石料种类、规格 2. 沟截面尺寸 3. 垫层材料种类、厚度 4. 底板混凝土种类、强度等级及厚度 5. 石表面加工要求 6. 勾缝要求 7. 砂浆强度等级	m		1. 砂浆制作 2. 铺设垫层 3. 底板混凝土输送、浇筑、振捣、养护 4. 砌石 5. 石表面加工 6. 勾缝

表 10-4　　　　　　　　　轻质墙板（编码：010404）

项目编号	项目名称	项目特征	计量单位	工程量计算规则	工程内容
010404001	轻质墙板	1. 墙板材质、厚度 2. 安装部位 3. 连接方式 4. 填缝及填充要求	m²	按设计图示尺寸以面积计算	1. 清理基层、水刷墙板黏结面 2. 调铺砂浆或专用胶粘剂 3. 拼装墙板、粘网格布条 4. 填灌板下细石混凝土及填充层等墙板安装操作
010404002	轻质保温一体墙板	1. 墙板材质、厚度 2. 保温材料规格、材质 3. 安装部位 4. 连接方式 5. 填缝及填充要求			

二、相关问题说明

（1）砖基础与墙（柱）身使用同一种材料时，以设计室内地面为界（有地下室者，以地下室室内设计地面为界），以下为基础，以上为墙（柱）身。如图 10-1（a）和（b）所示。基础与墙（柱）身使用不同材料时，材料分界线位于设计室内地面高度±300mm 以内的，以不同材料分界线为界；±300mm 以外的，以设计室内地面为界。

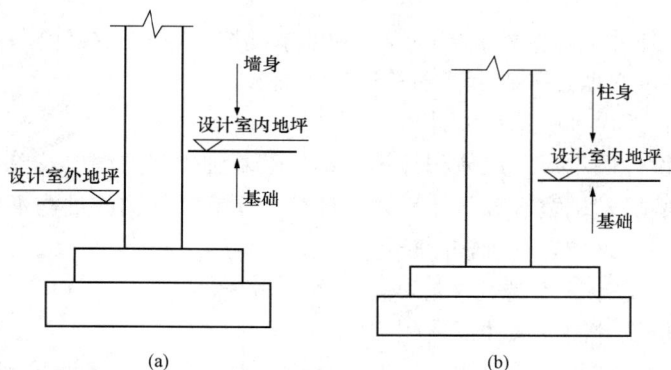

图 10-1　基础与墙（柱）分界示意图

（2）石基础、石勒脚、石墙的划分：基础与勒脚应以设计室外地坪为界。勒脚与墙身应以设计室内地面为界。石围墙以设计室外地坪为界，两侧地坪标高不同时，应以较低地坪标高为界，以下为基础，以上为墙身；当两侧标高之差为挡土墙时，挡土墙以上为墙身。

（3）砖围墙以设计室外地坪为界，以下为基础，以上为墙身。

（4）项目特征中的"基础类型"可描述为柱基础、墙基础、管道基础等。项目特征中的"墙体类型"可描述为直形、弧形等。也可按外墙、内墙、女儿墙、围墙等墙体部位进行描述。

（5）项目特征中的"石料种类"可描述为砂石、青石等；"石料规格"可描述为粗料石、细料石等。

（6）石台阶项目包括石梯带（垂带），不包括石梯膀，石梯膀应按石挡土墙项目编码列项。

（7）依附构件或者依附墙体砌筑的贴砌砖（如地下室外墙防水层的保护砖墙），按贴砌砖墙项目编码列项。

（8）砖墙、砌体墙等的加筋、墙体拉结筋、压砌钢筋网片，应按混凝土及钢筋混凝土中相关项目编码列项。

（9）砖砌台阶、台阶挡墙、梯带、花台、花池、栏板；砖砌锅台、炉灶、蹲台、池槽、池槽腿、地垄墙；砖砌腰线、挑檐、压顶、窗台线、虎头砖、门窗套凸出墙面的部分及单个面积≤0.3m² 的孔洞填塞等，应按零星砌砖项目编码列项。

（10）检查井内的钢爬梯、砖地沟里的钢支架等，按金属结构工程中相关项目编码列项。

（11）砖（石）地沟、明沟，若设计施工有防水要求时，按屋面及防水工程中相关项目编码列项。

三、工程量计算规则

1. 砖基础、石基础

按设计图示尺寸以体积计算。扣除地梁（圈梁）、构造柱所占体积，不扣除基础大放脚 T 形接头处的重叠部分及嵌入基础内的钢筋、铁件、管道、基础砂浆防潮层和单个面积≤0.3m² 的孔洞所占体积，附墙垛基础宽出部分体积并入计算，靠墙暖气沟的挑檐不增加体积。

（1）条形基础。

1）基础长度。外墙基础按外墙中心线，内墙基础按内墙净长线计算。

2）砖基础断面，根据砖基础大样图标注尺寸确定。

（2）独立基础：按设计图示尺寸计算。

（3）石基础按设计图示尺寸以体积计算。不扣除基础砂浆防潮层及单个面积≤0.3m² 的孔洞所占体积，附墙垛基础宽出部分体积并入计算，靠墙暖气沟的挑檐不增加体积。基础长度：外墙基础按中心线，内墙基础按净长计算。

2. 实心砖墙、砌块墙、石墙、多孔砖墙、空心砖墙

（1）实心砖墙按设计图示尺寸以体积计算。

在计算工程量时，应扣除门窗洞口、嵌入墙内的柱、梁、板及凹进墙内的壁龛、管槽、暖气槽、消火栓箱所占体积；不扣除单个面积≤0.3m² 的孔洞及墙内檩头、垫木、木楞头、沿缘木、木砖、门窗走头、加固钢筋、木筋、铁件、管道所占的体积；凸出墙面的墙垛并入计算。腰线、挑檐、压顶、窗台线、虎头砖、门窗套凸出墙面部分的体积不并入计算。

同材质围墙柱及围墙压顶并入围墙体积内计算。

墙长度：外墙按中心线、内墙按净长计算。框架间墙不区分内外墙均按净长计算。

附墙砌筑的烟囱、通风道、垃圾道应按设计图示尺寸以体积（扣除孔洞所占体积）计算，并入所依附的同材质墙体体积内。当设计要求孔洞内需抹灰时，应按零星抹灰项目编码列项。

（2）砌块墙、石墙、多孔砖墙、空心砖墙工程量计算规则与实心砖墙相同。

3. 实心砖柱、多孔砖柱、砌块柱、石柱

实心砖柱、多孔砖柱按设计图示尺寸以体积计算，扣除混凝土及钢筋混凝土梁垫、梁头、板头所占体积。

砌块柱按设计图示尺寸以体积计算，扣除混凝土及钢筋混凝土梁、梁头、板头所占体积。

石柱按设计图示以长度计算。

4. 零星砌砖

零星砌砖均按设计图示尺寸以体积计算。

5. 地沟、明沟

砖地沟、明沟及石地沟、明沟均按照设计图示尺寸以中心线长度计算。

6. 其他砖砌体

砖检查井按设计图示数量计算。

砖散水、地坪按设计图示水平投影面积计算。

贴砌砖墙按设计图示尺寸以体积计算。

7. 其他石砌体

(1) 石勒脚设计图示尺寸以体积计算。不扣除单个面积≤0.3m² 的孔洞所占体积。

(2) 石挡土墙按设计图示尺寸以体积计算。

(3) 石台阶、石护坡、石坡道按设计图示尺寸以体积（不含垫层）计算。

(4) 石栏杆按设计图示以长度计算。

8. 轻质墙板

轻质墙板、轻质保温一体墙板均按设计图示尺寸以面积计算。

四、招标工程量清单编制实例

【例 10-1】 某基础工程，如图 10-2 所示。已知该条形基础由 M7.5 水泥砂浆砌筑烧结煤矸石普通砖 240mm×115mm×53mm，砂浆为干拌砂浆。基础内设置 240mm×240mm 的混凝土基础圈梁。3∶7 灰土垫层 300mm 厚（就地取土）。计算该工程砖基础清单工程量并编制分部分项工程项目清单。

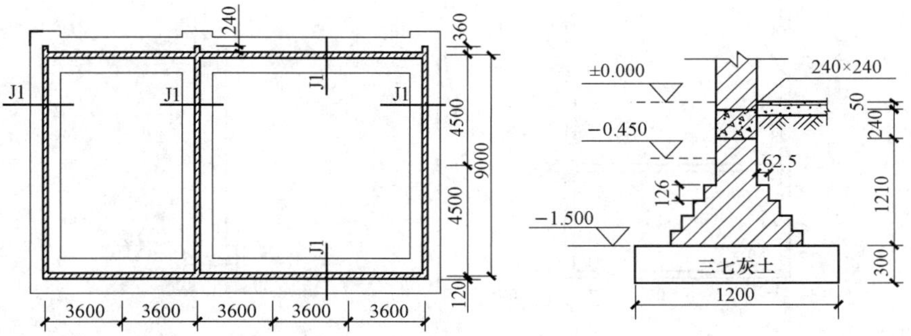

图 10-2　砖基础平面图及大样图

解　(1) 砖基础清单工程量。

外墙条形基础长度：$L_中=(9.00+3.60×5)×2+0.24×3=54.72$ （m）。

内墙条形基础长度：$L_内=9.00-0.24=8.76$ （m）。

应扣除圈梁体积：$V_圈梁=0.24×0.24×(54.72+8.76)=3.66$ （m³）。

砖基础体积：$V_基础=(0.0625×0.126×5×4+0.24×1.5)×(54.72+8.76)-3.66$
$$=29.19 \text{ （m³）。}$$

(2) 分部分项工程项目清单见表 10-5。

表 10-5　　　　　　　　　　**分部分项工程项目清单计价表**

工程名称：某建筑工程　　　　　　　　　　　标段：　　　　　　　第 1 页　共 1 页

序号	项目编码	项目名称	项目特征描述	计量单位	工程量	金额（元）	
						综合单价	合价
1	010401001001	砖基础	1. 砖品种、规格、强度等级：烧结煤矸石普通砖 240mm×115mm×53m 2. 基础类型：条形基础 3. 砂浆强度等级：M7.5 水泥砂浆，干拌砂浆，暂估价材料，材料价格（除税）460 元/m³ 4. 防潮层材料种类：无	m³	29.19		

说明：本工程中 3：7 灰土垫层需另按混凝土及钢筋混凝土工程部分"基础垫层"单列清单项，本例中不列出。此外，本工程 3：7 灰土垫层按照就地取土施工，在计算 3：7 灰土价格时，应扣除灰土配合比中的黏土用量。每 m³3：7 灰土中黏土用量为 1.15m³。

【例 10-2】 某单层建筑物，如图 10-3 所示。已知该工程用 M5.0 混合砂浆砌筑烧结煤矸石普通砖而成，干拌砂浆。原浆勾缝，双面混水砖墙，M-1：1000mm×2400mm，M-2：900mm×2400mm，C1：1500mm×1500mm，门窗上部均设过梁，断面为 240mm×180mm，长度按门窗洞口宽度每边加 250mm，内、外墙均设圈梁，断面为 240mm×240mm。计算该工程墙体砌筑工程量，并编制分部分项工程项目清单。

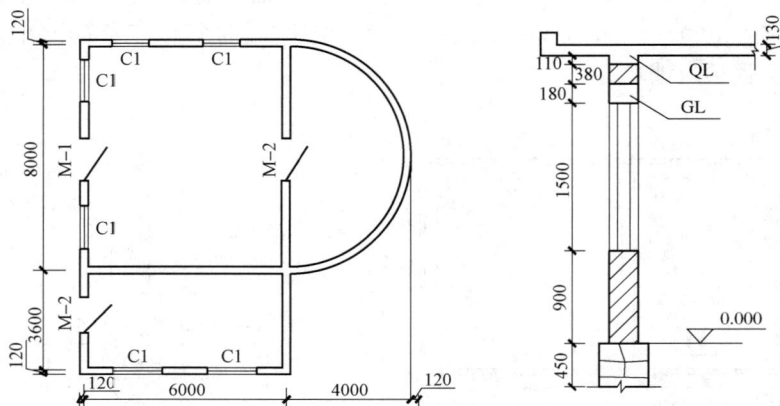

图 10-3 某单层建筑物平面图及剖面图

解 本工程区分直形墙和弧形墙分别编码列项。内外墙材质、厚度等均相同，列项时不区分内外墙。

由设计可知，内外墙上均设置圈梁，因此，内外墙高度均算至圈梁底。

（1）直形墙砌筑清单工程量。

直形外墙长度：6.00＋3.60＋6.00＋3.60＋8.00＝27.20（m）。

直形内墙长度：6.0－0.24＋8.0－0.24＝13.52（m）。

墙体高度：0.90＋1.50＋0.18＋0.38＝2.96（m）。

门窗洞口面积：1.50×1.50×6＋1.00×2.40＋0.90×2.4＋0.90×2.4＝20.22（m²）。

扣除过梁体积：0.24×0.18×2.00×6＋0.24×0.18×1.50＋0.24×0.18×1.4＋0.24×0.18×1.4＝0.70（m³）。

直形墙清单工程量：[（27.20＋13.50）×2.96－20.22]×0.24－0.70＝23.36（m³）。

（2）弧形墙砌筑清单工程量。

弧形墙长度：4.00×3.14＝12.56（m）。

弧形墙高度：0.90＋1.50＋0.18＋0.38＝2.96（m）。

弧形墙砌筑工程量：12.56×2.96×0.24＝8.92（m³）。

分部分项工程项目清单见表 10-6。

表 10-6　　　　　　　　　　　　分部分项工程项目清单计价表

工程名称：某建筑工程　　　　　　　　　　标段：　　　　　　　　第 1 页　共 1 页

序号	项目编码	项目名称	项目特征描述	计量单位	工程量	金额（元）	
						综合单价	合价
1	010401002001	实心砖墙	1. 砖品种、规格、强度等级：烧结煤矸石普通砖 240mm×115mm×53mm 2. 墙体类型：直形墙 3. 墙体厚度：240mm 4. 砂浆强度等级：M5.0 混合砂浆，干拌砂浆	m³	23.36		
2	010401002002	实心砖墙	1. 砖品种、规格、强度等级：烧结煤矸石普通砖 240mm×115mm×53mm 2. 墙体类型：弧形墙 3. 墙体厚度：240mm 4. 砂浆强度等级：M5.0 混合砂浆，干拌砂浆	m³	8.92		

【**例 10-3**】　某单层建筑物，其基础平面布置图和基础大样图，如图 7-3 所示。M7.5 水泥砂浆（干拌）砌筑烧结煤矸石普通砖 240mm×115mm×53mm 条形基础。图中构造柱自基础圈梁顶面开始设置，框架柱的尺寸和位置如图 10-5 所示。计算砖条形基础清单工程量并编制分部分项工程项目清单。

解　根据基础平面布置图，条形基础有两类，一类是②轴和④轴内墙条形基础，另一类为其他轴线位置的柱间条形基础，砖基础长度不同。

②轴和④轴砖基础长度＝（6.00－0.24）×2＝11.52（m）。

①、③、⑤、Ⓐ、Ⓑ轴为柱间条形基础，按柱间墙体的设计净长度计算。砖基础长度＝（15.60－0.45－0.33－0.33）×2＋（6.00－0.33－0.33）×3＝45.00（m）。

砖条形基础工程量＝（0.36×0.12＋0.24×1.70）×（11.52＋45.00）＝25.50（m³）。

分部分项工程项目清单见表 10-7。

表 10-7　　　　　　　　　　　　分部分项工程项目清单计价表

工程名称：某建筑工程　　　　　　　　　　标段：　　　　　　　　第 1 页　共 1 页

序号	项目编码	项目名称	项目特征描述	计量单位	工程量	金额（元）	
						综合单价	合价
1	010401001001	砖基础	1. 砖品种、规格、强度等级：烧结煤矸石普通砖 240mm×115mm×53mm 2. 基础类型：条形基础 3. 砂浆强度等级：M7.5 水泥砂浆，干拌砂浆 4. 防潮层材料种类：无	m³	25.50		

【**例 10-4**】　某单层建筑物，一层平面图及一层顶柱梁板布置图如图 10-4 和图 10-5 所

示。相关设计信息如下：

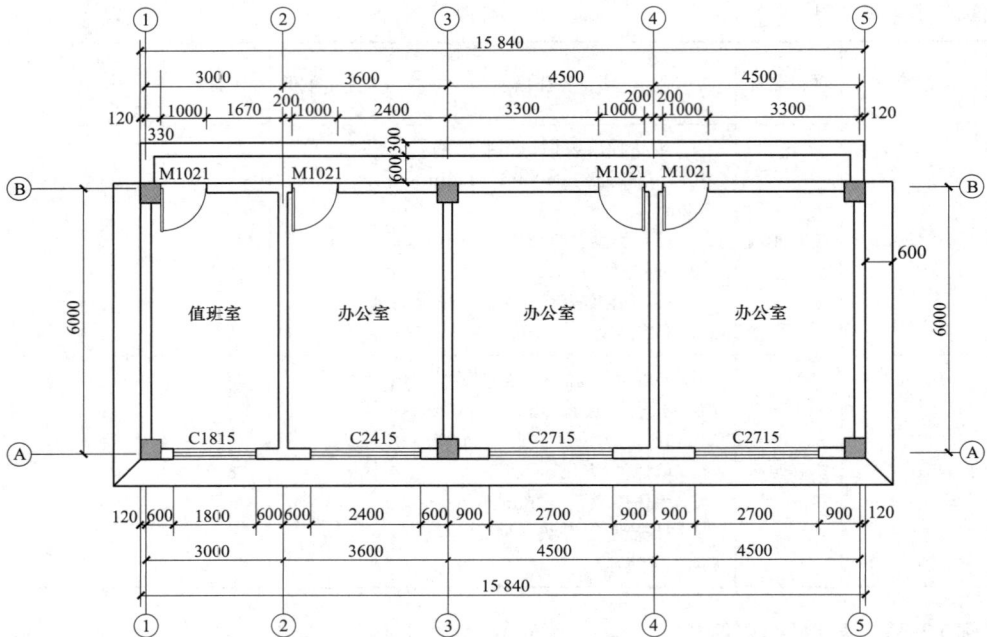

图 10-4　一层平面图

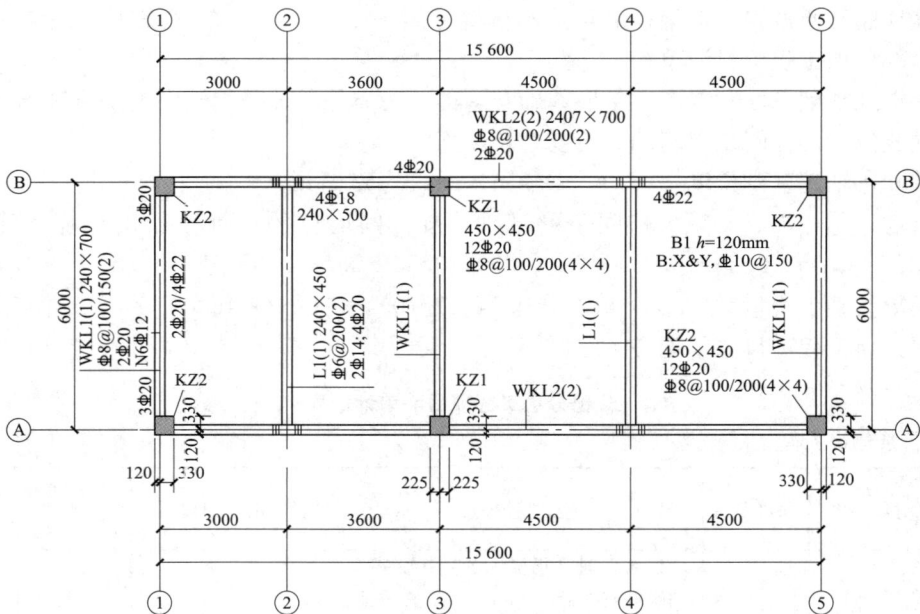

图 10-5　一层顶柱梁板布置图

（1）层顶标高 3.900m；设计室外地坪标高－0.450m。

（2）内外墙均采用蒸压粉煤灰加气混凝土砌块 600mm×200mm×240mm，M5.0 干拌混合砂浆砌筑。内墙 200mm 厚，外墙 240mm，轴线居墙中。

（3）门窗顶部根据实际情况设置过梁，过梁截面尺寸为墙厚×150mm，过梁伸入两端墙内为 250mm。窗台离地高度均为 900mm。

（4）根据结构设计说明，在纵横墙相交处无框架柱，在相交处设置构造柱；当墙体净长超过 6m 时，在墙中位置设置构造柱。构造柱断面尺寸为墙厚×墙厚，与墙嵌接时均设置马牙槎，出槎宽度 60mm。构造柱与墙体高度范围一致。

（5）其他未说明的嵌入构件均不考虑。

根据以上信息和图纸，计算墙体砌筑清单工程量并编制分部分项工程项目清单。

解　根据《房屋建筑与装饰工程工程量计算标准》（GB/T 50854—2024），砌块墙区分墙体类型和厚度分别编码列项。本例内墙厚 200mm，外墙厚 240mm。

（1）外墙清单工程量计算。

由一层顶柱梁板布置图可知，①轴、⑤轴、Ⓐ轴左起第二跨和Ⓑ轴左起第二跨墙上梁高为 700mm，其余梁高 500mm，因此需分开计算。

①轴、⑤轴、Ⓐ轴左起第二跨和Ⓑ轴左起第二跨墙体长度＝（6.00－0.33×2）×2＋（9.00－0.33－0.225）×2＝27.57（m）。

以上位置墙体高度＝3.90－0.70＝3.20（m）。

Ⓐ轴和Ⓑ轴左起第一跨墙体长度＝（6.60－0.33－0.225）×2＝12.09（m）。

以上位置墙体高度＝3.90－0.50＝3.40（m）。

外墙范围内门窗洞口面积＝1.80×1.50（C1815）＋2.40×1.50（C2415）＋2.70×1.50×2（C2715）＋1.00×2.10×4（M1021）＝22.80（m²）。

根据构造柱设置要求，②轴和Ⓐ、④轴和Ⓐ、②轴和Ⓑ轴、④轴和Ⓑ轴相交处应设置构造柱，构造柱断面尺寸为 240mm×200mm。

外墙范围内构造柱体积＝（0.24×0.20＋0.06×0.24/2×2）×3.40×2＋（0.24×0.20＋0.06×0.24/2×2）×3.20×2＝0.824（m³）（图中设置的构造柱均为 T 型构造柱，与内墙嵌接的出槎宽度在内墙工程量中扣除）。

窗洞口上方过梁体积＝（1.80＋0.25×2）×0.24×0.15（C1815）＋（2.40＋0.25×2）×0.24×0.15（C2415）＋（2.70＋0.25×2）×0.24×0.15×2（C2715）＝0.418（m³）。

由图中 M1021 的位置可知，M1021 上方过梁一端伸入墙内 250mm，另一端至框架柱或构造柱侧面。伸至框架柱侧面的距离为 0，伸至构造柱主断面侧面的距离为 200－100＝100（mm）。因此，门洞口上方过梁体积＝（1.00＋0.25）×0.24×0.15＋（1.00＋0.25＋0.10）×0.24×0.15×3＝0.191（m³）。

外墙砌筑清单工程量＝（27.57×3.20＋12.09×3.40－22.80）×0.24－0.824－0.418－0.191＝24.13（m³）。

注：本工程屋顶上女儿墙暂未考虑。

（2）内墙清单工程量计算。

②轴、④轴墙体长度＝（6.00－0.12×2）×2＝11.52（m）。

②轴、④轴墙体高度＝3.90－0.45＝3.45（m）。

③轴墙体长度＝6.00－0.33－0.33＝5.34（m）。

③轴墙体高度＝3.90－0.70＝3.20（m）。

内墙范围内构造柱体积＝0.20×0.06/2×3.45×4＝0.083（m³）（此处构造柱为②轴和Ⓐ、④轴和Ⓐ、②轴和Ⓑ轴、④轴和Ⓑ轴相交处构造柱与内墙嵌接的出槎部分体积）。

内墙砌筑清单工程量＝（11.52×3.45＋5.34×3.20）×0.20－0.083＝11.28（m³）。

（3）该工程墙体砌筑分部分项工程项目清单见表10-8。

表 10-8　　　　　　　　　分部分项工程项目清单计价表

工程名称：某建筑工程　　　　　　　　　　标段：　　　　　　　　第 1 页　共 1 页

序号	项目编码	项目名称	项目特征描述	计量单位	工程量	金额（元）	
						综合单价	合价
1	010402001001	砌块墙	1. 砖品种、规格、强度等级：蒸压粉煤灰加气混凝土砌块 600mm×200mm×240mm　2. 墙体类型、厚度：外墙，240mm　3. 砂浆强度等级：M5.0 干拌混合砂浆，暂估价材料，暂估单价为 350 元/m³（除税）　4. 墙体顶缝镶砌砖砌体：是	m³	24.13		
2	010402001002	砌块墙	1. 砖品种、规格、强度等级：蒸压粉煤灰加气混凝土砌块 600mm×200mm×240mm　2. 墙体类型、厚度：内墙，200mm　3. 砂浆强度等级：M5.0 干拌混合砂浆，暂估价材料，暂估单价为 350 元/m³（除税）　4. 墙体顶缝镶砌砖砌体：是	m³	11.28		

第二节　工程量清单计价应用

本节分别以［例 10-1］和［例 10-4］中的砖基础清单项目和砌块墙清单项目介绍砌筑工程清单计价。

【例 10-5】 某工程造价咨询企业受招标人委托编制［例 10-1］工程的最高投标限价。试计算［例 10-1］中砖基础清单项目的综合单价。计价依据和要求参照教材第二篇"说明"。招标文件确定 DM7.5 干拌水泥砂浆为暂估价材料，材料价格（除税）460 元/m³。

解 （1）该清单项目发生的工作内容为：砂浆制作、砌砖及水平防潮层铺设。本工程基础未设计水平防潮层，不考虑该工作内容。根据《山东省建筑工程消耗量定额》（2016）项目设置及工作内容，按定额 4-1-1 的消耗量标准确定清单项目人材机的消耗量。定额工程量计算规则与清单工程量计算规则相同。因此，定额工程量为 29.19m³。

（2）人材机消耗量的确定。

定额子目 4-1-1，定额单位 10m³。消耗量标准如下：综合工日（土建）10.97 工日；烧结煤矸石普通砖（240mm×115mm×53mm）5.3032 千块；水泥砂浆 2.3985m³；水 1.0606m³；灰浆搅拌机（200L）0.3 台班。

山东省建筑工程消耗量定额是按照现场搅拌砂浆编制的。使用预拌砂浆（干拌）的，除将定额中的现拌砂浆调换成预拌砂浆（干拌）外，另按相应定额中每立方米砂浆扣除人工 0.382 工日、增加预拌砂浆罐式搅拌机 0.041 台班，并扣除定额中灰浆搅拌机台班的数量。

调整后人工消耗量＝10.97－0.382×2.3985＝10.053 77（工日/10m³）；调整后机械消耗量（罐式搅拌机）＝0.041×2.3985＝0.098 34（台班/10m³）。

因此，基于定额工程量、定额消耗量标准及有关调整事项，该工程砖基础施工需要的人材机消耗量如下

人工消耗量＝29.19×10.053 77÷10＝29.3470（工日）

烧结煤矸石普通砖（240mm×115mm×53mm）消耗量＝29.19×5.3032÷10＝15.4800（千块）。

预拌砂浆（干拌）消耗量＝29.19×2.3985÷10＝7.0012（m³）。

水＝29.19×1.0606÷10＝3.0959（m³）。

罐式搅拌机＝29.19×0.098 34÷10＝0.2871（台班）。

由［例10-1］可知，该砖基础清单项目的工程量为29.19m³，因此，每一计量单位砖基础清单项目所需的人材机数量如下

人工的数量＝29.347÷29.19＝1.0054（工日）。

烧结煤矸石普通砖（240×115×53）的数量＝15.4800÷29.19＝0.5303（千块）。

预拌砂浆（干拌）的数量＝7.0012÷29.19＝0.2398（m³）。

水的数量＝3.0959÷29.19＝0.1061（m³）。

罐式搅拌机的数量＝0.2871÷29.19＝0.0098（台班）。

（3）人材机价格的确定。

根据2024年11月济南市信息价确定上述人材机的单价，见表10-9。

根据以上信息和计价要求，得到该清单项目的综合单价，计算过程和结果见表10-9。

表10-9　　综合单价分析表

工程名称：某建筑工程　　　　　　标段：　　　　　　第 1 页　共 1 页

项目编码	010401001001	项目名称		砖基础		计量单位	m²
序号	费用项目	单位	数量	取费基数金额（元）	费率（%）	单价	合价
1	人工费						128.69
1.1	砌筑人工	工日	1.0054			128	128.69
2	材料费						471.46
2.1	烧结煤矸石普通砖（240mm×115mm×53mm）	千块	0.5303			679.73	360.46
2.2	DM7.5干拌水泥砂浆	m³	0.2398			460	110.30
2.3	水	m³	0.1061			6.60	0.70
3	机械						2.50
3.1	干拌砂浆罐式搅拌机	台班	0.0098			255.18	2.50
	小计						602.65
4	企业管理费	元		128.69	25.6%		32.94
5	利润	元		128.69	15%		19.30
	综合单价	元					654.89

分部分项工程项目清单计价表见表10-10。

表 10-10　　　　　　　　　　　　　分部分项工程项目清单计价表

工程名称：某建筑工程　　　　　　　　　　标段：　　　　　　　　　第 1 页　共 1 页

序号	项目编码	项目名称	项目特征描述	计量单位	工程量	综合单价	合价
1	010401001001	砖基础	1. 砖品种、规格、强度等级：烧结煤矸石普通砖 2. 基础类型：条形基础 3. 砂浆强度等级：M7.5 水泥砂浆，干拌砂浆，暂估价材料，材料价格（除税）460 元/m³ 4. 防潮层材料种类：无	m³	29.19	654.89	19 116.24

金额（元）

【例 10-6】　某企业拟对［例 10-4］的工程进行投标。试计算［例 10-4］中 240mm 厚砌块墙清单项的综合单价。计价依据和要求参照教材第二篇"说明"。计价的其他要求如下：

（1）招标人确定 DM5.0 干拌水泥砂浆为暂估价材料，暂估单价为 350 元/m³（除税）。

（2）投标企业确定的人工工资单价为 135 元/工日。

（3）投标企业确定的企业管理费费率 20%，利润率 12%，按省人工费为计算基数。省人工工资单价为 128 元/工日。

解　确定工作内容。根据施工工艺，该清单项的工作内容包括砂浆制作、砌砖、刮缝及墙体顶缝、侧缝填塞处理。

对照《山东省建筑工程消耗量定额》（2016）和《房屋建筑与装饰工程工程量计算标准》（GB/T 50854—2024），在计算墙体工程量时有以下区别：

（1）凸出墙面的腰线、挑檐、虎头砖等。定额中三皮砖以上的腰线和挑檐等体积，并入所附墙体体积内计算。《计量标准》中凸出墙面的上述构件体积不并入计算。

（2）附墙烟囱、烟道、通风道。定额中附墙烟囱，按其外形体积并入所依附的墙体积内计算。《计量标准》中按设计图示尺寸以体积（扣除孔洞所占体积）计算。

本例中为框架间砌块墙，墙高算至梁底。图示范围内无上述存在差异的构件。因此定额工程量与清单工程量相同。240mm 厚外墙砌块墙工程量为 24.13m³。

根据《山东省建筑工程消耗量定额》（2016）项目设置及工作内容，砂浆制作、砌砖、刮缝及墙体顶缝、侧缝填塞处理等按定额 4-2-1 的消耗量标准确定清单项目人材机的消耗量。定额单位 10m³。消耗量标准如下：综合工日（土建）15.43 工日；蒸压粉煤灰加气混凝土砌块（600mm×200mm×240mm）9.464m³；烧结煤矸石普通砖（240mm×115mm×53mm）0.434m³；M5.0 混合砂浆 1.019m³；水 1.485m³；灰浆搅拌机（200L）0.127 台班。

以上消耗量标准按照直形墙测算，若是弧形墙，人工乘以系数 1.10，材料乘以系数 1.03。当设计采用砌块规格不同时，需对材料消耗量进行调整。另外，墙体砌筑层高如超过 3.6m 时，其超过部分工程量的定额人工乘以系数 1.3。本例不符合以上调整条件，只需进行干拌砂浆人工和机械的调整。调整后定额子目 4-2-1 的消耗量标准如下：人工 = 15.43 − 0.382 × 1.019 = 15.0407（工日/10m³）；罐式搅拌机 = 0.041×1.019 = 0.041 78（台班/10m³）。

根据定额工程量、定额消耗量标准及有关调整事项，该工程外墙砌筑工程所需人材机消耗量如下人工消耗量＝24.13×15.0407÷10＝36.2932（工日）。

蒸压粉煤灰加气混凝土砌块（600×200×240）消耗量＝24.13×9.464÷10＝22.8366（m³）。

烧结煤矸石普通砖（240×115×53）消耗量＝24.13×0.434÷10＝1.0472（m³）。

M5.0混合砂浆（干拌）消耗量＝24.13×1.019÷10＝2.4588（m³）。

水消耗量＝24.13×1.485÷10＝3.5833（m³）。

罐式搅拌机消耗量＝24.13×0.041 78÷10＝0.1008（台班）。

由例［10-4］可知，外墙砌筑清单项目工程量为24.13m³，因此，每一计量单位砌块墙清单项目所需的人工数量＝36.2932÷24.13＝1.5041（工日）。清单项目材料和机械的数量可按相同的方法计算，结果见表10-11。

（3）人材机价格的确定。根据2024年11月济南市信息价确定以上材料和机械的单价。人工工资单价按投标企业自行确定的135元/工日计算。

根据人材机数量和价格信息、相应费率及计算方法，计算得到该清单项目的综合单价，综合单价分析表见表10-11。

表 10-11　　　　　　　　　　　综合单价分析表

工程名称：某建筑工程　　　　　　　　　　标段：　　　　　　　　　第 1 页　共 1 页

项目编码	010402001001	项目名称			砌块墙		计量单位	m³
序号	费用项目	单位	数量	取费基数金额（元）	费率（%）		单价	合价
1	人工费							203.05
1.1	砌筑人工	工日	1.5041				135	203.05
2	材料费							235.73
2.1	蒸压粉煤灰加气混凝土砌块（600mm×200mm×240mm）	m³	0.9464				189.10	178.96
2.2	烧结煤矸石普通（240mm×115mm×53mm）	m³	0.0434				463.69	20.12
2.3	DM5.0干拌混合砂浆	m³	0.1019				350	35.67
2.4	水	m³	0.1485				6.60	0.98
3	机械							1.07
3.1	干拌砂浆罐式搅拌机	台班	0.0042				255.18	1.07
	小计							439.85
4	企业管理费	元		192.52	20%			38.50
5	利润	元		192.52	12%			23.10
	综合单价	元						501.45

注　人工费按135/工日计算。企业管理费及利润以省人工费为计算基数。计算基数＝1.5041×128＝192.52 元。

分部分项工程项目清单计价表见表10-12。

表 10-12　　　　　　　　　　　**分部分项工程项目清单计价表**

工程名称：某建筑工程　　　　　　　　　　　标段：　　　　　　　　第 1 页　共 1 页

序号	项目编码	项目名称	项目特征描述	计量单位	工程量	金额（元）	
						综合单价	合价
1	010402001001	砌块墙	1. 砖品种、规格、强度等级：蒸压粉煤灰加气混凝土砌块 600mm×200mm×240mm 2. 墙体类型、厚度：外墙，240mm 3. 砂浆强度等级：M5.0 干拌混合砂浆，暂估价材料，暂估单价为 350 元/m³（除税） 4. 墙体顶缝镶砌砖砌体：是	m³	24.13	501.45	12 099.99

🔄 复习巩固

1. 《计量标准》中，外墙、内墙、框架间墙长度如何确定？

2. 砖基础和砖墙身如何划分？

3. 以《山东省建筑工程消耗量定额》（2016）为例，砌筑工程中常见的定额调整换算有哪些？

📋 能力提高

1. 根据案例工程图纸，确定砌筑工程需要列哪些清单项，并计算相应的工程量。

2. 假设在完成［例 10-5］综合单价计算时，投标企业确定的 DM7.5 干拌水泥砂浆材料价格为 400 元/m³（含税），人工工资单价为 135 元/工日，其余条件均不变，试重新计算该清单项目的综合单价。

📚 课程思政

近年来，随着城镇化步伐的加快，取土烧砖毁地和节约土地资源的矛盾更加突出。特别是在"双碳"目标的推动下，采用优质新型墙体材料建造房屋并按节能标准要求采取保温措施，可以有效改善建筑功能，提高舒适度，降低建筑能，推进墙体材料革新和推广节能建筑成为建筑行业发展的必然选择。新型墙体材料是一种区别于传统的砖瓦、灰砂石等，由粉煤灰、煤矸石、石粉、炉渣、竹炭等主要成分作为原材料的墙材新品种。一般可分为新型砖、砌块、板材等，具有有效减少环境污染，节约生产成本，减轻建筑自身质量，增加房屋使用面积以及有利于抗震和抗火性等特点。

随着市场经济的发展，技术不断地会更新换代，建筑行业对新型墙体材料质量的要求也会逐渐提高，在市场经济的引导下，必然会给新型墙体材料企业带来技术的必然更新，否则，将会在时代的发展中逐步淘汰。面对产品的引进和更新的加快，新型墙体材料企业应不断进行产品的更新和换代工作，时刻保持对质量的严控把关，拒绝低水平重复建设，拒绝造成新的资源和能源浪费。

第十一章 混凝土及钢筋混凝土工程

☞ **本章概要**：本章主要围绕《房屋建筑与装饰工程工程量计算标准》（GB/T 50854—2024）重点介绍了混凝土及钢筋混凝土工程所包含的基础及楼地面垫层、现浇混凝土构件、一般预制混凝土构件、装配式预制混凝土构件、混凝土模板、钢筋及螺栓、铁件共六个分部工程的工程量清单和相应工程量清单报价的编制理论与方法。

☞ **知识目标**：熟悉混凝土及钢筋混凝土工程的清单项目设置，掌握各清单项目的工程量计算规则及清单编制和清单计价方法。

☞ **能力目标**：能够基于实际工程图纸，编制混凝土及钢筋混凝土工程的分部分项工程项目清单，并能够根据相关计价依据完成清单计价工作。

☞ **素养目标**：培养严谨、细致、守规的职业精神。

第一节 混凝土工程招标工程量清单编制

一、清单项目设置

按照《房屋建筑与装饰工程工程量计算标准》（GB/T 50854—2024）的规定，混凝土工程包括基础及楼地面垫层、现浇混凝土构件、一般预制混凝土构件、装配式预制混凝土构件和混凝土模板 5 个分部工程量清单项目。具体清单项目设置详见表 11-1～表 11-5。

表 11-1 基础及楼地面垫层（编码：010501）

项目编号	项目名称	项目特征	计量单位	工程量计算规则	工程内容
010501001	基础垫层	1. 基础形式 2. 厚度 3. 材料品种、强度要求、配比	m³	按设计图示尺寸以体积计算。不扣除伸入垫层的桩头所占体积	1. 混凝土输送、浇筑、振捣、养护 2. 其他材料的现场拌和、铺设、找平、压实
010501002	楼地面垫层	1. 部位 2. 厚度 3. 材料品种、强度要求、配比	m³		

表 11-2 现浇混凝土构件（编码：010502）

项目编号	项目名称	项目特征	计量单位	工程量计算规则	工程内容
010502001	独立基础	1. 混凝土种类 2. 混凝土强度等级 3. 基础类型	m³	详见本节工程量计算规则部分	1. 混凝土输送、浇筑、振捣、养护 2. 预留孔眼二次灌浆
010502002	条形基础				
010502003	筏形基础				
010502004	设备基础	1. 混凝土种类 2. 混凝土强度等级 3. 灌浆材料及强度等级	m³	详见本节工程量计算规则部分	

续表

项目编号	项目名称	项目特征	计量单位	工程量计算规则	工程内容
010502005	基础联系梁	1. 混凝土种类 2. 混凝土强度等级	m³	详见本节工程量计算规则部分	1. 混凝土输送、浇筑、振捣、养护 2. 预留孔眼二次灌浆
010502006	钢筋混凝土柱	1. 混凝土种类 2. 混凝土强度等级	m³	详见本节工程量计算规则部分	混凝土输送、浇筑、振捣、养护
010502007	劲性钢筋混凝土柱				
010502008	钢管混凝土柱	1. 混凝土种类 2. 混凝土强度等级 3. 填充形式 4. 空心率			
010502009	地下室外墙	1. 混凝土种类 2. 混凝土强度等级 3. 墙体厚度	m³	详见本节工程量计算规则部分	1. 孔洞预留 2. 混凝土输送、浇筑、振捣、养护
010502010	钢筋混凝土墙				
010502011	钢筋混凝土梁	1. 混凝土种类 2. 混凝土强度等级 3. 坡度	m³	详见本节工程量计算规则部分	混凝土输送、浇筑、振捣、养护
010502012	劲性钢筋混凝土梁				
010502013	实心楼板	1. 混凝土种类 2. 混凝土强度等级	m³	详见本节工程量计算规则部分	混凝土输送、浇筑、振捣、养护
010502014	空心楼板				
010502015	空心板内置筒芯	1. 筒芯材质、类型 2. 筒芯规格、型号	m		1. 定位、放线、试排 2. 筒芯、箱体等内置材料安装、加固等 3. 检查、校正、清理
010502016	空心板内置箱体	1. 箱体材质、类型 2. 箱体规格、型号	个		
010502017	坡屋面板	1. 混凝土种类 2. 混凝土强度等级 3. 坡度	m³	详见本节工程量计算规则部分	混凝土输送、浇筑、振捣、养护
010502018	坡道板	1. 混凝土种类 2. 混凝土强度等级 3. 坡道形式			
010502019	其他板	1. 板名称 2. 混凝土种类 3. 混凝土强度等级			
010502020	楼梯	1. 混凝土种类 2. 混凝土强度等级 3. 楼梯形式	m³	详见本节工程量计算规则部分	混凝土输送、浇筑、振捣、养护
010502021	构造柱	1. 混凝土种类 2. 混凝土强度等级	m³	详见本节工程量计算规则部分	混凝土输送、浇筑、振捣、养护
010502022	圈梁	1. 混凝土种类 2. 混凝土强度等级	m³	详见本节工程量计算规则部分	混凝土输送、浇筑、振捣、养护
010502023	过梁	1. 混凝土种类 2. 混凝土强度等级	m³	详见本节工程量计算规则部分	混凝土输送、浇筑、振捣、养护
010502024	填充混凝土	1. 混凝土种类 2. 混凝土强度等级 3. 填充部位	m³	详见本节工程量计算规则部分	混凝土输送、浇筑、振捣、养护

项目编号	项目名称	项目特征	计量单位	工程量计算规则	工程内容
010502025	零星现浇构件	1. 构件名称 2. 混凝土种类 3. 混凝土强度等级	m³	详见本节工程量计算规则部分	混凝土输送、浇筑、振捣、养护
010502026	挡土墙	1. 混凝土种类 2. 混凝土强度等级 3. 截面尺寸	m³	详见本节工程量计算规则部分	混凝土输送、浇筑、振捣、养护
010502027	电缆沟、地沟	1. 沟截面净空尺寸 2. 垫层材料种类、厚度 3. 底板混凝土种类、强度等级、厚度 4. 沟壁混凝土种类、强度等级、厚度 5. 防护材料种类	m	详见本节工程量计算规则部分	1. 地基夯实 2. 垫层材料现场拌和、铺设 3. 混凝土输送、浇筑、振捣、养护 4. 刷防护材料
010502028	化粪池、检查井	1. 构件名称 2. 井、池净空尺寸 3. 垫层材料种类、厚度 4. 底板厚度及混凝土种类、强度等级 5. 侧板厚度及混凝土种类、强度等级 6. 盖板厚度及混凝土种类、强度等级 7. 抹面砂浆种类、厚度 8. 防护材料种类 9. 井盖材质、规格	座	详见本节工程量计算规则部分	1. 地基夯实 2. 垫层材料现场拌和、铺设 3. 混凝土输送、浇筑、振捣、养护 4. 砂浆抹面 5. 刷防护材料 6. 井盖安装（若有）
010502029	散水	1. 垫层材料种类、厚度 2. 面层厚度 3. 混凝土种类 4. 混凝土强度等级 5. 嵌缝材料种类	m²	详见本节工程量计算规则部分	1. 地基夯实 2. 垫层材料现场拌和、铺设 3. 混凝土输送、浇筑、振捣、养护 4. 变形缝、分隔缝填塞
010502030	地坪				
010502031	坡道				
010502032	台阶	1. 垫层材料种类、厚度 2. 踏步高、宽 3. 混凝土种类 4. 混凝土强度等级	m²	详见本节工程量计算规则部分	1. 地基夯实 2. 垫层材料现场拌和、铺设 3. 混凝土输送、浇筑、振捣、养护
010502033	后浇带	1. 部位 2. 混凝土种类 3. 混凝土强度等级	m³	详见本节工程量计算规则部分	1. 设置钢丝网或快速收口板留置后浇带 2. 混凝土交接面、钢筋的清理 3. 混凝土输送、浇筑、振捣、养护

表 11-3　　　　　　　　　一般预制混凝土构件（编码：010503）

项目编号	项目名称	项目特征	计量单位	工程量计算规则	工程内容
010503001	矩形柱	1. 图代号 2. 混凝土强度等级 3. 砂浆（细石混凝土）种类及强度等级	m³	详见本节工程量计算规则部分	1. 构件就位、安装 2. 接头灌缝、养护
010503002	异型柱				
010503003	矩形梁				
010503004	异型梁				
010503005	拱形梁				
010503006	过梁				
010503007	吊车梁				
010503008	其他梁				
010503009	屋架	1. 屋架形式/天窗架组成 2. 图代号 3. 混凝土强度等级 4. 砂浆（细石混凝土）种类及强度等级	m³	详见本节工程量计算规则部分	1. 构件就位、拼装、安装 2. 接头灌缝、养护
010503010	天窗架				
010503011	实心条板	1. 板形式及部位 2. 图代号 3. 混凝土强度等级 4. 砂浆（细石混凝土）种类及强度等级	m³	详见本节工程量计算规则部分	1. 构件就位、拼装、安装 2. 接头灌缝、养护
010503012	空心条板				
010503013	大型板				
010503014	盖板、井圈	1. 构件名称 2. 构件尺寸 3. 混凝土强度等级 4. 砂浆种类及强度等级	套	详见本节工程量计算规则部分	1. 构件就位、安装 2. 井口（沟边）找补、抹压、养护
010503015	垃圾道、通风道、烟道	1. 构件名称 2. 构件尺寸、型号或体积 3. 混凝土强度等级 4. 砂浆种类及强度等级	m		1. 构件就位、安装 2. 接头灌缝、养护
010503016	其他构件		m³		

表 11-4　　　　　　　　装配式预制混凝土构件（编码：010504）

项目编号	项目名称	项目特征	计量单位	工程量计算规则	工程内容
010504001	实心柱	1. 构件规格或图号 2. 混凝土强度等级 3. 连接方式 4. 灌浆料材质	m³	详见本节工程量计算规则部分	1. 支撑杆连接件预埋，结合面清理 2. 构件吊装、就位、校正、垫实、固定，坐浆料铺筑 3. 接头区构件预留钢筋、连接件整理及连接 4. 灌（注）浆料 5. 搭设及拆除钢支撑
010504002	单梁				
010504003	叠合梁				

项目编号	项目名称	项目特征	计量单位	工程量计算规则	工程内容
010504004	叠合楼板	1. 构件类型 2. 构件规格或图号 3. 混凝土强度等级	m³	详见本节工程量计算规则部分	1. 结合面清理 2. 构件吊装、就位、校正、垫实、固定，坐浆料铺筑 3. 钢筋整理 4. 搭设及拆除钢支撑
010504005	实心剪力墙板	1. 构件类型 2. 构件规格或图号 3. 混凝土强度等级 4. 竖向连接方式 5. 水平连接方式 6. 接缝处防水要求	m³	详见本节工程量计算规则部分	1. 支撑杆连接件预埋，结合面清理 2. 构件吊装、就位、校正、垫实、固定，坐浆料铺筑 3. 连接区构件预留钢筋、连接件整理及连接 4. 灌（注）浆料 5. 填缝、嵌缝、打胶 6. 搭设及拆除钢支撑
010504006	夹心保温剪力墙板				
010504007	叠合剪力墙板				
010504008	外挂墙板	1. 构件规格或图号 2. 混凝土强度等级 3. 连接方式 4. 接缝处防水要求	m³	详见本节工程量计算规则部分	1. 支撑杆连接件预埋，结合面清理 2. 构件吊装、就位、校正、垫实、固定 3. 连接区构件预留钢筋、连接件整理及连接 4. 填缝、嵌缝、打胶 5. 搭设及拆除钢支撑
010504009	女儿墙				
010504010	楼梯	1. 楼梯形式 2. 构件规格或图号 3. 混凝土强度等级 4. 连接方式 5. 接缝处防水要求	m³	详见本节工程量计算规则部分	1. 结合面清理 2. 构件吊装、就位、校正、垫实、固定，座浆料铺筑 3. 连接区构件预留钢筋、连接件整理及连接 4. 嵌缝、打胶 5. 搭设及拆除钢支撑
010504011	阳台	1. 构件类型 2. 构件规格或图号 3. 混凝土强度等级 4. 连接方式 5. 接缝处防水要求	m³	详见本节工程量计算规则部分	1. 支撑杆连接件预埋，结合面清理 2. 构件吊装、就位、校正、垫实、固定，座浆料铺筑 3. 连接区构件预留钢筋、连接件整理及连接 4. 填缝、嵌缝、打胶 5. 搭设及拆除钢支撑
010504012	凸（飘）窗				
010504013	空调板				
010504014	其他构件				
010504015	叠合梁、板后浇混凝土	1. 部位 2. 混凝土种类 3. 混凝土强度等级 4. 浇筑方式	m³	详见本节工程量计算规则部分	混凝土输送、浇筑、振捣、养护
010504016	叠合剪力墙后浇混凝土				

表 11-5　　　　　　　　　　混凝土模板（编码：010505）

项目编号	项目名称	项目特征	计量单位	工程量计算规则	工程内容
010505001	垫层模板	垫层部位	m²	详见本节工程量计算规则部分	1. 模板制作 2. 模板及支撑安装 3. 刷隔离剂 4. 模板及支撑拆除 5. 清理模板黏结物及模内杂物 6. 模板及支撑整理、小修、堆放
010505002	基础模板	基础类型	m²		
010505003	基础联系梁模板	模板形式	m²		
010505004	柱面模板	模板形式	m²	详见本节工程量计算规则部分	1. 模板制作 2. 模板及支撑安装 3. 刷隔离剂 4. 模板及支撑拆除 5. 清理模板黏结物及模内杂物 6. 模板及支撑整理、小修、堆放
010505005	墙面模板	模板形式	m²		
010505006	梁模板	模板形式	m²		
010505007	楼板、屋面板、坡道板模板	模板形式	m²		
010505008	其他板模板	1. 构件名称 2. 模板形式	m²	详见本节工程量计算规则部分	1. 模板制作 2. 模板及支撑安装 3. 刷隔离剂 4. 模板及支撑拆除 5. 清理模板黏结物及模内杂物 6. 模板及支撑整理、小修、堆放
010505009	柱帽模板	模板形式	m²		
010505010	楼梯模板	1. 楼梯形式 2. 模板形式	m²		
010505011	构造柱模板	模板形式	m²	详见本节工程量计算规则部分	1. 模板制作 2. 模板及支撑安装 3. 刷隔离剂 4. 模板及支撑拆除 5. 清理模板黏结物及模内杂物 6. 模板及支撑整理、小修、堆放
010505012	圈梁模板	模板形式	m²		
010505013	过梁模板	模板形式	m²		
010505014	零星现浇构件模板	1. 构件名称 2. 模板形式	m²		
010505015	挡土墙模板	模板部位	m²		
010505016	井（池）模板	模板形式	m²		
010505017	电缆沟、地沟模板	构件名称	m²		
010505018	台阶模板	模板部位	m²		
010505019	后浇带模板	后浇带部位	m²		
010505020	叠合构件后浇混凝土模板	后浇部位	m²		

二、相关问题说明

1. 通用说明

项目特征中的"混凝土种类"可描述为预拌（商品）混凝土、现拌混凝土；清水混凝土、彩色混凝土；防水混凝土、耐酸混凝土；毛石混凝土、轻骨料混凝土等设计和施工需明确的混凝土种类。

2. 现浇钢筋混凝土基础

（1）独立基础的"基础类型"可描述为普通、杯口、独立桩承台等；条形基础的"基础类型"可描述为板式、梁板式等；筏形基础的"基础类型"可描述为平板式、梁板式等。

（2）独立桩承台按独立基础编码列项，承台梁按基础联系梁编码列项，整片浇筑的桩承台按筏形基础编码列项。

（3）箱式满堂基础的底板按筏形基础编码列项，其余构件按现浇柱、梁、墙、板相应项目分别编码列项。框架式设备基础按基础、柱、梁、墙、板相应项目分别编码列项。

3. 现浇钢筋混凝土柱、墙

（1）异型柱各方向上截面高度与厚度之比的最小值大于 4 时，按混凝土墙项目编码列项。

（2）钢管混凝土柱的"填充形式"可描述为实心、空心。当填充形式为空心时，需描述空心率。

（3）建筑物中，起挡土作用的地下室外围护墙应按"地下室外墙"项目编码列项。其余现浇混凝土墙应按"钢筋混凝土墙"编码列项。钢筋混凝土墙除剪力墙身（简称墙身）外，还包括剪力墙柱（简称墙柱）和剪力墙梁（简称墙梁）。墙柱指约束边缘构件、构造边缘构件、非边缘暗柱、扶壁柱，呈＋、T、Y、L、一字等形状，按柱式配筋；墙柱与墙身相连还可能形成工、〔、Z 字等形状；墙梁指连梁、暗梁、边框梁，处于填充墙大洞口或其他洞口上方，按梁式配筋。

4. 现浇钢筋混凝土梁、板

（1）梁坡度≥20％时，需描述坡度。

（2）空心板内置筒芯、箱体是指在混凝土浇筑前，为形成现浇空心楼盖的内部空腔而预先安装放置玻纤增强复合筒芯、叠合箱、蜂巢芯等。

（3）屋面板坡度＜20％时，按实心楼板编码列项，坡度≥20％时，按坡屋面板项目编码列项，并描述坡度。

（4）坡道板是指满足通行要求的架空式坡道，其"坡道形式"可描述为直线式、曲线式、组合式等。

（5）挑檐板、天沟板、雨篷板、凸飘窗顶（底）板、凸飘窗侧立板、下挂板、栏板、造型板等，按"其他板"分别编码列项。

5. 现浇钢筋混凝土楼梯及其他

（1）楼梯形式可描述为直形、弧形、螺旋、板式、梁式、单跑、双跑、三跑等。楼梯包括楼梯梯段、楼梯梁、楼梯休息平台、平台梁。当楼梯与楼板无楼梯梁连接时，以楼梯的最上一级踏步边缘加 300mm 为界。

（2）阳台按现浇混凝土梁、板等相应构件分别编码列项。

（3）填充混凝土是指在已完成浇筑的结构体内，为满足设计标高要求而进行的混凝土浇筑。

（4）散水、坡道、地坪等项目特征中的嵌缝材料需描述设计图纸注明的功能性分隔缝的嵌缝材料种类。不需要描述为留置施工缝而使用的分隔材料。

（5）架空式混凝土台阶，按楼梯编码列项。

（6）按标准图集设计的混凝土化粪池、检查井项目特征仅描述标准图集的相关代号即可，清单工作内容不包括标准图集中的管道、支架、预制盖板、预制井圈。其预制构件、钢筋、模板应按相应清单项目另行编码列项。

（7）扶手、压顶、小型池槽、垫块、门框及其他单体体积≤0.1m³ 的同类构件，按"零星现浇构件"分别编码列项，并描述构件名称。

6. 一般预制混凝土构件

（1）非装配式的预制混凝土构件，按"一般预制混凝土构件"的相应项目编码列项。

（2）项目特征中的"屋架形式"可描述为折线型、三角形、锯齿形等；"天窗架组成"可描述为天窗架、端壁板、侧板、上下档、支撑及檩条等；"板的形式"可描述为平板、槽形板、双T板等；"板的部位"可描述为楼板、墙板、屋面板、挑檐板、雨篷板、栏板等。

（3）小型池槽、压顶、扶手、垫块、墩块、隔热板、花格等，按"其他构件"分别编码列项，并描述构件名称。

（4）预制混凝土构件或预制钢筋混凝土构件，设计图纸标注做法见标准图集时，在项目特征中描述标准图集的编码、节点大样编号及所在页号即可。

（5）一般预制混凝土构件的工作内容不包含使用垂直运输机械完成吊装工作，使用垂直运输机械完成吊装工作的，应按相应措施项目分别编码列项。

7. 装配式预制混凝土构件

（1）装配式构件安装包括构件固定所需临时支撑的搭设及拆除，如采用特殊工艺，则应在项目特征中描述支撑（含支撑用预埋铁件）的种类及搭设方式。

（2）装配式构件工程量计算规则中的预埋部件，是指预埋钢板、螺栓、套筒、螺母、线盒、电盒、线管、木砖等。

（3）装配式构件自带钢筋之外的钢筋应按钢筋相应项目编码列项。

8. 混凝土模板

（1）设计图纸或交工标准对现浇混凝土构件表面有特殊要求的，如清水混凝土、表面纹饰造型混凝土等，其模板项目特征中需增加"混凝土表面要求"；如设计图纸要求使用定制模板浇筑异形混凝土构件的，其模板项目特征中需增加"模板定制要求"。发包人对模板材质、支撑方式等有特殊要求的，可在项目特征中补充描述。

（2）项目特征中的"模板形式"可描述为直形模板、倾斜模板（适用于坡度≥20%的构件斜面）、弧形模板（适用于半径≤12m的构件弧面）、拱形模板等。

（3）其他板模板、零星现浇构件模板，按相应现浇混凝土构件的项目名称分别编码列项。

（4）浇筑混凝土地坪、散水、坡道，按"垫层模板"编码列项。

三、工程量计算规则

（一）一般规定

现浇钢筋混凝土构件，均不扣除构件内钢筋、螺栓、预埋铁件、张拉孔道所占体积，但应扣除劲性骨架的型钢所占体积。

（二）基础及楼地面垫层

基础垫层及楼地面垫层按设计图示尺寸以体积计算。不扣除伸入垫层的桩头所占体积。

通常情况下，条形基础垫层，外墙按外墙中心线长度，内墙按其设计净长度乘以垫层平均断面面积，以立方米计算。柱间条形基础垫层，按柱基础（含垫层）之间的净长度乘以垫层平均断面面积计算。独立基础垫层和满堂基础垫层，按设计图示尺寸乘以平均厚度，以立方米计算。

（三）现浇混凝土构件

1. 现浇混凝土基础

（1）现浇混凝土独立基础、条形基础和筏形基础，按设计图示尺寸以体积计算。不扣除伸入桩承台的桩头所占体积。

与筏形基础一起浇筑的,凸出筏形基础上下表面的其他混凝土构件的体积,并入相应筏形基础体积内。

(2) 设备基础按设计图示尺寸以体积计算。

(3) 基础联系梁按设计图示截面面积乘以梁长以体积计算。梁长按所联系基础之间的净长度计算。

2. 现浇混凝土柱

(1) 现浇钢筋混凝土柱、劲性钢筋混凝土柱按设计断面面积乘以柱高以体积计算。扣除劲性钢骨架所占体积,附着在柱上的牛腿并入柱体积内。

柱高按柱基上表面至柱顶之间的高度计算,其楼层的分界线为各楼层楼板上表面,其与柱帽的分界线为柱帽下表面。

(2) 钢管混凝土柱按需浇筑混凝土的钢管内截面面积乘以钢管高度以体积计算。

3. 现浇混凝土墙

(1) 钢筋混凝土墙、地下室混凝土外墙按设计图示尺寸以体积计算。扣除门窗洞口及单个面积$>0.3m^2$的孔洞所占体积,墙柱、墙梁及突出墙面部分并入墙体体积内。

墙高按墙基上表面至墙顶之间的高度计算,与板相交时,内外墙高度均算至板顶。

(2) 现浇混凝土墙与柱连接时,墙算至柱边,墙与梁连接时墙算至梁底,墙与板连接时板算至墙侧。

4. 现浇混凝土梁

(1) 现浇钢筋混凝土梁、劲性钢筋混凝土梁按设计图示尺寸以体积计算。扣除劲性钢骨架所占体积,伸入砌体墙内的梁头、梁垫并入梁体积内计算。

(2) 梁长的确定。

1) 梁与柱连接时,梁长算至柱侧面。

2) 主梁与次梁连接时,次梁长算至主梁侧面。

(3) 梁高的确定。梁顶部与板相交时,梁高算至板顶;梁中部、底部与板相交时,梁高不扣除板厚。

5. 现浇混凝土板

(1) 实心楼板,按设计图示尺寸以体积计算。不扣除单个面积$\leqslant 0.3m^2$的孔洞所占体积,伸入砌体墙内的板头以及板下柱帽并入板体积内。板与现浇墙、梁相交时,板尺寸算至墙、梁侧面。

钢板上浇筑的混凝土板,计算工程量时应扣除钢板所占体积,并计算因压型钢板板面凹凸造成的混凝土体积增减。

(2) 空心楼板,按设计图示尺寸以体积计算。扣除内置筒芯、箱体部分的体积,板下柱帽并入板体积内。

(3) 空心板内置筒芯,按设计图示放置筒芯的长度计算;空心板内置箱体,按设计图示放置箱体的数量计算。

(4) 坡屋面板,按设计图示尺寸以体积计算。不扣除单个面积$\leqslant 0.3m^2$的孔洞所占体积,伸入砌体墙内的板头以及屋脊八字相交处的加厚混凝土并入坡屋面板体积内。坡屋面板与屋面梁相交时,板尺寸算至梁侧面。

（5）坡道板，按设计图示尺寸以体积计算。不扣除单个面积≤0.3m² 的孔洞所占体积。

（6）其他板，按设计图示尺寸以构件净体积计算。依附其上的混凝土上翻、线条、外凸造型等并入板体积内。其他板与楼板、屋面板水平连接时，以外墙外边线为界；与梁水平连接时，以梁外边线为界；与梁、楼板竖向连接时，以梁、楼板上下表面为界。

6. 现浇钢筋混凝土楼梯及其他

（1）楼梯，按设计图示尺寸以体积计算。嵌入砌体墙内的部分并入楼梯体积内。

（2）构造柱，按设计断面面积乘以柱高以体积计算。与砌体嵌接部分（马牙槎）并入柱体积内。

非通长构造柱高度，自其生根构件（基础、基础圈梁、下部梁、下部板等）的上表面算至其锚固构件（上部梁、上部板等）的下表面；通长构造柱高度自其生根构件的上表面算至柱顶。

（3）圈梁按设计图示截面面积乘以梁长以体积计算。遇洞口变截面部分并入圈梁体积内。圈梁与构造柱连接时，梁长算至构造柱（不含马牙槎）的侧面。

（4）过梁，按设计图示截面面积乘以梁长以体积计算。梁长按设计规定计算，设计无规定时，按梁下洞口宽度两端各加 250mm。

（5）填充混凝土，按设计图示填充部位的尺寸，以体积计算。

（6）混凝土散水、地坪，按设计图示尺寸以水平投影面积计算。坡道按设计图示尺寸以斜面积计算。

（7）混凝土挡土墙，按设计图示尺寸以体积计算。不扣除泄水孔所占体积，墙垛及突出墙面部分并入墙体体积内。

（8）电缆沟、地沟，按设计图示尺寸以中心线长度计算。

（9）化粪池、检查井，按设计图示数量计算。

（10）零星现浇构件，按设计图示尺寸以构件净体积计算。

（11）台阶按设计图示尺寸以水平投影面积计算。与上部平台相连时，算至最上一级踏步踏面，该踏面无设计宽度时，按下一级踏面宽度计算。

（12）后浇带，按设计图示尺寸以体积计算。

（四）一般预制混凝土构件

（1）各类预制混凝土柱、梁、屋架、天窗架，按设计图示尺寸以体积计算。

（2）实心条板、空心条板、大型板，按设计图示尺寸以体积计算。不扣除单个面积≤0.3m² 的孔洞及宽度≤40mm 的板缝所占的体积，空心板空洞体积亦不扣除，伸入墙内的板头并入板体积内计算。

（3）盖板、井圈，按设计图示数量计算。

（4）垃圾道、通风道、烟道，按设计图示尺寸以长度计算。

（5）其他构件，按设计图示尺寸以体积计算。

（五）装配式预制混凝土构件

（1）实心柱、单梁、叠合梁，按设计图示构件尺寸以体积计算，接缝灌浆层体积并入构件体积内。不扣除构件内钢筋、预埋部件、预留孔洞、灌浆套筒及后浇键槽所占体积，构件外露钢筋、连接件及吊环体积亦不增加。

（2）叠合楼板，按设计图示构件尺寸以体积计算。不扣除构件内钢筋、预埋部件、预留孔洞、构件边缘倒角及后浇键槽所占体积，构件外露钢筋、连接件及吊环体积亦不增加。

（3）实心剪力墙板、夹心保温剪力墙板、叠合剪力墙板，按设计图示构件尺寸扣除门窗洞口以体积计算，坐浆层体积并入构件体积内。

不扣除构件内钢筋、预埋部件、预留孔洞所占体积，不扣除灌浆套筒、灌浆孔道及后浇键槽所占体积，也不扣除相邻预制墙板锚环连接处灌浆体积。构件外露钢筋、连接件及吊环体积不增加。

（4）外墙挂板、女儿墙、楼梯、阳台、凸（飘）窗、空调板、其他构件等，均按设计图示构件尺寸以体积计算，不扣除构件内钢筋、预埋部件、预留孔洞、后浇键槽及以上预制构件拼缝所占体积，构件外露钢筋、连接件及吊环体积不增加。

（5）叠合梁、板后浇混凝土及叠合剪力墙后浇混凝土，按设计图示尺寸以体积计算，不扣除构件内钢筋、预埋部件、预留孔洞所占的体积，预制构件边缘倒角部分及后浇混凝土键槽部分不增加。

（6）叠合楼板预制板之间的后浇混凝土板带，并入"叠合梁、板后浇混凝土"内计算。

（六）混凝土模板

1. 一般规定

除特殊说明外，各类现浇混凝土构件模板，按模板与现浇混凝土构件的接触面积计算。柱、墙、梁、板、栏板相互连接的重叠部分，应扣除重叠部分的模板面积。

2. 特别说明

（1）计算墙面模板、楼板模板和其他板模板时，扣除门窗洞口及单个面积$>0.3m^2$的孔洞所占面积，洞侧壁模板并入计算；不扣除单个面积$\leqslant 0.3m^2$的孔洞所占的面积，洞侧壁模板亦不计算。墙与柱连接时算至柱边，墙与梁连接时墙算至梁底，墙与板连接时板算至墙侧。

（2）梁模板，当梁板连接时，边缘处梁侧模不扣除板厚。

（3）圈梁模板，圈梁与构造柱连接时，梁长算至构造柱（不含马牙槎）的侧面。

（4）过梁模板，过梁梁长设计无规定时，按梁下洞口宽度，两端各加250mm，计算侧模面积。

（5）构造柱模板，与砌体嵌接处按混凝土外露面最大宽度计算。

（6）挡土墙模板，不扣除单个面积$\leqslant 0.3m^2$的孔洞所占的面积，洞侧壁模板亦不增加。

四、招标工程量清单编制实例

【例11-1】 某工程基础平面图及详图如图11-1所示。混凝土垫层强度等级为C15，混凝土基础强度等级为C25，采用商品混凝土。试编制该基础工程招标工程量清单（不含模板）。

解 根据图纸及《房屋建筑与装饰工程工程量计算标准》（GB/T 50854—2024）的清单项目设置，应分别编制条形基础垫层、独立基础垫层、条形基础、独立基础四个清单项目。

（1）条形基础清单工程量。

根据图纸，外墙条形基础采用1—1断面，条形基础长度按外墙中心线（$L_{中}$）计算。由1—1基础大样图可知，外墙厚度为370mm。

$$L_{中}=(3.60\times3+6.00\times2+0.25\times2-0.37+2.70+4.20\times2+2.10+0.25\times2-0.37)\times2$$
$$=72.52（m）$$

基础平面图

1—1

2—2

ZJ

3—3

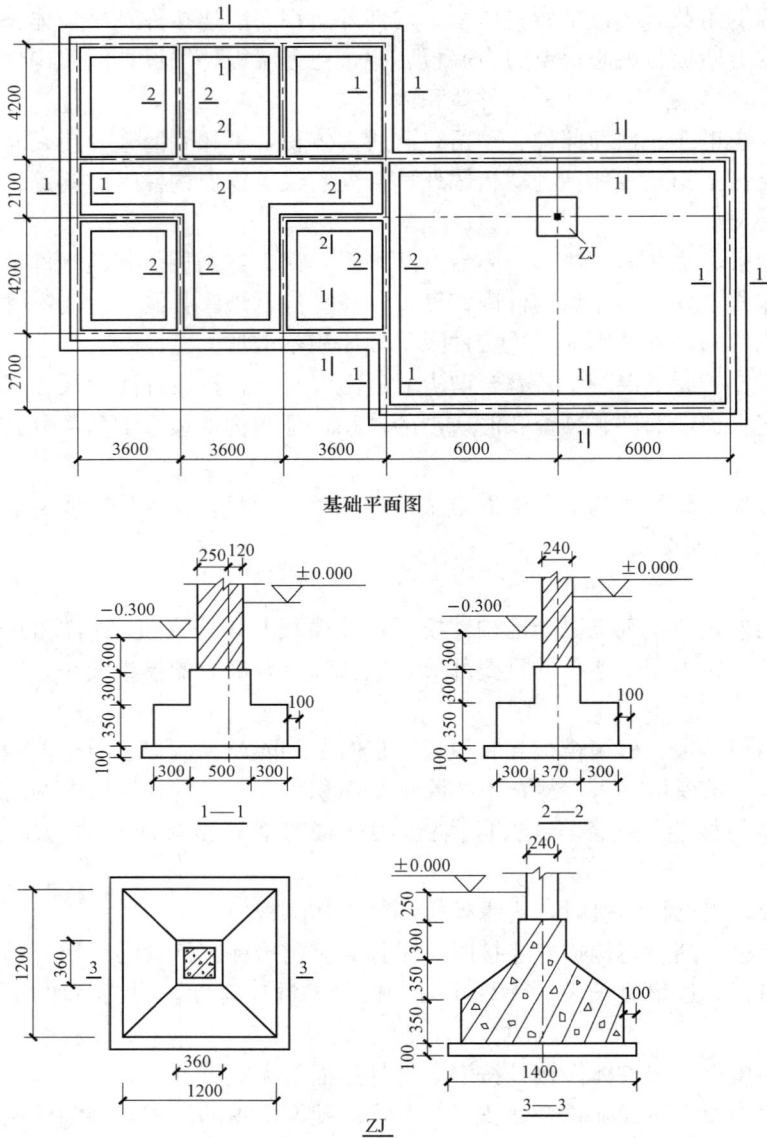

图 11-1　某基础工程平面图及详图

内墙条形基础采用 2—2 断面，为阶梯形。计算 2—2 条形基础长度时，分上下层分别计算，各层根据两端相交基础的标高关系确定基础的净长度（$L_{净}$）。

上层 $L_{净} = 3.60 \times 3 - 0.37 + (3.60 + 4.20 - 0.37) \times 2 + (4.20 - 0.37) \times 2 + 4.20 + 2.10 - 0.37 = 38.88$（m）

下层 $L_{净} = 38.88 - 0.30 \times 2 \times 6 = 35.28$（m）

注：根据基础上下两层的宽度，在每一处基础相交处，2—2 断面下层基础长度比上层基础长度小 0.3m。

工程量 $= 72.52 \times (1.10 \times 0.35 + 0.50 \times 0.30) + 38.88 \times 0.37 \times 0.30 + 35.28 \times 0.97 \times 0.35$
$= 55.09$（m^3）

（2）独立基础清单工程量。

$V=1.20\times1.20\times0.35+0.36\times0.36\times0.30+1/3\times0.35\times(1.20\times1.20+0.36\times0.36+1.20\times0.36)=0.78$（m³）

（3）条形基础垫层清单工程量。

$V=72.52\times1.30\times0.10+(35.28-0.10\times2\times6)\times1.17\times0.10=13.41$（m³）

（4）独立基础垫层清单工程量。

$V=1.40\times1.40\times0.10=0.20$（m³）

该基础工程招标工程量清单见表 11-6。

表 11-6　　　　　　　　　　分部分项工程项目清单计价表

工程名称：某建筑工程　　　　　　　　　　标段：　　　　　　　　　第 1 页　共 1 页

序号	项目编码	项目名称	项目特征	计量单位	工程量	金额（元）		其中：暂估价	
						综合单价	综合合价	暂估单价	暂估合价
1	010502002001	条形基础	1. 混凝土种类：商品混凝土 2. 混凝土强度等级：C25 3. 基础类型：板式	m³	55.09				
2	010502001001	独立基础	1. 混凝土种类：商品混凝土 2. 混凝土强度等级：C25 3. 基础类型：普通	m³	0.78				
3	010501001001	基础垫层	1. 基础形式：条形基础 2. 厚度：100mm 3. 材料种类、强度要求、配比：C15 商品混凝土	m³	13.41				
4	010501001002	基础垫层	1. 基础形式：独立基础 2. 厚度：100mm 3. 材料种类、强度要求、配比：C15 商品混凝土	m³	0.20				

【例 11-2】　某单层建筑物，基础平面布置图及详图、一层平面图、一层顶柱梁板布置图分别如图 7-3、图 10-4 和图 10-5 所示。根据图纸设计，编制该工程混凝土部分的分部分项工程项目清单。

（1）基础（不含基础圈梁）、框架柱、框架梁、非框架梁、楼板混凝土强度等级为 C30，基础垫层混凝土强度等级为 C15，其余混凝土构件强度等级为 C25，室外台阶为 300mm 厚 3∶7 灰土垫层，C20 混凝土台阶，踏步宽度和高度均为 250mm。室外散水为 300mm 厚 3∶7 灰土垫层，C20 混凝土浇筑，面层厚度 400mm。均为商品混凝土，汽车泵泵送。

（2）模板及支撑材料由施工单位自行确定。

（3）其余图纸和设计信息见［例 10-4］。

解　根据图纸设计混凝土工程的内容，对照《房屋建筑与装饰工程工程量计算标准》（GB/T 50854—2024）混凝土工程清单设置，应分别计算表 11-7 所示的工程量。

（1）清单工程量计算。

表 11-7　　　　　　　　　　　　　　清单工程量计算表

构件名称	清单项目名称	工程量计算过程
条形基础 垫层	基础垫层	长度＝(15.60－1.105×2－1.25×2)×2＋(6.00－1.105×2)×2＋6.00－1.355×2＋(6.00－0.40×2)×2＝43.05（m） 工程量＝43.05×0.80×0.10＝3.44（m³）
	垫层模板	垫层侧面模板＝43.05×0.10×2＝8.61（m²） 扣除条形基础垫层 T 型接头处的重叠面积＝0.80×0.10×4＝0.32（m²） 垫层模板工程量＝8.61－0.32＝8.29（m²）
独立基础 垫层	基础垫层	DJz01：2.70×2.70×0.10×2＝1.458（m³） DJz02：2.20×2.20×0.10×4＝1.936（m³） 工程量＝1.458＋1.936＝3.39（m³）
	垫层模板	工程量＝2.70×4×0.10×2＋2.20×4×0.10×4＝5.68（m²）
条形基础	条形基础	长度＝(15.60－1.105×2－1.25×2)×2＋(6.00－1.105×2)×2＋6.00－1.355×2＋(6.00－0.30×2)×2＝43.45（m） 工程量＝43.45×0.60×0.20＝5.214（m³） 增加条形基础与独立基础坡面相交部分 ① (1.355－0.43)×0.20÷0.30×0.20×1/2×0.60×2＝0.074（m³） ② (1.25－0.325)×0.20÷0.30×0.20×1/2×0.60×4＝0.148（m³） ③ (1.105－0.43)×0.20÷0.30×0.20×1/2×0.60×8＝0.216（m³） 条形基础工程量＝5.214＋0.074＋0.148＋0.216＝5.65（m³）
	基础模板	43.45×0.20×2＝17.38(m²) 增加条形基础与独立基础坡面相交部分 ①(1.355－0.43)×0.20÷0.30×0.20×1/2×2×2＝0.247（m²） ②(1.25－0.325)×0.20÷0.30×0.20×1/2×2×4＝0.493（m²） ③(1.105－0.43)×0.20÷0.30×0.20×1/2×2×8＝0.72（m²） 扣②轴交Ⓐ、Ⓑ轴，④轴交Ⓐ、Ⓑ轴基础与基础相交处重叠部分：0.60×0.20×4＝0.48（m²） 工程量＝17.38＋0.247＋0.493＋0.72－0.48＝18.36（m²）
独立基础	独立基础	DJz01：2.50×2.50×0.30×2＋1/3×0.3×(0.65×0.65＋0.65×2.50＋2.50×2.50)×2＝5.41（m³） DJz02：2.00×2.00×0.30×4＋1/3×0.3×(0.65×0.65＋0.65×2.00＋2.00×2.00)×4＝7.09（m³） 工程量＝5.41＋7.09＝12.50（m³）
	基础模板	2.50×4×0.30×2＋2.00×4×0.30×4＝15.60（m²）（坡面未考虑，未计算工程量） 扣独立基础与条形基础相交处重叠部分：0.80×0.10×14＝1.12（m²）（根据标高关系，扣条形基础垫层与独立基础相交处的重叠部分） 工程量＝15.60－1.12＝14.48（m²）
框架柱	钢筋混凝土柱	KZ1：0.45×0.45×(3.90＋2.50－0.30－0.30)×2＝2.349（m³） KZ2：0.45×0.45×(3.90＋2.50－0.30－0.30)×4＝4.698（m³） 工程量＝2.349＋4.698＝7.05（m³）
	柱面模板	KZ1：0.45×4×(3.90＋2.50－0.30－0.30)×2＝20.88（m²） KZ2：0.45×4×(3.90＋2.50－0.30－0.30)×4＝41.76（m²） 扣梁与柱相交的重叠部分：0.24×(0.70－0.12)×10＋0.24×(0.50－0.12)×4＝1.757（m²） 扣板与柱相交的重叠部分：0.45×0.12×14＝0.756（m²） 工程量＝20.88＋41.76－1.757－0.756＝60.13（m²）

续表

构件名称	清单项目名称	工程量计算过程
屋面框架梁	钢筋混凝土梁	WKL1：(6.00−0.33×2)×0.24×0.70×3=2.69（m³） WKL2：(9.00−0.33−0.225)×0.24×0.70×2+(6.60−0.33−0.225)×0.24×0.50×2=4.29（m³） 工程量=2.69+4.29=6.98（m³）
	梁模板	WKL1（①轴和⑤轴）：(6.00−0.33×2)×(0.24+0.70+0.70−0.12)×2=16.234（m²） WKL1（③轴）：(6.00−0.33×2)×(0.24+(0.70−0.12)×2)=7.476（m²） WKL2：(9.00−0.33−0.225)×(0.24+0.70+0.70−0.12)×2+(6.60−0.33−0.225)×(0.24+0.50+0.50−0.12)×2=39.214（m²） 扣非框架梁与框架梁相交处的重叠部分：0.24×(0.45−0.12)×4=0.317（m²） 工程量=16.234+7.476+39.214−0.317=62.61（m²）
非框架梁	钢筋混凝土梁	L1：(6.00−0.24)×0.24×0.45×2=1.24（m³）
	梁模板	L1：(6.00−0.24)×((0.24+(0.45−0.12)×2))×2=10.37（m²）
楼板	实心楼板	(15.60−0.24×4)×(6.00−0.24)×0.12=10.12（m³） 扣框架柱所占体积：0.21×0.21×0.12×6=0.03（m³） 工程量=10.12−0.03=10.09（m³）
	楼板、屋面板模板	(6.00−0.24)×(15.60−0.24×4)−0.21×0.21×6(扣框架柱与板相交处重叠部分)=84.06（m²）
基础圈梁	圈梁	长：(15.60−0.33−0.33−0.45)×2+(6.00−0.33−0.33)×3+(6.00−0.24)×2=56.52（m） 工程量=56.52×0.24×0.18=2.44（m³）
	圈梁模板	56.52×0.18×2−0.24×0.18×4(扣②④轴交Ⓐ⑧轴基础圈梁相交处重叠部分)=20.17（m²）
构造柱	构造柱	②轴处：(0.24×0.20+0.24×0.03×2+0.20×0.03)×(3.90−0.50)×2=0.465（m³） ④轴处：(0.24×0.20+0.24×0.03×2+0.20×0.03)×(3.90−0.70)×2=0.438（m³） 工程量=0.465+0.438=0.90（m³）
	构造柱模板	②轴处：(0.32+0.06×2)×(3.90−0.50)×2+0.06×2×(3.90−0.45)×2=3.82（m²） ④轴处：(0.32+0.06×2)×(3.90−0.70)×2+0.06×2×(3.90−0.45)×2=3.644（m²） 工程量=3.82+3.644=7.46（m²）
过梁	过梁	工程量=0.418+0.191=0.61（m³）（分析计算过程详见［例10-3］）
	过梁模板	窗侧模：(1.80+0.25×2)×0.15×2(C1815)+(2.40+0.25×2)×0.15×2(C2415)+(2.70+0.25×2)×0.15×2×2(C2715)=3.48（m²） 门侧模：(1.00+0.25)×0.15×2+(1.00+0.25+0.10)×0.15×2×3=1.59（m²） 窗底模：(1.80+2.40+2.70×2)×0.24=2.304（m²） 门底模：1.00×0.24×4=0.96（m²） 工程量=3.48+1.59+2.304+0.96=8.33（m²）

续表

构件名称	清单项目名称	工程量计算过程
台阶	台阶	$(15.60+0.24\times2)\times(0.30+0.30)=9.65$（m²） 注：台阶与平台相连，平台总宽度 600mm，最上一级踏面按 300mm 计算。剩余 300mm 范围按平台单独列项，本例暂不考虑
	台阶模板	$(15.60+0.24\times2)\times0.25\times2+0.30\times0.25\times2+0.30\times0.50\times2=8.49$（m²） 注：模板算至最上一级踏面 300mm 处
散水	散水、坡道	$(15.60+0.24\times2+0.60\times2+6.00+0.24\times2+6.00+0.24\times2)\times0.60=18.14$（m²）
	模板 （垫层模板）	$(15.60+0.24\times2+0.60\times2+6.00+0.24\times2+0.60+6.00+0.24\times2+0.60)\times0.40+0.60\times0.40\times2=13.06$（m²）

该工程混凝土工程部分招标工程量清单见表 11-8。

表 11-8 　　　　　　　　　　　　　分部分项工程项目清单计价表

工程名称：某建筑工程 　　　　　　　　　　　标段： 　　　　　　　　　　第 1 页 共 1 页

序号	项目编码	项目名称	项目特征描述	计量单位	工程量	综合单价	合价
						金额（元）	
1	010502002001	条形基础	1. 混凝土种类：商品混凝土 2. 混凝土强度等级：C30 3. 基础类型：板式	m³	5.65		
2	010502001001	独立基础	1. 混凝土种类：商品混凝土 2. 混凝土强度等级：C30 3. 基础类型：普通	m³	12.50		
3	010501001001	基础垫层	1. 基础形式：条形基础 2. 厚度：100mm 3. 材料种类、强度要求、配比：C15 商品混凝土，暂估价材料 350 元/m³（除税）	m³	3.44		
4	010501001002	基础垫层	1. 基础形式：独立基础 2. 厚度：100mm 3. 材料种类、强度要求、配比：C15 商品混凝土，暂估价材料 350 元/m³（除税）	m³	3.39		
5	010502006001	钢筋混凝土柱	1. 混凝土种类：商品混凝土 2. 混凝土强度等级：C30	m³	7.05		
6	010502011001	钢筋混凝土梁	1. 混凝土种类：商品混凝土 2. 混凝土强度等级：C30	m³	6.98		
7	010502011002	钢筋混凝土梁	1. 混凝土种类：商品混凝土 2. 混凝土强度等级：C30	m³	1.24		
8	010502013001	实心楼板	1. 混凝土种类：商品混凝土 2. 混凝土强度等级：C30	m³	10.09		
9	010502021001	构造柱	1. 混凝土种类：商品混凝土 2. 混凝土强度等级：C25	m³	0.90		

序号	项目编码	项目名称	项目特征描述	计量单位	工程量	金额（元）	
						综合单价	合价
10	010502022001	圈梁	1. 混凝土种类：商品混凝土 2. 混凝土强度等级：C25	m³	2.44		
11	010502023001	过梁	1. 混凝土种类：商品混凝土 2. 混凝土强度等级：C25	m³	0.61		
12	010502029001	散水	1. 垫层材料种类、厚度：300mm厚3∶7灰土 2. 面层厚度：400mm 3. 混凝土种类：商品混凝土 4. 混凝土强度等级：C20 5. 嵌缝材料种类：油膏	m²	18.14		
13	010502032001	台阶	1. 垫层材料种类、厚度：300mm厚3∶7灰土 2. 踏步高、宽：250mm 3. 混凝土种类：商品混凝土 4. 混凝土强度等级：C20	m²	9.65		
14	010505001001	垫层模板	1. 垫层部位：条形基础 2. 模板部位：侧面	m²	8.29		
15	010505001002	垫层模板	1. 垫层部位：独立基础 2. 模板部位：侧面	m²	5.68		
16	010505002001	基础模板	1. 基础类型：条形基础 2. 模板部位：侧面	m²	18.36		
17	010505002002	基础模板	1. 基础类型：独立基础 2. 模板部位：侧面	m²	14.48		
18	010505004001	柱面模板	模板形式：直形模板	m²	60.13		
19	010505006001	梁面模板	模板形式：直形模板	m²	62.61		
20	010505006002	梁面模板	模板形式：直形模板	m²	10.37		
21	010505007001	楼板模板	模板形式：直形模板	m²	84.06		
22	010505012001	圈梁模板	模板形式：直形模板	m²	20.17		
23	010505013001	过梁模板	模板形式：直形模板	m²	8.33		
24	010505011001	构造柱模板	模板形式：直形模板	m²	7.46		
25	010505018001	台阶模板	模板部位：侧模	m²	8.49		
26	010505001003	垫层模板	1. 垫层部位：散水 2. 模板部位：侧面	m²	13.06		

　　【例 11-3】　某工程楼面采用装配式预制叠合楼板，叠合楼板布置如图 11-2 所示，叠合楼板搁置墙上的尺寸为 15mm，叠合楼板现浇层及后浇带现浇混凝土强度等级均为 C30。根据图纸设计，编制该工程楼板的分部分项工程项目清单。

　　解　由图知，叠合板厚度 60mm，现浇层厚度 70mm，预制楼板之间的现浇后浇带宽度

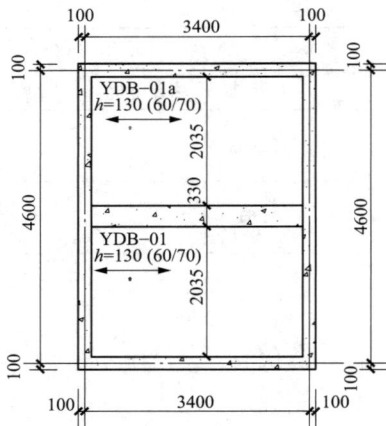

图 11-2 某工程叠合楼板布置图

330mm。根据图纸设计内容，对照《房屋建筑与装饰工程工程量计算》（GB/T 50854—2024）清单项目设置，应分别编制叠合楼板、叠合板后浇混凝土、叠合构件后浇混凝土模板 3 个清单项目。

（1）叠合楼板工程量＝$(2.035+0.015)\times(3.40-0.20+0.015\times2)\times0.06\times2=0.79$（$m^3$）。

（2）叠合板后浇混凝土工程量＝$(3.40-0.20+0.015\times2)\times(4.60-0.20+0.015\times2)\times0.07+(3.40-0.20+0.015\times2)\times0.33\times0.06=1.07$（$m^3$）。

（3）叠合构件后浇混凝土模板工程量＝$(3.40-0.20)\times0.33+(3.40-0.20+0.015\times2+4.60-0.20+0.015\times2)\times2\times0.07=2.13$（$m^2$）。

（4）分部分项工程项目清单见表 11-9。

表 11-9 分部分项工程项目清单计价表

工程名称：某建筑工程　　　　　　　　　　标段：　　　　　　　　　　第 1 页　共 1 页

序号	项目编码	项目名称	项目特征描述	计量单位	工程量	金额（元）	
						综合单价	合价
1	010504004001	叠合楼板	1. 构件类型：桁架叠合板 2. 构件规格或图号：YDB 3. 混凝土强度等级：C30	m^3	0.79		
2	010504015001	叠合板后浇混凝土	1. 部位：楼板 2. 混凝土种类：商品混凝土 3. 混凝土强度等级：C30 4. 浇筑方式：泵送	m^3	1.07		
3	010505020001	叠合构件后浇混凝土模板	后浇部位：楼板	m^2	2.13		

【例 11-4】 某工程楼梯平面图和剖面图如图 11-3 所示。混凝土强度等级均为 C25，墙厚 200mm。TL1 和 LTZ1 截面尺寸均为 200mm×400mm，PTB1 厚度 200mm，楼面平台板厚 280mm，楼面平台处楼梯梁截面 500mm×1200mm，框架柱截面尺寸为 450mm×450mm，框架柱外边与①轴线的距离为 120mm。根据图纸设计，编制该工程楼梯的分部分项工程项目清单（暂不考虑模板）。

解 对照《房屋建筑与装饰工程工程量计算标准》（GB/T 50854—2024），楼梯清单工程量以设计图示尺寸体积计算。清单工程量计算如下

楼梯段斜长计算系数：$\sqrt{0.15^2+0.27^2}\div0.27=1.144$。

AT1：$[(3.78-0.20)\times1.144\times0.14+0.15\times0.27\div2\times13]\times(1.75-0.10)=1.38$（$m^3$）。

CT1：$(3.78\times1.144\times0.15+0.15\times0.27\div2\times14)\times(1.75-0.10)=1.538$（$m^3$）。

PTB1：$(1.73-0.20)\times(1.75\times2+0.10-0.20)\times0.20=1.04$（$m^3$）。

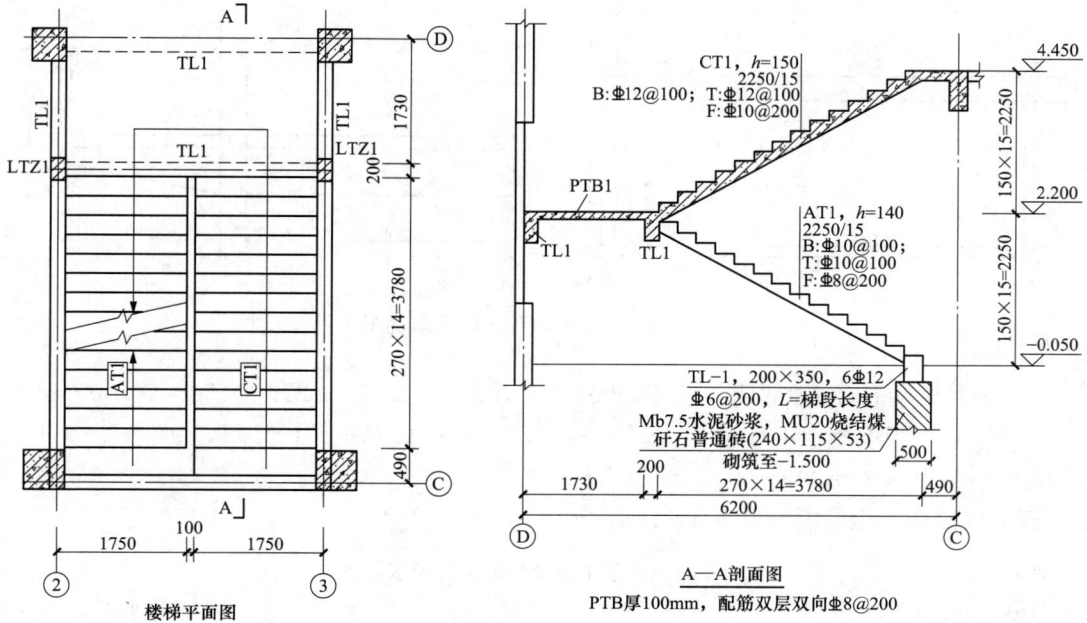

图 11-3　某工程楼梯平面图和剖面图

TL1：$(1.75 \times 2 + 0.10 - 0.20) \times 0.20 \times 0.40 \times 2 + (1.73 - 0.33 - 0.10) \times 0.20 \times 0.40 \times 2$
$= 0.752$（m^3）。

TL-1：$(1.75 \times 2 + 0.10 - 0.20) \times 0.20 \times 0.35 = 0.238$（$m^3$）。

楼面平台：$(0.49 - 0.25) \times (1.75 \times 2 + 0.10 - 0.20) \times 0.28 = 0.228$（$m^3$）。

楼梯梁：$0.50 \times 1.20 \times (1.75 \times 2 + 0.10 - 0.20) = 2.04$（$m^3$）。

楼梯混凝土清单工程量 $= 1.38 + 1.538 + 1.04 + 0.752 + 0.238 + 0.228 + 2.04 = 7.22$（$m^3$）。

分部分项工程项目清单见表 11-10。

表 11-10　　　　　　　　　分部分项工程项目清单计价表

工程名称：某建筑工程　　　　　　　　　标段：　　　　　　　　　第 1 页　共 1 页

序号	项目编码	项目名称	项目特征描述	计量单位	工程量	金额（元）	
						综合单价	合价
1	010502020001	楼梯	1. 混凝土种类：商品混凝土 2. 混凝土强度等级：C25 3. 楼梯形式：直形	m^3	7.22		

【例 11-5】　某混凝土阳台及栏板尺寸如图 11-4 所示，共 50 个。混凝土强度等级 C25，商品混凝土。试编制该工程分部分项工程项目清单（暂不考虑模板）。

解　根据图纸内容及《房屋建筑与装饰工程工程量计算标准》（GB/T 50854—2024）的清单项目设置，混凝土阳台板和挑梁分别按照实心楼板和钢筋混凝土梁编码列项，栏板按照其他板编码列项。

（1）阳台板混凝土工程量 $= (3.90 + 0.12 \times 2) \times 1.50 \times 0.12 \times 50 = 37.26$（$m^3$）。

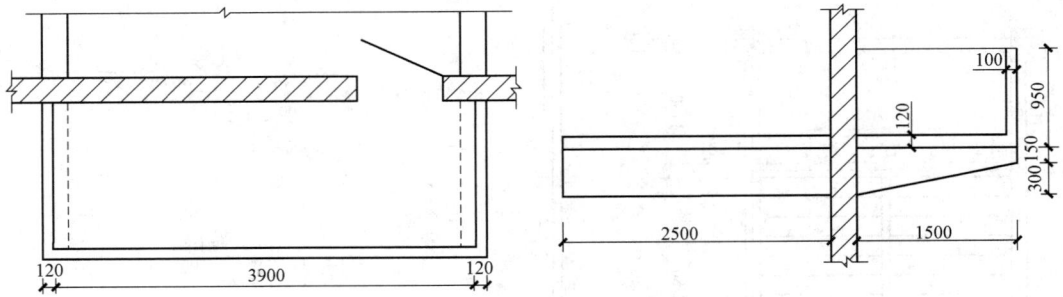

图 11-4　某工程阳台及栏板布置图

（2）阳台挑梁混凝土工程量＝1.50×0.24×(0.15＋0.45)÷2×2×50＝10.80（m³）。

（3）阳台栏板混凝土工程量＝[(3.90＋0.12×2)＋(1.50－0.10)×2]×(0.95－0.12)×0.10]×50＝28.80（m³）。

该工程招标工程量清单见表 11-11。

表 11-11　　　　　　　　　　分部分项工程项目清单计价表

工程名称：某建筑工程　　　　　　　　　　标段：　　　　　　　　　第 1 页　共 1 页

序号	项目编码	项目名称	项目特征描述	计量单位	工程量	金额（元）	
						综合单价	合价
1	010502011001	钢筋混凝土梁	1. 混凝土种类：商品混凝土 2. 混凝土强度等级：C25 3. 坡度：无	m³	10.80		
2	010502013001	实心楼板	1. 混凝土种类：商品混凝土 2. 混凝土强度等级：C25	m³	37.26		
3	010502019001	其他板	1. 板名称：阳台栏板 2. 混凝土种类：商品混凝土 3. 混凝土强度等级：C25	m³	28.80		

第二节　钢筋工程招标工程量清单编制

一、清单项目设置

按照《房屋建筑与装饰工程工程量计算标准》（GB/T 50854—2024）的规定，钢筋工程包括钢筋工及螺栓、铁件 1 个分部工程共 27 个清单项目，详见表 11-12。

表 11-12　　　　　　　　　　钢筋工程（编码：010506）

项目编号	项目名称	项目特征	计量单位	工程量计算规则	工程内容
010506001	现浇混凝土基础及联系梁钢筋	钢筋种类、规格	t	详见本节工程量计算规则部分	1. 钢筋制作 2. 钢筋安装、固定 3. 钢筋连接
010506002	现浇混凝土柱钢筋				
010506003	现浇混凝土地下室外墙钢筋				
010506004	现浇混凝土墙钢筋				

续表

项目编号	项目名称	项目特征	计量单位	工程量计算规则	工程内容
010506005	现浇混凝土梁钢筋	钢筋种类、规格	t	详见本节工程量计算规则部分	1. 钢筋制作 2. 钢筋安装、固定 3. 钢筋连接
010506006	现浇混凝土楼板及屋面板钢筋				
010506007	现浇混凝土坡道板钢筋				
010506008	现浇混凝土其他板钢筋				
010506009	现浇混凝土楼梯钢筋				
010506010	现浇混凝土二次结构钢筋	钢筋种类、规格	t	详见本节工程量计算规则部分	1. 钢筋制作 2. 钢筋安装、固定 3. 钢筋连接
010506011	现浇混凝土零星构件钢筋				
010506012	现浇混凝土挡土墙钢筋				
010506013	现浇混凝土散水、坡道钢筋				
010506014	现浇混凝土地坪钢筋				
010506015	现浇混凝土台阶钢筋				
010506016	叠合构件后浇混凝土钢筋	1. 构件类型 2. 钢筋种类、规格	t	详见本节工程量计算规则部分	
010506017	砌体工程内配钢筋	1. 钢筋种类、规格 2. 布置方式			
010506018	屋面刚性层内配钢筋	钢筋种类、规格			1. 钢筋制作 2. 钢筋安装、固定
010506019	装饰工程内配钢筋	钢筋种类、规格			
010506020	钢筋网片	1. 钢筋种类、规格 2. 使用部位			1. 钢筋网制作 2. 钢筋网安装、固定
010506021	钢筋笼	1. 钢筋种类、规格 2. 使用部位			1. 钢筋笼制作 2. 钢筋笼安装 3. 钢筋整理
010506022	预应力钢筋	1. 钢筋（丝束、绞线）种类、规格 2. 锚具种类 3. 张拉方式 4. 砂浆强度等级	t	详见本节工程量计算规则部分	1. 钢筋、钢丝束、钢绞线制作 2. 钢筋、钢丝束、钢绞线安装 3. 预埋管孔道铺设 4. 锚具安装 5. 砂浆制作、输送 6. 孔道压浆、养护 7. 张拉、封锚或端部防护处理
010506023	钢丝网	1. 钢丝网规格 2. 使用部位	m²	详见本节工程量计算规则部分	钢丝网裁切、敷设、固定
010506024	螺栓	1. 螺栓种类 2. 规格 3. 使用部位 4. 端头处理方式	套	详见本节工程量计算规则部分	1. 螺栓、铁件制作 2. 螺栓、铁件安装 3. 对拉螺栓端头处理

续表

项目编号	项目名称	项目特征	计量单位	工程量计算规则	工程内容
010506025	预埋铁件	1. 钢材种类 2. 规格 3. 铁件尺寸	t	详见本节工程量计算规则部分	1. 螺栓、铁件制作 2. 螺栓、铁件安装 3. 对拉螺栓端头处理
010506026	结构抗（隔）震支座	1. 支座种类 2. 支座规格 3. 使用部位	套	详见本节工程量计算规则部分	1. 定位板安装、拆除 2. 连接件安装固定 3. 支座安装
010506027	阻尼器	1. 阻尼器种类 2. 阻尼器规格 3. 使用部位	套	详见本节工程量计算规则部分	1. 配套连接件或节点板定位、焊接 2. 阻尼器拼装、安装

二、相关问题说明

（1）各钢筋项目的工作内容均应包含相应的措施钢筋；钢筋的制作包含钢筋清理、调直、切断、弯曲成型等全部制作工序；钢筋的安装、固定包含基层清理及钢筋就位、定位、支撑、绑扎、焊接等全部安装工序；钢筋的连接包含搭接、焊接、机械连接、检查清理等全部连接工序。

（2）现浇混凝土构件的钢筋，应按相应构件的钢筋项目分别编码列项。一般预制混凝土构件及装配式预制混凝土构件中的钢筋，包含在相应构件中，不单独列项计量。

（3）地下连续墙、灌注桩的钢筋，按"钢筋笼"项目编码列项。

（4）构造柱、圈梁、过梁等构件的钢筋，按"现浇混凝土二次结构钢筋"项目编码列项。

（5）各构件及分部工程中如使用成型钢筋网、成品钢丝网，按"钢筋网片""钢丝网"项目编码列项。

（6）现浇混凝土中的预埋螺栓、锚入混凝土结构的化学螺栓、因特殊需要留置在混凝土内不周转使用的对拉螺栓，按螺栓项目编码列项；钢结构中使用的螺栓，应执行金属结构工程中相应规定。

（7）非设计要求的植筋，均不单独列项计量。如设计有要求时，应按对应构件钢筋项目分别编码列项，并增加对植入要求的描述。

（8）预应力钢筋、钢丝束、钢绞线应区分材料种类、规格等项目特征分别编码列项。

三、工程量计算规则

（一）钢筋工程量计算基本方法

根据《房屋建筑与装饰工程工程量计算标准》（GB/T 50854—2024），应区分不同的现浇混凝土构件和钢筋种类、规格，按设计图示钢筋中心线长度乘单位理论质量计算，设计（包括规范规定）标明的搭接和锚固长度应并入计算。

现浇混凝土结构中后浇带部位的钢筋不单独列项计量，其工程量并入与其对应的现浇构件钢筋工程量中。

叠合构件后浇混凝土钢筋，按设计图示钢筋长度乘以单位理论质量计算，叠合预制构件伸入后浇部分的钢筋不计算，相邻现浇构件伸入后浇部分的预留钢筋不并入计算。

砌体工程内配钢筋，按设计图示钢筋中心线长度或设计（含规范）要求的钢筋计算长度乘以单位理论质量计算，设计（包括规范规定）标明的搭接和锚固长度应并入计算。

钢筋笼，按设计图示钢筋中心线长度乘以单位理论质量计算，设计（包括规范规定）标明的搭接应计算在内，灌注桩允许超灌长度内的钢筋应并入计算。

钢筋网片，按设计图示钢筋网面积乘以单位理论质量计算。

钢丝网，按设计（包括规范规定）要求以面积计算。

预应力钢筋，按设计图示钢筋（丝束、绞线）中心线长度乘以单位理论质量计算。

螺栓，按设计（包括规范规定）要求以数量计算。

预埋铁件，按设计图示尺寸以质量计算。

结构抗（隔）震支座、阻尼器，按设计图示数量计算。

钢筋图示用量＝[构件长度－两端保护层＋弯钩长度＋弯起增加长度＋设计（规范规定）标明的搭接和锚固长度]×线密度（每米钢筋理论质量）。

各钢筋项目均不计算非设计要求的马凳筋、斜撑筋、抗浮筋、垫铁等措施钢筋的工程量。

各钢筋项目除设计（包括规范规定）标明的搭接外，其他施工搭接（如定尺搭接）不计算工程量。

1. 钢筋平面整体表示法

（1）平法的概念。目前，混凝土构件的钢筋主要按照混凝土结构施工图平面整体表示方法制图规则和构造详图，采用平面整体表示方法（简称"平法"）进行设计。从表达形式上来讲，平法是把结构构件的尺寸和配筋等，按照平面整体表示方法制图规则，整体直接表达在各类构件的结构平面布置图上，再与标准构造详图相配合，即构成一套新型完整的结构设计。改变了传统的那种将构件从结构平面布置图中索引出来，再逐个绘制配筋详图的烦琐方法。

（2）钢筋平法图集及适用范围。为了规范使用建筑结构施工图平面整体设计方法，保证按平法设计绘制的结构施工图实现全国统一，确保设计、施工质量，制定了钢筋平面整体表示方法的系列图集，简称 G101 系列图集，每种图集都有各自的适用范围。G101 系列图集现有图册为：

1）22G101-1，混凝土结构施工图平面整体表示方法制图规则和构造详图（现浇混凝土框架、剪力墙、梁、板），适用于基础顶面以上各种现浇混凝土结构的框架、剪力墙、梁、板构件的结构施工图设计。

2）22G101-2，混凝土结构施工图平面整体表示方法制图规则和构造详图（现浇混凝土板式楼梯），适用于混凝土结构或砌体结构的现浇板式楼梯的施工图设计。

3）22G101-3，混凝土结构施工图平面整体表示方法制图规则和构造详图（独立基础、条形基础、筏形基础及桩基承台），适用于现浇混凝土的独立基础、条形基础、筏形基础及桩承台施工图设计。

2. 计算施工图构件钢筋工程量的主要参数

（1）混凝土保护层。为了保护钢筋不受大气的侵蚀生锈，在钢筋周围留有混凝土保护层。混凝土保护层的厚度（指构件最外层钢筋外边缘至混凝土构件表面的距离）通常称为钢筋的保护层厚度。

构件中受力钢筋的保护层厚度不应小于钢筋的公称直径。当设计没有规定时，区分平面构件和杆状构件，受力钢筋保护层根据表 11-13 中的规定选取。

表 11-13　　　　　　　　受力钢筋保护层的最小厚度及环境类别划分

环境类别	板、墙	梁、柱	环境类别条件
一	15	20	室内干燥环境；无侵蚀性净水浸没环境
二 a	20	25	室内潮湿环境；非严寒和非寒冷地区的露天环境；非严寒和非寒冷地区与无侵蚀性的水或土壤直接接触的环境；严寒和寒冷地区的冰冻线以下与无侵蚀性的水或土壤直接接触的环境
二 b	25	35	干湿交替环境；水位频繁变动环境；严寒和寒冷地区的露天环境；严寒和寒冷地区冰冻线以上与无侵蚀性的水或土壤直接接触的环境
三 a	30	40	严寒和寒冷地区冬季水位变动区环境；受除冰盐影响环境；海风环境
三 b	40	50	盐渍土环境；受除冰盐作用环境；海岸环境

注　数据来源为混凝土结构施工图平面整体表示方法制图规则和构造详图（22G101-1）第 2-1 页。

　　表中保护层厚度是按照混凝土强度等级大于 C25 为基准编制的，当混凝土强度等级为 C25 时，表中保护层厚度数值应增加 5mm。另外，表中数据适用于设计使用年限为 50 年的混凝土结构。设计使用年限为 100 年的混凝土结构，一类环境中，钢筋的保护层厚度不应小于表中数值的 1.4 倍；二、三类环境中，应采取专门的有效措施。

　　基础底面钢筋的保护层厚度，有混凝土垫层时，应从垫层顶面算起，且不应小于 40mm。

　　（2）弯钩增加长度。钢筋弯钩增加长度见表 11-14。

表 11-14　　　　　　　　　　弯钩增加长度取值表

钢筋级别	箍筋					直筋		
	弯弧段长度 (d)			平直段长度 (d)		弯弧段长度 (d)	平直段长度 (d)	
	箍筋 180°	箍筋 90°	箍筋 135°	抗震	非抗震	直筋 180°	抗震	非抗震
HPB300(D=2.5d)	3.25	0.5	1.9	10	5	3.25	3	3
HRB335，HRB335E，HRBF335，HRBF335E(D=4d)	4.86	0.93	2.89	10	5	4.86	3	3
HRB400，HRB400E，HRBF400，HRBF400E，RRB400(D=4d)	4.86	0.93	2.89	10	5	4.86	3	3
HRB500，HRB500E，HRBF500，HRBF500E(D=6d)	7	1.5	4.25	10	5	7	3	3

注　钢筋弯弧内直径 D 取值及平直段长度取依据平法图集 22G101-1 第 2-2 页相关规定；弯钩弯弧段长度参考《钢筋工手册第三版》第 253～258 页公式推导。

　　（3）钢筋弯曲调整值。钢筋的弯曲调整值是指钢筋在弯曲过程中由于所需长度增加所加的值。在钢筋弯曲后，每根钢筋的长度都会因为弯曲而增加。而这种增加的长度就是弯曲调整值。钢筋弯曲调整值见表 11-15。

表 11-15 弯曲调整值取值表

弯曲形式	HPB235，HPB300	HRB335，HRB335E，HRBF335，HRBF335E	HRB400，HRB400E，HRBF400，HRBF400E，RRB400	HRB500，HRB500E，HRBF500，HRBF500E	
	$D=2.5d$	$D=4d$	$D=4d$	$d\leqslant25$，$D=6d$	$d>25$，$D=7d$
90°弯折	1.75	2.08	2.08	2.50	2.72
135°弯折	0.38	0.11	0.11	−0.25	−0.42
30°弯折	0.29	0.30	0.30	0.31	0.32
45°弯折	0.49	0.52	0.52	0.56	0.59
60°弯折	0.77	0.85	0.85	0.96	1.01
30°弯起	0.31	0.33	0.33	0.35	0.37
45°弯起	0.56	0.63	0.63	0.72	0.76
60°弯起	0.96	1.12	1.12	1.33	1.44

（4）钢筋锚固长度。钢筋的锚固长度一般指梁、板、柱等构件的受力钢筋伸入支座或基础中的总长度。钢筋的锚固有直锚和弯锚两种。并且，抗震构件和非抗震构件的锚固长度不同。抗震构件的最小锚固长度用 l_{aE} 表示，非抗震构件的最小锚固长度用 l_a 表示。混凝土结构施工图平面整体表示方法制图规则和构造详图（22G101-1）中给出了受拉钢筋锚固长度 l_a 和 l_{aE} 的数值，见表 11-16、表 11-17。

表 11-16 受拉钢筋锚固长度 l_a

钢筋种类	混凝土强度等级															
	C25		C30		C35		C40		C45		C50		C55		≥C60	
	$d\leqslant25$	$d>25$	$d\leqslant25$	$d>25$	$d\leqslant25$	$d>25$	$d\leqslant25$	$d>25$	$d\leqslant25$	$d>25$	$d\leqslant25$	$d>25$	$d\leqslant25$	$d>25$	$d\leqslant25$	$d>25$
HPB300	$34d$	—	$30d$	—	$28d$	—	$25d$	—	$24d$	—	$23d$	—	$22d$	—	$21d$	—
HRB400 HRBF400 RRB400	$40d$	$44d$	$35d$	$39d$	$32d$	$35d$	$29d$	$32d$	$28d$	$31d$	$27d$	$30d$	$26d$	$29d$	$25d$	$28d$
HRB500 HRBF500	$48d$	$53d$	$43d$	$47d$	$39d$	$43d$	$36d$	$40d$	$34d$	$37d$	$32d$	$35d$	$31d$	$34d$	$30d$	$33d$

表 11-17 受拉钢筋锚固长度 l_{aE}

钢筋种类及抗震等级		混凝土强度等级															
		C25		C30		C35		C40		C45		C50		C55		≥C60	
		$d\leqslant25$	$d>25$	$d\leqslant25$	$d>25$	$d\leqslant25$	$d>25$	$d\leqslant25$	$d>25$	$d\leqslant25$	$d>25$	$d\leqslant25$	$d>25$	$d\leqslant25$	$d>25$	$d\leqslant25$	$d>25$
HPB300	一、二级	$39d$	—	$35d$	—	$32d$	—	$29d$	—	$28d$	—	$26d$	—	$25d$	—	$24d$	—
	三级	$36d$	—	$32d$	—	$29d$	—	$26d$	—	$25d$	—	$24d$	—	$23d$	—	$22d$	—
HRB400 HRBF400	一、二级	$46d$	$51d$	$40d$	$45d$	$37d$	$40d$	$33d$	$37d$	$32d$	$36d$	$31d$	$35d$	$30d$	$33d$	$29d$	$32d$
	三级	$42d$	$46d$	$37d$	$41d$	$34d$	$37d$	$30d$	$34d$	$29d$	$33d$	$28d$	$32d$	$27d$	$30d$	$26d$	$29d$
HRB500 HRBF500	一、二级	$55d$	$61d$	$49d$	$54d$	$45d$	$49d$	$41d$	$46d$	$39d$	$43d$	$37d$	$40d$	$36d$	$39d$	$35d$	$38d$
	三级	$50d$	$56d$	$45d$	$49d$	$41d$	$45d$	$38d$	$42d$	$36d$	$39d$	$34d$	$37d$	$33d$	$36d$	$32d$	$35d$

注 数据来源为混凝土结构施工图平面整体表示方法制图规则和构造详图（22G101-1）第 2-3 页。

表 11-16 和表 11-17 中 d 为锚固钢筋的最小直径。混凝土的强度等级应取锚固区的混凝土强度等级。当为环氧树脂涂层带肋钢筋时，表中数据乘以 1.25。受拉钢筋的锚固长度计算值不应小于 200mm。四级抗震时，$l_{aE}=l_a$。当纵向受拉普通钢筋末端采用弯钩或机械锚固措施时，包括弯钩或锚固端头在内的锚固长度（投影长度）可取基本锚固长度的 60%。基本锚固长度用 l_{abE} 或 l_{ab} 表示。

（5）钢筋搭接长度。设计规定钢筋需要连接，或当混凝土构件中钢筋长度超过其定尺长度时，需要两根钢筋连接。钢筋的连接方式主要有机械连接、焊接和绑扎三种。受拉钢筋绑扎接头的搭接长度，按表 11-18 和表 11-19 计算；受压钢筋绑扎接头搭接长度按受拉钢筋的 0.7 倍计算。当受拉钢筋直径＞25mm 及受压钢筋直径＞28mm 时，不宜采用绑扎搭接。

表 11-18 　　　　　　　　　纵向受拉钢筋绑扎抗震搭接长度 l_{lE}

钢筋种类及同一区段内搭接钢筋面积百分率			混凝土强度等级													
			C25		C30		C35		C40		C45		C50		C55		C60
			$d{\leq}25$	$d{>}25$	$d{\leq}25$	$d{>}25$	$d{\leq}25$	$d{>}25$	$d{\leq}25$	$d{>}25$	$d{\leq}25$	$d{>}25$	$d{\leq}25$	$d{>}25$	$d{\leq}25$	$d{>}25$	$d{\leq}25$	$d{>}25$
一二级抗震	HPB300	≤25%	47d	—	42d	—	38d	—	35d	—	34d	—	31d	—	30d	—	29d	—
		50%	55d	—	49d	—	45d	—	41d	—	39d	—	36d	—	35d	—	34d	—
	HRB400 HRBF400	≤25%	55d	61d	48d	54d	44d	48d	40d	44d	38d	43d	37d	42d	36d	40d	35d	38d
		50%	64d	71d	56d	63d	52d	56d	46d	52d	45d	50d	43d	49d	42d	46d	41d	45d
	HRB500 HRBF500	≤25%	66d	73d	59d	65d	54d	59d	49d	55d	47d	52d	44d	48d	43d	47d	42d	46d
		50%	77d	85d	69d	76d	63d	69d	57d	64d	55d	60d	52d	56d	50d	55d	49d	53d
三级抗震	HPB300	≤25%	43d	—	38d	—	35d	—	31d	—	30d	—	29d	—	28d	—	26d	—
		50%	50d	—	45d	—	41d	—	36d	—	35d	—	34d	—	32d	—	31d	—
	HRB400 HRBF400	≤25%	50d	55d	44d	49d	41d	44d	36d	41d	35d	40d	34d	38d	32d	36d	31d	35d
		50%	59d	64d	52d	57d	46d	52d	42d	48d	41d	46d	39d	45d	38d	42d	36d	41d
	HRB500 HRBF500	≤25%	60d	67d	54d	59d	49d	54d	46d	50d	43d	47d	41d	44d	40d	43d	38d	42d
		50%	70d	78d	63d	69d	57d	63d	53d	59d	50d	55d	48d	52d	46d	50d	45d	49d

注　数据来源为混凝土结构施工图平面整体表示方法制图规则和构造详图（22G101-1）第 2-6 页。

表 11-19 　　　　　　　　　　纵向受拉钢筋绑扎搭接长度 l_l

钢筋种类及同一区段内搭接钢筋面积百分率		混凝土强度等级														
		C25		C30		C35		C40		C45		C50		C55		≥C60
		$d{\leq}25$	$d{>}25$	$d{\leq}25$	$d{>}25$	$d{\leq}25$	$d{>}25$	$d{\leq}25$	$d{>}25$	$d{\leq}25$	$d{>}25$	$d{\leq}25$	$d{>}25$	$d{\leq}25$	$d{>}25$	$d{\leq}25$	$d{>}25$
HPB300	≤25%	41d	—	36d	—	34d	—	30d	—	29d	—	28d	—	26d	—	25d	—
	50%	48d	—	42d	—	39d	—	35d	—	34d	—	32d	—	31d	—	29d	—
	100%	54d	—	48d	—	45d	—	40d	—	38d	—	37d	—	35d	—	34d	—
HRB400 HRBF400 RRB400	≤25%	48d	53d	42d	47d	38d	42d	35d	38d	34d	37d	32d	36d	31d	35d	30d	34d
	50%	56d	62d	49d	55d	45d	49d	41d	45d	39d	43d	38d	42d	36d	41d	35d	39d
	100%	64d	70d	56d	62d	51d	56d	46d	51d	45d	50d	43d	48d	42d	46d	40d	45d

续表

钢筋种类及同一区段内搭接钢筋面积百分率		混凝土强度等级														
		C25		C30		C35		C40		C45		C50		C55		≥C60
		$d \leqslant 25$	$d > 25$	$d \leqslant 25$	$d > 25$	$d \leqslant 25$	$d > 25$	$d \leqslant 25$	$d > 25$	$d \leqslant 25$	$d > 25$	$d \leqslant 25$	$d > 25$	$d \leqslant 25$	$d > 25$	$d \leqslant 25$ $d > 25$
HRB500 HRBF500	≤25%	58d	64d	52d	56d	47d	52d	43d	48d	41d	44d	38d	42d	37d	41d	36d 40d
	50%	67d	74d	60d	66d	55d	60d	50d	56d	48d	52d	45d	49d	43d	48d	42d 46d
	100%	77d	85d	69d	75d	62d	69d	58d	64d	54d	59d	51d	56d	50d	54d	48d 53d

注　数据来源为混凝土结构施工图平面整体表示方法制图规则和构造详图（22G101-1）第2～5页。

按照表中数据，当两根不同直径钢筋搭接时，表中 d 取钢筋较小直径。当为环氧树脂涂层带肋钢筋时，表中数据应乘以1.25。当位于同一连接区段内的钢筋搭接接头面积百分率为表中数据中间值时，搭接长度可按内插取值。任何情况下，搭接长度不应小于300mm。当位于同一连接区段内的钢筋搭接接头面积百分率为100%时，$l_{lE}=1.6l_{aE}$。

（6）线密度（每米钢筋理论质量）。

钢筋每米质量 $=0.006\,165 \times d^2$（d 为钢筋直径，单位 mm）或按表11-20计算。

表 11-20　　　　钢筋单位理论质量表

钢筋直径 d	φ4	φ6.5	φ8	φ10	φ12	φ14	φ16
理论质量（kg/m）	0.099	0.261	0.395	0.617	0.888	1.208	1.578
钢筋直径 d	φ18	φ20	φ22	φ25	φ28	φ30	φ32
理论质量（kg/m）	1.998	2.466	2.984	3.850	4.830	5.550	6.310

（二）现浇混凝土构件钢筋平法识图及钢筋计算

1. 钢筋混凝土柱平法识图及钢筋计算

（1）钢筋混凝土柱制图规则。钢筋混凝土柱包括框架柱、转换柱、芯柱等类型。柱的编号由类型代号和序号组成，见表11-21。

表 11-21　　　　钢筋混凝土柱编号表示方法

柱类型	代号	序号	柱类型	代号	序号
框架柱	KZ	××	梁上柱	LZ	××
转换柱	ZHZ	××	墙上柱	QZ	××
芯柱	XZ	××			

在平法施工图中，可以在柱平面布置图中采用列表注写方式和截面注写方式对柱钢筋信息进行标注。

列表注写方式，系在柱平面布置图上（一般只需采用适当比例绘制一张柱平面布置图），分别在同一编号的柱中选择一个截面标注几何参数代号；在柱表中注写柱号、柱段起止标高、几何尺寸与配筋的具体数值，并配以各种柱截面形状及其箍筋类型图的方式，来表达柱平法施工图。柱配筋表见表11-22。

表 11-22 柱配筋表

柱号	标高	$b \times h$ (d)	b_1	b_2	h_1	h_2	全部纵筋	角筋	b 边一侧中部筋	h 边一侧中部筋	箍筋类型号	箍筋
KZ3	$-0.030\sim19.470$	750×700	375	375	150	550	24Φ25				1(5×4)	Φ10@100/200
	$19.470\sim37.470$	650×600	325	325	150	450		4Φ22	5Φ22	4Φ20	1(4×4)	Φ10@100/200
	$37.470\sim59.070$	550×500	275	275	150	350		4Φ22	5Φ22	4Φ20	1(4×4)	Φ8@100/200

截面注写方式，系在分标准层绘制的柱平面布置图的柱截面上，分别在同一编号的柱中选择一个截面，以直接注写截面尺寸和配筋具体数值的方式来表达柱平法施工图。以上表中 19.470～37.470 范围内的 KZ3 为例，其截面注写如图 11-5 所示。

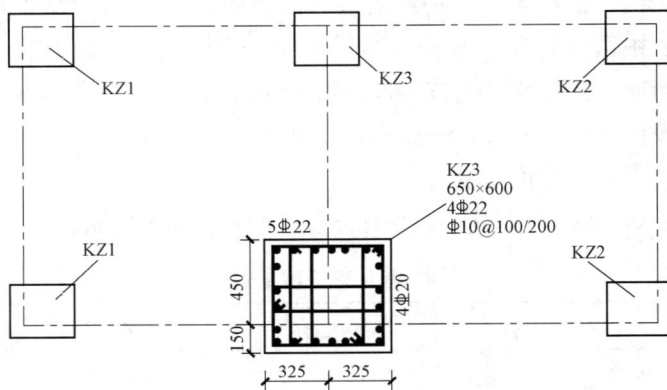

图 11-5 柱截面注写方式

（2）柱纵筋长度计算。框架柱钢筋主要有纵筋和箍筋。柱纵筋从基础开始，分层布置。应区分基础插筋、中间层纵筋和顶层纵筋等几种不同的情况分别计算。

1）基础插筋。22G101-3（第 2-10 页）提供了四种柱纵筋在基础内的构造，如图 11-6 所示。

由图 11-6 可知，基础插筋单根长度＝弯折长度＋竖直长度＋非连接区＋与上层钢筋搭接长度。

其中，弯折长度与竖直长度 h_j 有关，h_j 为基础底面至基础顶面的高度，柱下为基础梁时，h_j 为梁底面至顶面的高度，当柱两侧基础梁标高不同时取较低标高。当 $h_j > l_{aE}(l_a)$ 时，弯折长度取 $\max(6d，150\text{mm})$；当 $h_j \leqslant l_{aE}(l_a)$ 时，弯折长度取 $15d$。竖直长度＝基础高度 h_j-基础保护层厚度。非连接区的长度与基础顶部是否为嵌固部位有关。当基础顶面为嵌固部位时（如有地下室的柱），非连接区长度为 $H_n/3$，H_n 为所在楼层的柱净高；当基础顶面为非嵌固部位时（如无地下室的柱），非连接区长度为 $\max(H_n/6，h_c，500\text{mm})$，$h_c$ 为柱长边尺寸。当钢筋为机械连接时，搭接长度为 0。

2）中间层纵筋。中间层纵筋构造如图 11-7 所示。

中间层纵筋单根长度＝当前层层高－当前层非连接区＋上一层非连接区＋搭接长度（如果是机械连接，搭接长度＝0）。

其中，首层楼面处为嵌固部位，其非连接区长度为 $H_n/3$，二层及以上各层非连接区为

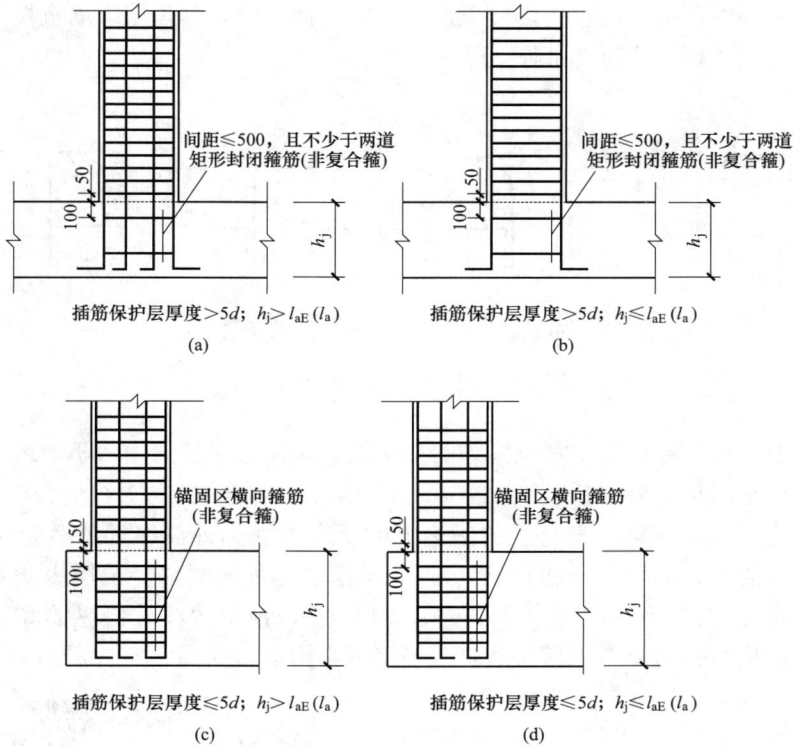

图 11-6　基础插筋构造详图

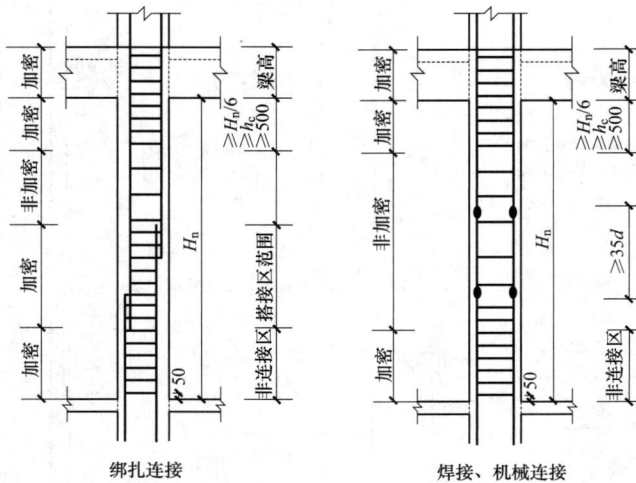

图 11-7　中间层纵筋构造详图

注：本图根据 22G101-1 第 2～11 页构造图和第 2～4 页说明绘制

$\max(H_n/6,\ h_c,\ 500\text{mm})$。

3）顶层柱纵筋。顶层柱由于其所处位置不同，分为中柱、边柱和角柱三类，中柱四面有梁，边柱三面有梁，角柱两面有梁。各类柱纵筋的顶层锚固长度各不相同，并且，柱纵筋可以按照在各类柱中所处的位置分为外侧纵筋和内侧纵筋两类。

①中柱：中柱中所有钢筋均为内侧纵筋。中柱四面有梁，其顶层纵筋直接锚入梁内或板内，锚入方式有以下四种情况，如图 11-8 所示。

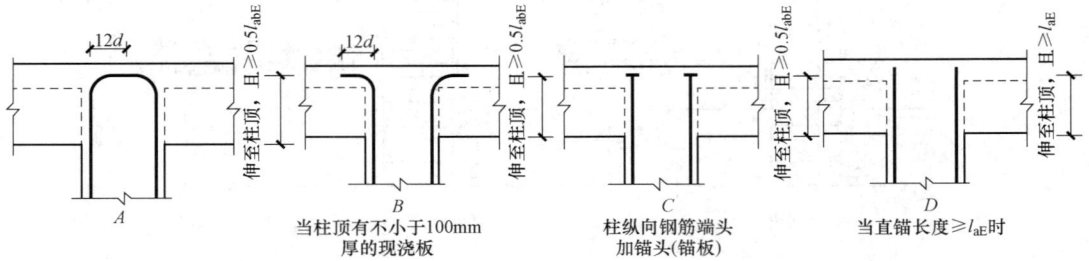

图 11-8　中柱柱顶纵向钢筋构造

D 种构造中，如果有位于梁宽范围外的柱纵筋，应伸至柱顶向内弯折 12d，柱顶有不小于 100 厚的现浇板时可向外弯折。

②边柱：边柱三面有梁，没有梁的一边上的所有纵筋为外侧纵筋，其余钢筋为内侧纵筋，即在所有纵筋中，有两个角筋和 H 边一侧中部筋是外侧纵筋。顶层内侧纵筋构造同中柱纵筋构造。按照 22G101-1 图集（第 2-14、2-15 页），顶层边柱外侧纵筋和梁上部纵向钢筋在节点外侧的搭接构造分弯折搭接和直线搭接两类构造。如图 11-9（a）、（b）、（c）、（d）

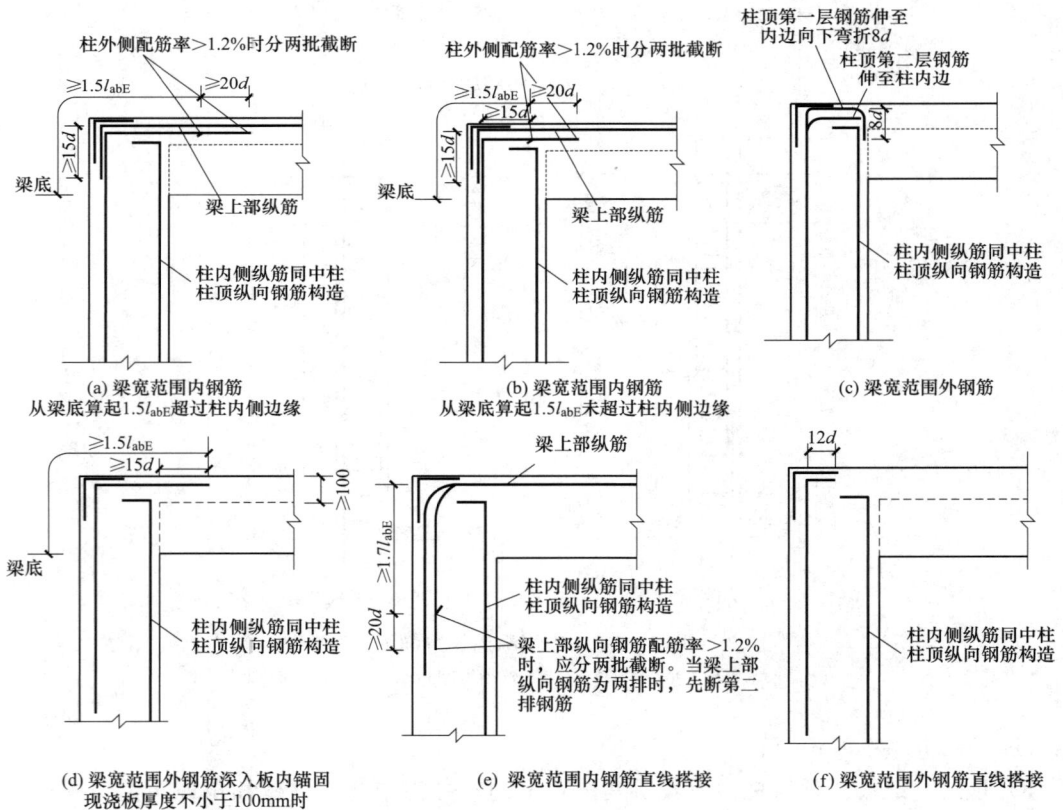

图 11-9　抗震框架边柱柱顶纵向钢筋构造

为弯折搭接构造。图 11-9（e）、（f）为直线搭接构造。图 11-9（a）、（b）适合于梁宽范围内的外侧钢筋，区别在于（a）对应的节点位置从梁底算起 $1.5l_{abE}$ 超过柱内侧边缘，（b）所对应的节点位置从梁底算起 $1.5l_{abE}$ 未超过柱内侧边缘。构造（c）适合于梁宽范围外的外侧纵筋。当现浇板厚度不小于 100mm 时，梁宽范围外钢筋伸入现浇板内锚固，采用（d）构造。

框架边柱梁宽范围外节点外侧柱纵向钢筋构造应与梁宽范围内节点外侧和梁端顶部弯折搭接构造配合使用。梁宽范围内边柱柱纵向钢筋伸入梁内的柱外侧纵筋不宜少于柱外侧全部纵筋面积的 65%。当柱外侧纵向钢筋直径不小于梁上部钢筋时，梁宽范围内柱外侧纵向钢筋可弯入梁内作梁上部纵向钢筋，与（a）、（b）两种构造配合使用。

③角柱：角柱两边有梁，角柱钢筋的计算方法和边柱一样，只是外侧纵筋根数不同。角柱两边没有梁的是外侧，因此，在角柱所有纵筋中，三个角部钢筋、B 边和 H 边各一侧的中部筋是外侧纵筋，其余为内侧纵筋。

4）变截面纵筋。当柱截面在某层发生变化时，柱纵筋的构造也将发生变化。在具体计算中，应区别两种情况：

①$\Delta/h_b \leqslant 1/6$，Δ 为上下层柱截面变化尺寸，h_b 为梁高。在这种情况下，Δ 值较小，斜长可忽略不计，柱纵筋斜通向上层，钢筋长度计算同中间层一样。

②$\Delta/h_b > 1/6$。在这种情况下，Δ 值相对较大，变截面范围内的纵筋断开，当前层钢筋在层顶弯锚，弯折长度为 $12d$；上层钢筋伸入下层，伸入长度为 $1.2l_{aE}$。具体构造如图 11-10 所示。

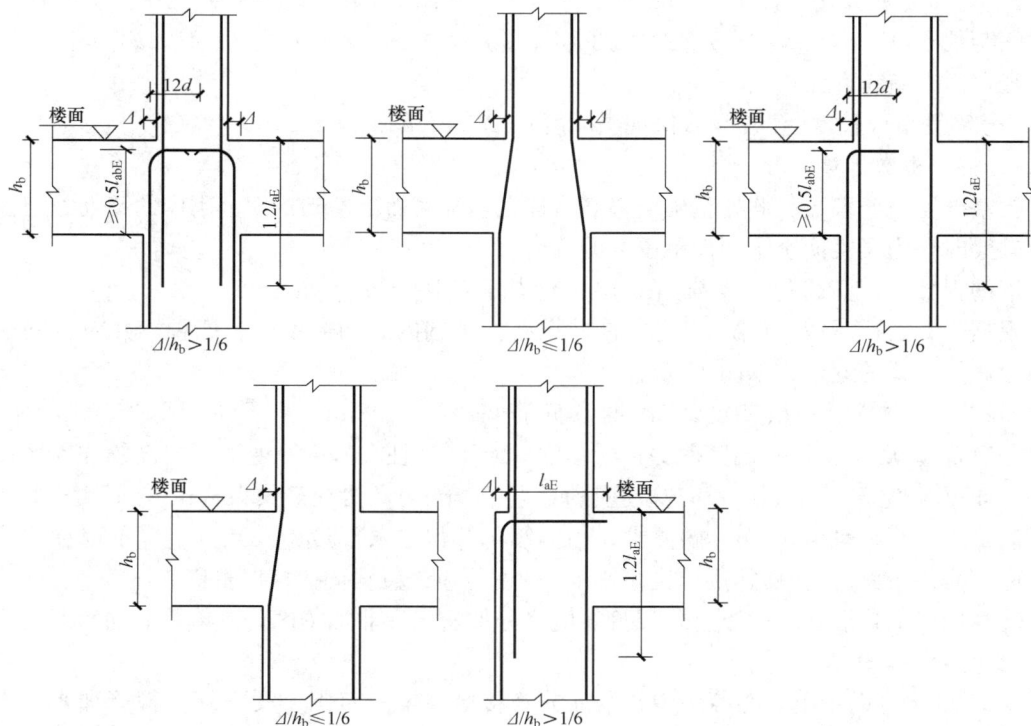

图 11-10　柱变截面位置纵向钢筋构造

（3）柱箍筋计算。柱箍筋有非复合箍筋和复合箍筋两种类型。矩形复合箍筋的肢数一般用"B 边肢数（m）×H 边肢数（n）"的形式表示，如 $4×4$ 的箍筋，表示 B 边肢数为 4 肢，H 边肢数为四肢。如图 11-11 所示。矩形复合箍筋的基本复合方式为：沿复合箍筋周边，箍筋局部重叠不宜多于两层，以复合箍筋最外围的封闭箍筋为基准，柱内的 X 向箍筋紧贴其设置在下（或在上），柱内 Y 向箍筋紧贴其设置在上（或在下）。若在同一组内复合箍筋各肢位置不能满足对称性要求时，沿柱竖向相邻两组箍筋应交错放置。圆形柱复合箍筋的肢数一般用"$Y+m×n$"表示。当圆柱采用螺旋箍筋时，在箍筋前加"L"。

1）箍筋单根长度计算。以图 11-12 中 $5×4$ 的箍筋，钢筋为 HRB400 为例，有 1 号、2 号、3 号和 4 号四种不同形状的箍筋，如图 11-12 所示。

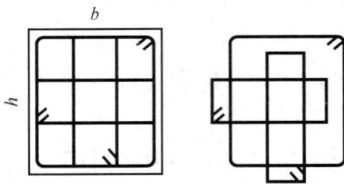

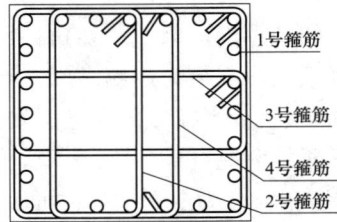

图 11-11　$4×4$ 箍筋图　　　　图 11-12　$5×4$ 箍筋图

1 号箍筋单根长度 $=2(b+h)-8×$ 保护层厚度 $+2×12.89d-3×2.08d$。

2 号和 3 号箍筋的计算方法是一样的，区别在于两者的方向不同。

2 号箍筋单根长度 $=[(b-2×$ 保护层厚度 $-D-2d)/(h$ 边纵筋根数 $-1)×$ 纵向钢筋之间的间距数 $+D+2d]×2+(h-2×$ 保护层厚度 $)×2+2×12.89d-3×2.08d$（其中 D 为纵筋直径，d 为箍筋直径）。

4 号箍筋单根长度 $=(h-2×$ 保护层厚度 $)+2×12.89d$。

2）箍筋根数计算：

①基础层箍筋根数。此处基础层箍筋指柱在基础底面至基础顶面范围内的箍筋。当柱下有基础梁时，为梁底面至梁顶面范围内的箍筋。

箍筋根数 $=($ 基础高度 $-$ 基础保护层 $-$ 起步距离 $100\text{mm})/$ 间距 -1。

根据 22G101-3 图集（第 2-10 页），柱纵筋在基础内的构造主要有四种，并对箍筋根数和间距做了具体的规定，如图 11-6 所示。

当柱基础插筋保护层厚度 $>5d$ 时，箍筋间距 $\leqslant500\text{mm}$，且不少于两道矩形封闭箍筋（非复合箍筋）。当柱基础插筋保护层厚度 $\leqslant5d$ 时，柱在基础厚度范围内设置锚固区横向箍筋（非复合箍筋）。锚固区横向箍筋应满足直径 $\geqslant d/4$（d 为插筋最大直径），间距 $\leqslant10d$（d 为插筋最小直径）且 $\leqslant100\text{mm}$ 的要求。当插筋部分保护层厚度不一致的情况下（如部分位于板中部分位于梁内），保护层厚度小于 $5d$ 的部位应设置锚固区横向箍筋。

②基础以上各层。基础以上各层箍筋应区分加密区和非加密区，具体箍筋加密区范围如图 11-7 所示。

由图 11-7 可以看出，在各层中，钢筋非连接区、梁高范围、梁下部位箍筋加密。当纵向钢筋采用绑扎连接时，钢筋的搭接区范围（$2.3l_{lE}$）一般箍筋加密，且应该满足箍筋直径不小于 $d/4$（d 为搭接钢筋最大直径），间距不应大于 100mm 及 $5d$（d 为搭接钢筋最小直径）。当纵向钢筋采用焊接或机械连接时，搭接区范围箍筋不加密。如果各加密区总高度大于层高时，说明柱全高加密。

非连接区第一根箍筋设置起步距离 50mm。各段箍筋根数＝实际布筋范围/箍筋间距，各层箍筋根数＝各段箍筋根数之和＋1。

2. 钢筋混凝土梁平法识图及钢筋计算

（1）钢筋混凝土梁的分类。不同类型的梁钢筋的计算有所不同，因此，在计算梁的钢筋工程量时，应区别不同类型的梁分别计算。梁的分类及代号见表 11-23。

表 11-23　　　　　　　　　　　梁的分类及代号

梁类型		代号	备注
框架梁	楼层框架梁	KL	区分抗震和非抗震两种情况
	楼层框架扁梁	KBL	
	屋面框架梁	WKL	
非框架梁		L	
悬挑梁	纯悬挑梁	XL	在框架梁跨数后边，A 代表一端悬挑，B 代表两端悬挑
	框架梁带悬挑	A 或 B	
井字梁		JZL	
框支梁		KZL	结构形式转换时设置的转换梁

（2）钢筋混凝土梁的钢筋种类。根据梁内钢筋所处的位置，可以将梁的钢筋分为：

①梁上部钢筋。主要包括上部贯通筋、端支座负筋、中间支座负筋和架立筋。

②梁下部钢筋。主要包括下部贯通筋和下部非贯通筋。

③梁侧面钢筋。主要包括构造钢筋和抗扭钢筋。

④箍筋、拉筋、吊筋和附加箍筋等。

（3）钢筋混凝土梁钢筋平法标注。梁钢筋信息在梁平面布置图上，分别在不同编号的梁中各选一根梁，在其上注写梁的截面尺寸和配筋的具体数值。平面注写内容包括集中标注信息和原位标注信息，集中标注表达梁的通用数值，原位标注表达梁的特殊数值，使用时，原位标注取值优先。梁钢筋平法标注如图 11-13 所示。

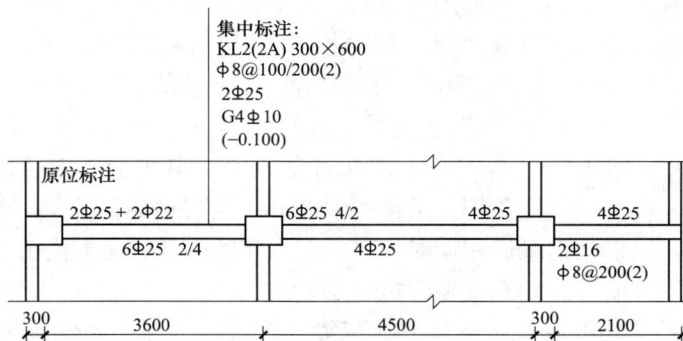

图 11-13　某框架梁平法配筋图

1）集中标注信息主要内容。主要包括梁编号、跨数、截面尺寸、箍筋信息、上部贯通筋、架立筋、侧面纵向钢筋及拉筋、梁顶标高高差等信息。

各类梁的编号如前边梁的分类及代号。如 KL2（2A），表示楼层框架梁 2，两跨，一端悬挑。其中 A 表示一端带悬挑，若为两端悬挑，则以 B 表示。

梁的截面尺寸一般以"截面宽×截面高"表示，如 300×600，表示梁截面宽为 300mm，截面高为 600mm。当梁加腋时，腋的尺寸以"Y 腋长×腋高"表示，如 300×600 Y500×250，表示梁的截面宽为 300mm，截面高为 600mm，腋长 500mm，腋高 250mm。当为悬挑梁，悬挑根部和远端截面高度不同时，用"/"分开表示，如 300×600/400，表示，梁截面宽为 300mm，悬挑梁根部高 600mm，远端高为 400mm。

箍筋一般以"钢筋级别＋钢筋直径＋加密区间距/非加密区间距＋肢数"的形式表示。如φ8@100/200（2）表示箍筋采用 8mm 的圆钢，加密区间距 100mm，非加密区间距 200mm，二肢箍。

如果梁中只有上部贯通筋，没有下部贯通筋和架立筋，则在集中标注中只表示上部贯通筋，如图 11-13 中 2φ25 表示两根上部贯通筋，直径 25mm。

如果梁上有上部贯通筋，同时也有下部贯通筋，则二者用分号隔开。如在集中标注中标出"2φ25；4φ22"，表示梁的上部贯通筋为两根直径 25mm 的螺纹钢筋，下部贯通筋为四根直径 22mm 的钢筋。

如果梁中设架立筋，应用括号括起来，并用"＋"与上部贯通筋相连，置于上部贯通筋后边。如在集中标注中标出"2φ25＋（2φ12）"，表示梁的上部贯通筋为两根直径 25mm 的螺纹钢筋，架立筋为两根直径 12mm 的圆钢。

当梁腹板高度（梁高-板厚）大于 450mm 时，梁的中部需配置构造钢筋，以 G 表示；如果梁需要设置抗扭钢筋，以 N 表示。其根数表示梁两侧的总根数，且对称布置。如图 11-13 中 G4φ10 表示梁两侧设置 4 根直径 10mm 的构造钢筋，每边两根对称布置。

梁顶面标高高差是指相对于结构层楼面标高的高差值，有相对高差时，须将其写入括号内，无高差时可以不标注。当梁顶标高高于所在结构层楼面标高时，其标高高差为正值，反之为负值。如图 11-13 标注（−0.100）表示该梁顶面标高相对于该层楼面标高低 0.10m。

2）原位标注信息主要内容。主要包括梁支座纵筋、梁下部钢筋、吊筋和附加箍筋。

梁支座纵筋包括左右端支座钢筋和中间支座钢筋。在支座位置标注的钢筋数量表示在该截面上部纵筋的总根数，其中包括上部贯通筋，其余的为支座负筋。如图 11-13 中左端支座处标注"2φ25＋2φ22"表示该支座处纵筋的总根数，其中两根直径 25mm 的钢筋为集中标注中的上部贯通筋，其余两根直径 22mm 的钢筋为端支座负筋。

当上部纵筋多于一排时，用"/"将各排纵筋自上而下分开。如图 11-13 中间支座处标注"6φ25 4/2"表示上排纵筋为 4φ25，下排纵筋为 2φ25，其中上排两根角部筋为上部贯通筋，其余两根为第一排中间支座负筋，下排两根 25mm 直径的钢筋为第二排中间支座负筋。

当梁中间支座两边的上部纵筋相同时，可仅在支座的一边标注配筋值，另一边省去不标注。当两边上部纵筋不同时，须在支座两边分别标注。

当梁下部的纵筋是非贯通的，各跨单独布置，在每跨下部中间位置标注相应的钢筋信息。当同排纵筋有两种直径时，用加号将两种直径的纵筋相连联，角筋注写在前边。如下部钢筋标注"2φ25＋2φ22"表示梁下部有四根纵筋，角部为 2φ25，中间为 2φ22。

当梁下部纵筋不全伸入支座时，将梁支座处下部纵筋减少的数量写在括号内。如下部钢筋标注为"6Φ22 2(−2)/4"表示上排纵筋为2Φ22，且不伸入支座，下排纵筋为4Φ22，且全伸入支座。

当梁的集中标注中已经分别注写了梁上部和下部均为通长的纵筋值时，则不需再在梁下部重复做原位标注。

当主次梁相交时，有时需要设置吊筋和附加箍筋。吊筋直接用引线注写总配筋值，附加箍筋直接将其画在主梁上，并用引线直接注写出总根数、肢数、间距和钢筋直径等信息。

（4）钢筋混凝土梁钢筋长度计算。在进行混凝土梁钢筋长度计算时，应区分框架梁和非框架梁，并区分抗震和非抗震两种情况，同时考虑楼层框架梁和屋面框架梁的区别。

1）楼层抗震框架梁钢筋计算。楼层抗震框架梁纵向钢筋构造如图11-14所示。

①上、下部贯通筋的计算。上、下部贯通筋从梁的最左端一直延伸到梁的最右端，并且在左右两端的支座处锚固。即梁贯通筋单根长度=梁通跨净长+左右两端支座锚固长度。

当支座宽−保护层厚度$<l_{aE}$或$<0.5h_c+5d$时，钢筋在端支座处弯锚。l_{aE}为纵向钢筋最小锚固长度要求，h_c为柱长边尺寸，d为梁纵筋直径。此时，纵向钢筋伸至梁上部纵筋弯钩段内侧或柱外侧纵筋内侧后弯折$15d$。

弯锚长度=支座宽−保护层厚度+$15d$。或弯锚长度=支座宽−保护层厚度−柱纵筋直径−柱纵筋与梁纵筋净距（25mm）。

当支座宽−保护层厚度$\geqslant l_{aE}$时且$\geqslant 0.5h_c+5d$时，钢筋在端支座处直锚。直锚长度=$\max\{l_{aE}, 0.5h_c+5d\}$。

当支座左右两跨有高差，或梁的宽度变化，上部贯通筋无法贯通时，则钢筋在该支座位置断开，梁顶标高高的一侧的钢筋在支座处弯锚，梁顶标高低的一侧的钢筋在支座处直锚。

当梁端带悬挑，且$L>4h_b$时（L为悬挑端净长，h_b为悬挑梁根部高度，以下同），位于悬挑端上部第一排的钢筋，至少两根角筋，并不少于第一排纵筋的二分之一伸至悬挑最远端下弯$12d$，第一排其余纵筋在远端弯下，弯下后平直段长度为$10d$；位于上部第二排的纵筋伸入悬挑端的长度为$0.75L$。上部钢筋延伸到框架梁跨内的长度分别按照上部通长筋和支座负筋的规定计算。当$L<4h_b$时，上部钢筋不在端部弯下。

位于梁下部的钢筋在悬挑端单独布置，下部的钢筋伸至最远端，在支座处的锚固长度为$15d$，如图11-15所示。

②端支座负筋。梁的端支座负筋从端支座处伸进边跨一段距离断开，并在支座处锚固。

因此，端支座负筋单根长度=伸入跨内长度+左（右）端支座锚固长度。

端支座负筋在左（右）端支座处的锚固长度的计算方法和上下部贯通筋相同。

当端支座负筋处于第一排时，伸入跨内长度为$l_n/3$；当端支座负筋处于第二排时，伸入跨内长度为$l_n/4$。l_n为梁跨净长。

③中间支座负筋。中间支座负筋在支座处向其左右两边的跨内伸进一定距离断开，因此，中间支座负筋单根长度=伸进跨内长度×2+支座宽。

当中间支座负筋处于第一排时，伸入跨内长度为$l_n/3$；当中间支座负筋处于第二排时，伸入跨内长度为$l_n/4$。

当中间支座左右两跨净跨长不同时，取数值较大者计算伸进跨内长度，即左右两边伸进长度是相等的。

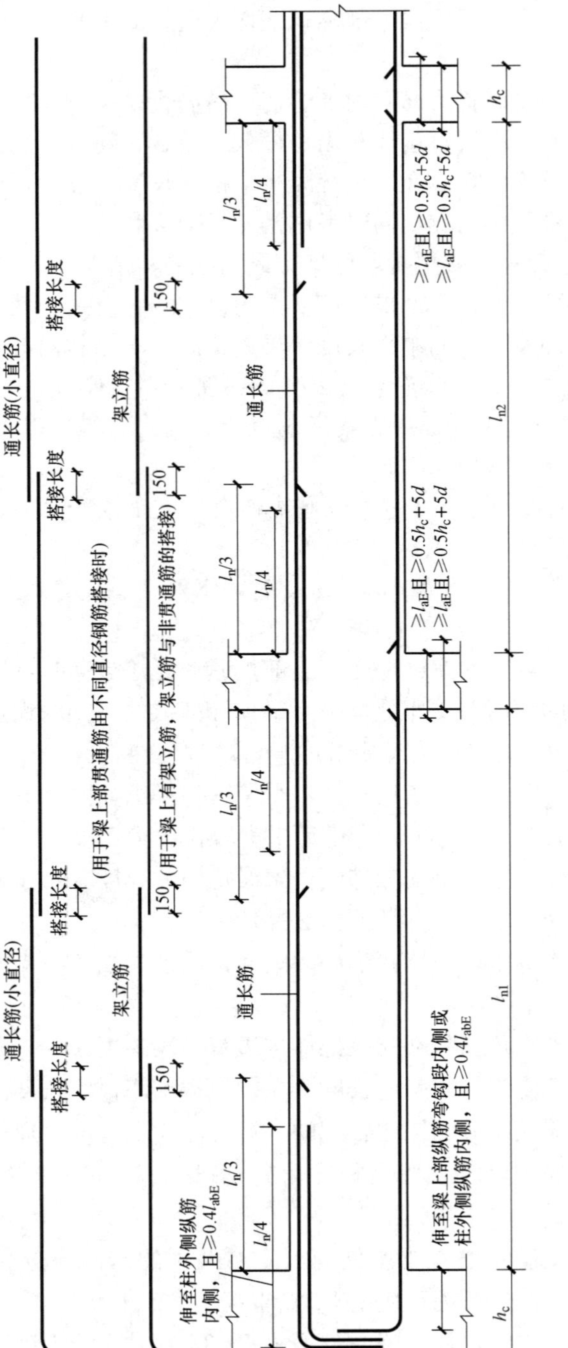

图 11-14　抗震楼层框架梁纵向钢筋构造

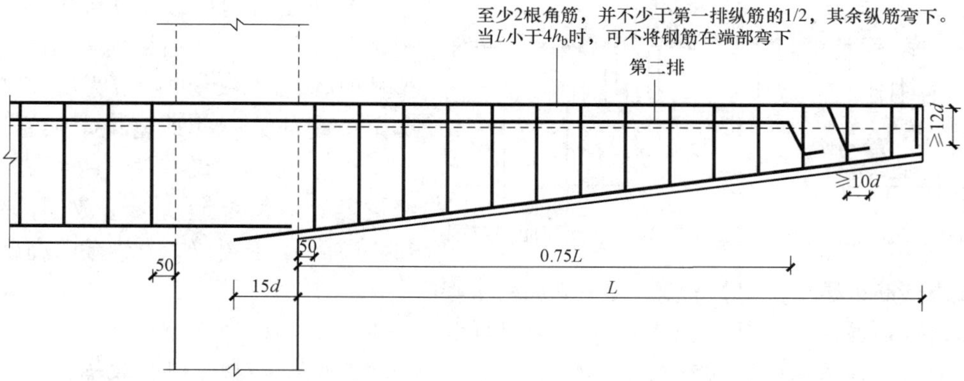

图 11-15 框架梁悬挑端钢筋构造

当中间支座两侧标注钢筋根数或直径不同时，则多出的钢筋或直径有变化的钢筋在该支座处弯锚。

当两大跨中间为小跨，且下跨净尺寸小于左右两大跨净尺寸之和的 1/3 时，小跨上部纵筋采取贯通全跨方式，此时，应将贯通小跨的钢筋注写在小跨中部。

④架立筋。架立筋是把箍筋架立起来所需要的贯穿箍筋角部的纵向构造钢筋，主要起固定箍筋的作用。

在梁每跨的支座处，当设置有支座负筋时，支座负筋也可以起到架立筋的作用。因此，架立筋在设置时，只要和每跨两端支座处的负筋连接上即可。

架立筋单根长度＝梁跨净长－左右两端支座负筋伸进长度＋150×2。其中 150 是指架立筋与支座负筋的搭接长度。

⑤下部非贯通筋。下部非贯通筋每跨单独布置，在每一跨分别锚入相邻支座。

下部非贯通筋单根长度＝净跨长 l_n＋左、右支座锚固长度。

对于边跨的下部非贯通筋，端支座的锚固应区别直锚和弯锚两种情况，另一端为直锚；对于中间跨的下部非贯通筋，两端均为直锚。

当梁下部有不伸入支座的钢筋时，该钢筋在距离左右两端支座 $0.1l_n$ 处断开，即某跨内下部不伸入支座的钢筋单根长度＝$l_n-0.1l_n×2=0.8l_n$。

⑥侧面纵筋。当梁的腹板高度 $h_w \geqslant 450mm$ 时，在梁的两个侧面应沿高度配置纵向构造钢筋。纵向构造钢筋间距≤200mm。当梁侧面配置有直径不小于构造钢筋的受扭纵筋时，受扭钢筋可以替代构造钢筋。

梁侧面构造钢筋的搭接与锚固长度可取 15d。梁侧面受扭纵筋的搭接长度为 l_{lE} 或 l_1，其锚固长度为 l_{aE} 或 l_a，锚固方式同框架梁下部纵筋。

当梁宽≤350mm 时，拉筋直径为 6mm；梁宽＞350mm 时，拉筋直径为 8mm。拉筋间距为非加密区箍筋间距的 2 倍。当设有多排拉筋时，上下两排拉筋竖向错开设置。

⑦箍筋。以二肢箍，HRB400 钢筋为例，箍筋单根长度＝（梁高＋梁宽）×2－保护层厚度×8＋12.89d×2－2.08d×3。

其中，d 表示钢筋直径，12.89d 为 135°箍筋弯弧内长度和平直段长度之和，2.08d 为90°弯折弯曲调整值。

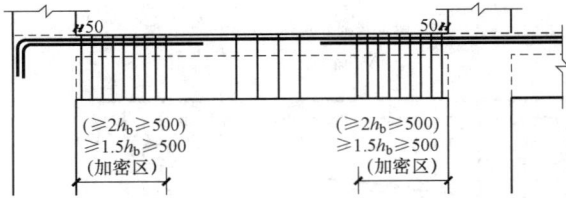

图 11-16　二～四级（一级）抗震等级梁箍筋加密范围

箍筋在梁内的设置分成两部分：加密区和非加密区。当梁跨两端支座为框架柱时，在梁每跨的两端为箍筋加密区，剩余中间部分为非加密区，加密区的长度与工程抗震等级有关。一级和二三四级抗震等级每跨箍筋加密范围分别如图 11-16 所示。图中 h_b 为梁截面高度。

每跨箍筋根数＝加密区根数×2＋非加密区根数。

加密区根数＝（加密区长度－50）÷加密区间距＋1，取整。

非加密区根数＝（梁净跨长 l_{n1}－加密区长度×2）÷非加密区间距－1，取整。

22G101-1 第 2-39 页给出了梁箍筋的第二种构造，适用于梁支座为主梁时的情况，当梁支座为主梁时，搭接端部按非框架梁处理，此端箍筋构造可不设加密区，两端箍筋规格及数量由设计确定。

⑧吊筋。当主梁与次梁连接，主梁为次梁支座时，在相交位置设置吊筋。吊筋构造如图 11-17 所示。吊筋直径、根数由设计标注。

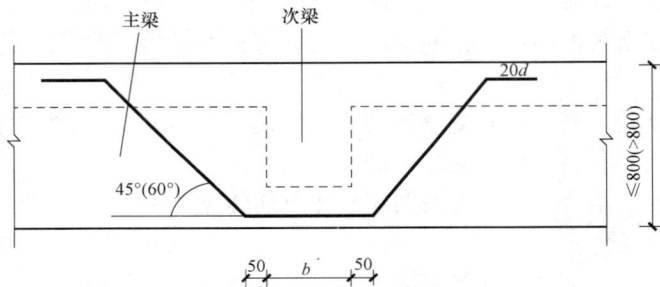

图 11-17　吊筋构造

⑨附加箍筋。附加箍筋沿主梁方向设置，因此单根长度与主梁的箍筋相同，根数按照图中注写的根数计算。附加箍筋范围内主梁正常箍筋照设。

2）屋面抗震框架梁计算。屋面抗震框架梁与楼层抗震框架梁的钢筋计算基本是一样的，区别在于两端支座处节点构造。屋面框架梁上部纵筋在端支座处的弯锚时，弯锚至梁底，具体可参照顶层柱节点构造。22G101 图集（第 2-35 页）增加了楼层框架梁局部带屋面框架梁的情形。局部屋面框架梁的端支座出构造与屋面框架梁端支座构造相同。

3）非框架梁钢筋计算。非框架梁配筋构造如图 11-18 所示。

非框架梁和框架梁的钢筋长度计算方法基本相同，但也存在以下主要区别：

①非框架梁上部纵筋一般由支座负筋和架立筋连接构成。端支座处钢筋应伸至柱纵筋内侧下弯 $15d$，并且，当设计铰接时，平直段长度应不小于 $0.35l_{ab}$，当充分利用钢筋的抗拉强度时，平直段长度不小于 $0.6l_{ab}$。l_{ab} 是钢筋的基本锚固长度。伸入端支座直段长度满足 l_a 时，可直锚。

②当梁上部有通长钢筋时，连接位置宜位于跨中 $l_n/3$ 范围内。梁下部钢筋连接位置宜位于支座 $l_n/4$ 范围内。

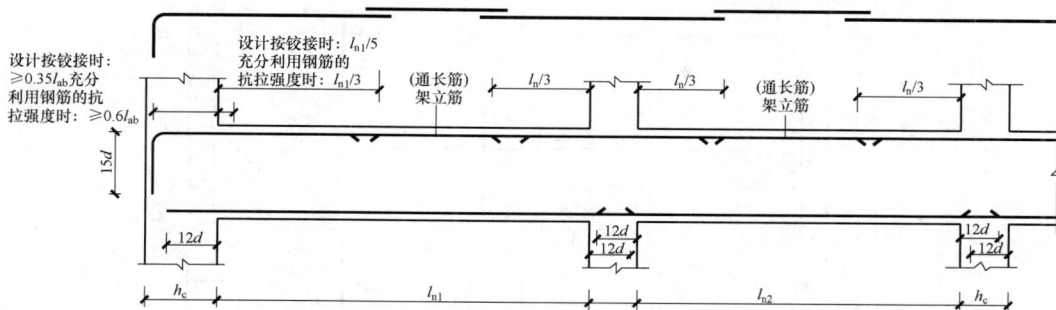

图 11-18　非框架梁钢筋端部构造

③非框架梁端支座处上部纵筋伸入跨内的长度，当设计按铰接时为 $l_n/5$，当充分利用钢筋的抗拉强度时为 $l_n/3$。若是充分利用钢筋的抗拉强度，在原位标注中用符号"g"标注。

④非框架梁下部钢筋伸入端支座的直锚长度为 $12d$，在中间支座处的直锚长度为 $12d$（带肋钢筋），下部钢筋不再使用圆钢。

⑤当下部纵筋伸入支座不能满足直锚 $12d$ 要求时，可采用弯锚。弯锚有两种方式，第一种采用135°弯钩，平直段长度不小于 $5d$。第二种采用90°弯钩，平直段长度不小于 $12d$。具体构造参照 22G101-1 第 2-40 页。

4）框架梁与剪力墙平面内、外时的钢筋计算。框架梁以剪力墙为支座。分两种情况，第一种是框架梁和剪力墙不在同一平面（平面外构造），当墙厚较小时，梁端支座采用非框架梁的构造；当墙厚较大时，梁端支座采用框架梁构造。第二种是框架梁和剪力墙在同一平面内，锚入墙内部分梁上下部纵筋均采用直锚形式，具体构造参照 22G101-1 第 2-38 页。

3. 钢筋混凝土板平法识图及钢筋计算

根据 22G101-1 平法图集，钢筋混凝土板包含有梁楼盖、无梁楼盖和楼板其他构造三部分。本部分以有梁楼盖为例讲解板钢筋的计算。

（1）有梁楼盖平法施工图制图规则。有梁楼盖板平法施工图，系在楼面板和屋面板布置图上，采用平面注写的表达方式。板平面注写包括板块集中标注和板支座原位标注。

板块集中标注的内容为：板块编号，板厚，贯通纵筋，以及当板面标高不同时的标高高差。对于普通楼面，两向均以一跨为一板块。在计算板钢筋时，必须要理解板块的含义，因为它会影响板底受力筋的长度。板底受力筋是单块板分别布置，所以它在板边断开，对于圆钢而言，在每块板边，钢筋都增加一个弯钩长度。

如图 11-19 中集中标注信息表示 1 号楼面板，板厚 $h=120\text{mm}$，板底配置水平和垂直方向的双向钢筋，水平方向的钢筋为 $X\phi10@200$，即水平方向钢筋为直径 10mm，牌号 HPB300 钢筋，间距为 200mm，垂直方向的钢筋为 $Y\phi10@150$，即垂直方向钢筋为直径 10mm，牌号 HPB300 钢筋，间距为 150mm。

板底钢筋以 B 表示，当板顶设有贯通筋时，以 T 表示，形式同板底钢筋一样。水平方向受力筋以 X 表示，垂直方向受力筋以 Y 表示。

板支座原位标注内容主要是上部非贯通筋，即端支座负筋和中间支座负筋。在配置相同跨的第一跨，垂直于板支座（梁或墙）绘制一条适宜长度的实线，以该线段代表支座上部非

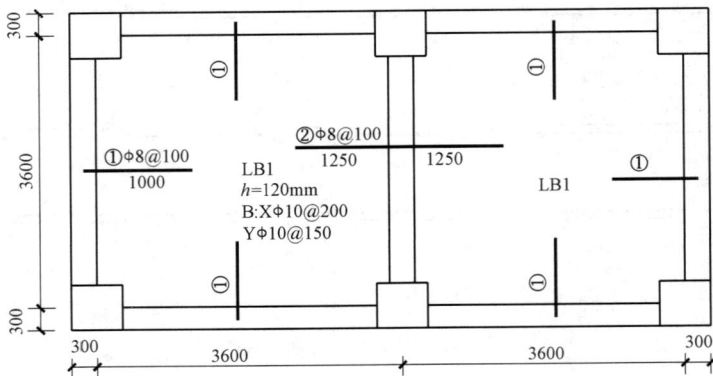

图 11-19　某楼板配筋图

贯通筋；并在线段上方注写钢筋编号和配筋值；板支座上部非贯通筋自支座边线向跨内的延伸长度，注写在线段的下方位置；当中间支座上部非贯通筋向支座两侧对称延伸时，可仅在支座一侧线段下方标注延伸长度，另一侧不标注。

需要注意的是，截面注写方式下，上部非贯通筋的标注长度应根据图纸上的标注方式确定是从支座中线还是从支座内边线开始。

如图 11-19 中①号钢筋，表示①号端支座负筋，直径 8mm，牌号 HPB300 钢筋，间距为 150mm，自梁边线向跨内的延伸长度为 1000mm，沿板四边梁长度方向布置。②号钢筋表示②号中间支座负筋，直径 8mm，牌号 HPB300 钢筋，间距 100mm，自梁边线向各边板内的延伸长度为 1250mm，沿中间梁长度方向布置。

（2）板钢筋计算。有梁楼盖（屋）面板配筋构造如图 11-20 所示。

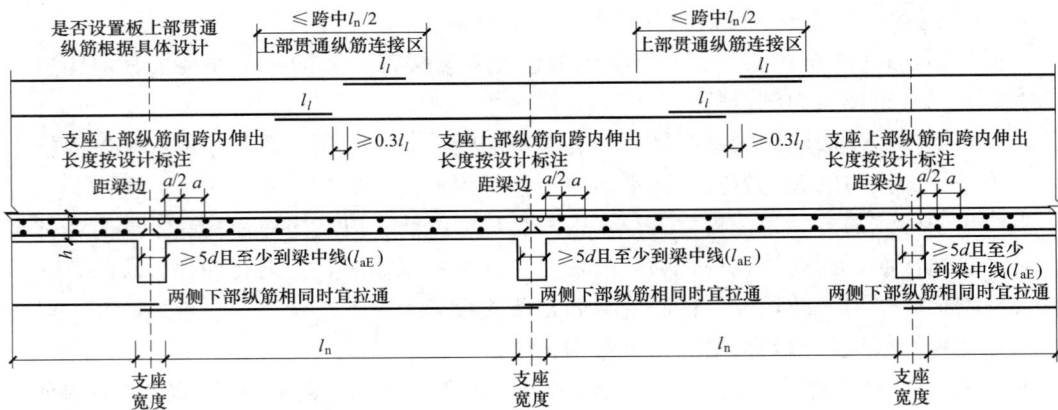

来源：根据 22G101-1 图集第 2-50 页构造图自绘。

图 11-20　有梁楼盖（屋）面板配筋构造

1）板底受力筋。板底受力筋一般分板块单独布置，并伸入板块左右两端的支座中。两侧纵筋相同时宜拉通。在分板块布置情况下，板底受力筋可按下式计算单根长度：

板底受力筋的单根长度＝板净跨长＋左支座伸进长度＋右支座伸进长度。

按照 22G101-1 第 2-50 和 2-51 页板在端部支座的锚固构造，当支座为梁时，普通楼屋面板端支座板底受力筋伸进支座内的长度至少 5d 且到梁中线；梁板式转换层楼面板端支座处，板底受力筋伸至梁角筋内侧弯折 15d。当支座为剪力墙时，板端支座板底受力筋伸进支座内的长度至少 5d 且到墙中线。

2）板顶钢筋。板顶钢筋主要包括上部非贯通筋（中间支座负筋和端支座负筋）和上部贯通筋。

根据图 11-20 的配筋构造，中间支座负筋两端不需要向板底弯折，标注长度自支座边线向板内延伸。板中间支座负筋可按下式计算：

板中间支座负筋单根长度＝支座负筋两端标注长度之和＋支座宽度。

板端支座负筋单根长度＝支座负筋标注长度＋端支座内的锚固长度。

按照 22G101-1 第 2-50 和 2-51 页板在端部支座的锚固构造，当支座为梁时，板顶纵筋在端支座应伸至梁外侧角筋内侧后弯折，弯折长度取 15d。当支座为剪力墙时，板顶纵筋在端支座应伸至剪力墙外侧水平分布筋内侧后弯折，弯折长度取 15d。当剪力墙顶采用搭接连接构造时，弯折长度取 15d 且伸至板底。当板支座处平直段长度分别 $\geq l_a$、l_{aE} 时，可不弯折。

当板顶设置贯通纵筋时，按照能通则通的原则配置。纵筋宜在跨中 1/2 范围内连接。当相邻等跨或不等跨的上部贯通纵筋配置不同时，应将配置较大者越过其标注的跨数终点或起点伸至相邻跨的跨中连接区域连接。

板内钢筋的根数根据布筋范围和间距按如下方法计算：

板底钢筋根数＝（板跨净长－起步距离×2）÷间距＋1（取整）。

板顶贯通纵筋根数＝（板通跨净长－起步距离×2）÷间距＋1（取整）。

端支座和中间支座负筋根数＝（板跨净长－起步距离×2）÷间距＋1（取整）。

起步距离取板筋间距的 1/2。

3）负筋分布筋。负筋的分布筋放置于负筋下，在负筋向跨内伸出长度内垂直于负筋布置，主要起固定负筋的作用。

分布筋单根长度＝负筋布置范围－两端负筋标注长度＋150×2。

端支座负筋分布筋的根数＝（负筋向跨内的伸出长度－起步距离）÷间距＋1（取整）。

中间支座负筋分布筋的根数＝［（负筋向跨内的伸出长度－起步距离）÷间距＋1（取整）］×2。

4）马凳筋。马凳筋主要起支撑板上部钢筋的作用。应根据设计采用的形状、尺寸和间距按实计算。

剪力墙、混凝土基础、桩承台、混凝土楼梯等现浇构件的钢筋参照相关图集的规定及图纸的设计按实计算。

四、钢筋计算实例

【例 11-6】 根据图 7-3、图 10-5 及说明信息，根据 22G101 平法图集完成以下混凝土构件的钢筋工程量计算。混凝土结构环境类别按一类考虑，二级抗震，纵筋采用 HRB400 钢筋，钢筋直径大于 18mm 时，套筒机械连接，其余绑扎连接。

（1）DJz01 钢筋工程量。

（2）②轴条形基础钢筋工程量。

（3）KZ1 钢筋工程量

154　　房屋建筑与装饰工程估价（第三版）

（4）Ⓑ轴 WKL2 钢筋工程量

（5）④⑤轴交ⒶⒷ轴混凝土板钢筋工程量。

解　（1）独立基础钢筋计算。由 DJz01 尺寸标注，基础底板宽度为 2500mm。根据 22G10-3 第 2-14 页的构造说明，当独立基础底板长度大于或等于 2500mm 时，除外侧钢筋外，底板配筋长度可取相应方向底板长度的 0.9 倍，交错放置，四周最外侧钢筋不缩短。又根据第 2-11 页独立基础底板配筋构造，独立基础底板配筋最外侧钢筋的起步距离为 $\min\{s/2,75\text{mm}\}$，s 为该方向底板配筋的间距，由配筋信息可知，基础底板两个方向配筋间距均为 150mm，因此，起步距离为 75mm。

X 和 Y 方向底板钢筋根数＝$(2.50-0.075\times2)\div0.15+1=17$（根）

图纸中未给出基础混凝土保护层厚度。根据 22G101-3 第 2-1 页混凝土保护层的最小厚度表和注释说明，该独立基础混凝土保护层厚度取 40mm。

因此，外侧底板钢筋单根长度＝$2.50-0.04\times2=2.42$（m），共 4 根；其余钢筋单根长度＝$2.50\times0.9=2.25$（m），共 30 根。

DJz01 钢筋工程量＝$(2.42\times4+2.25\times30)\times0.888\times2=137.07$（kg）＝0.137（t）

（2）条形基础钢筋计算。根据 22G101-3 第 76 页条形基础构造（b），在两向受力钢筋交接处的网状部位，分布钢筋与同向受力钢筋的搭接长度为 150mm。因此，②轴分布钢筋（直径 8mm）单根长度＝$6.00-0.30\times2+0.15\times2=5.70$（m），共 4 根，工程量＝$5.70\times4\times0.395=9.006$（kg）＝0.009（t）。

混凝土保护层厚度取 40mm，受力筋（直径 10mm）单根长度＝$0.60-0.04\times2=0.52$m，间距 200mm，根据构造，受力筋布置至 T 型交接处 $b/4$ 处（b 为条形基础截面宽度）。根数＝$(6.00-0.60+0.6/4\times2)/0.20+1=30$（根）。

因此，受力筋工程量＝$0.52\times30\times0.617=9.625$（kg）＝0.010（t）

（3）KZ1 钢筋计算。KZ1 钢筋计算范围包括伸入基础内钢筋和一层的钢筋。伸入基础内纵筋伸出基础 $H_\text{n}/3$ 后与一层纵筋采用套筒机械连接，且连接接头错开 35d。由于 KZ1 纵筋直径均为 20mm，钢筋的连接位置不影响钢筋的总长度，因此，本例计算纵筋长度时，伸入基础内钢筋和一层钢筋合并计算。

1）柱纵筋伸入基础底部的构造。根据 22G101-3 第 2-3 页受拉钢筋抗震锚固表，柱纵筋最小锚固长度为 37$d=740$mm。再根据第 2-1 页保护层厚度表，框架柱混凝土保护层厚度 20mm。对照 22G101-3 第 2-10 页柱纵向钢筋在基础中的构造，应按构造（d）计算。纵筋在基础底部的弯折长度为 $\max(6d,150\text{mm})=150$mm。

2）柱顶纵筋构造。KZ 属于边柱。根据柱的配筋信息，外侧纵筋 4 根，内侧纵筋 8 根。梁宽范围内外侧纵筋 2 根，梁宽范围外 2 根。

查 22G101-1 第 2-2 页抗震设计时受拉钢筋基本锚固长度表，$l_\text{abE}=40d=40\times20=800$（mm）。因此，$1.5l_\text{abE}=1.5\times800=1200$（mm）＞$700+450=1150$（mm），即超过柱内侧边缘。因此，梁宽范围内外侧纵筋按构造（a）计算。

外侧纵筋配筋率＝$3.14\times10^2\times4/(450\times450)=0.63\%<1.2\%$，梁宽范围内外侧纵筋不需要分批截断。

一层顶现浇板厚度 120mm，因此，梁宽范围外外侧纵筋按构造（d）计算。

柱内侧纵筋按 22G101-1 第 2-16 页构造②计算。

梁宽范围内外侧纵筋单根长度＝3.90＋2.50－0.04＋0.15－0.70＋1.5×40×0.02－2.08×0.02×2＝6.927（m）。

梁宽范围外的外侧纵筋单根长度＝3.90＋2.50－0.04＋0.15－0.02＋0.45－0.02＋15×0.02－2.08×0.02×2＝7.137（m）。

柱内侧纵筋单根长度＝3.90＋2.50－0.04＋0.15－0.02＋12×0.02－2.08×0.02×2＝6.647（m）。

KZ1纵筋工程量＝（6.927×2＋7.137×2＋6.647×8）×2.466×2＝400.991（kg）＝0.401（t）。

3）箍筋。根据KZ1的钢筋信息，箍筋肢数为4×4。

外围箍筋单根长度＝4×0.45－8×0.02＋2×12.89×0.008－2.08×0.008×3＝1.796（m）。

B边和H边单肢箍单根长度＝2×0.45－4×0.02＋[（0.45－0.02×2－0.008×2－0.02）/3＋0.02＋0.008×2]×2＋2×12.89×0.008－2.08×0.008×3＝1.298（m）。

自独立基础顶面开始，$H_n/3$范围、柱顶梁高范围、柱顶梁下范围max（$H_n/6$，柱长边尺寸，500mm）为加密区，其余为非加密区。

其中：H_n＝3.90＋2.50－0.6－0.7＝5.10（m），$H_n/3$＝5.10/3＝1.70（m），$H_n/6$＝5.10/6＝0.85（m）。

$H_n/3$范围箍筋根数＝（1.70/0.10）＋1＝18（根）。

柱顶梁高范围及梁下范围箍筋根数＝[（0.70＋0.85）/0.10]＋1＝17（根）。

非加密区长度＝3.90＋2.50－0.60－1.70－0.70－0.85＝2.55（m），箍筋根数＝（2.55/0.20）－1＝12（根）。

根据22G101-3第2-10页柱筋在基础内的构造，需设置2根箍筋。因此，KZ1箍筋总根数＝18＋17＋12＋2＝49（根）。

箍筋工程量＝（1.796×49＋1.298×47×2）×0.395×2＝165.913（kg）＝0.166（t）。

（4）WKL2钢筋计算。

1）上部贯通筋（直径20mm，2根）

对照抗震锚固长度表，上部贯通筋最小锚固长度l_{aE}＝40d＝800（mm）。保护层厚度为20mm。由于l_{aE}＝800mm＞450－20＝430（mm），上部贯通筋在端支座处弯锚。

单根长度＝15.60＋0.12×2－0.02×2＋0.50－0.02＋0.70－0.02－2.08×0.02×2＝16.877（m）

工程量＝16.877×2×2.466＝83.237（kg）＝0.083（t）。

2）中间支座负筋（直径20mm，2根）。

单根长度＝（9.00－0.225－0.33）/3×2＋0.45＝6.08（m）。

工程量＝6.08×2×2.466＝29.987kg＝0.030（t）。

3）左起第一跨下部钢筋（直径18mm，4根）。

钢筋在左端支座处弯锚，在右端支座处直锚。l_{aE}＝40d＝720mm＞0.5×450＋5×18。

单根长度＝6.60＋0.12－0.02＋15×0.018－0.225＋0.72－2.08×0.018＝7.428（m）。

工程量＝7.428×4×1.998＝59.365（kg）＝0.059（t）。

4）左起第二跨下部钢筋（直径22mm，4根）。

钢筋在右端支座处弯锚，左端支座处变截面，钢筋弯锚。

单根长度＝9.00＋0.12＋0.225－0.02×2＋15×0.022×2－2.08×0.022×2

$\qquad$ ＝9.873（m）。

工程量＝9.873×4×2.984＝117.844（kg）＝0.118（t）。

5）箍筋（直径8mm）。

第一跨单根长度＝(0.24＋0.50)×2－8×0.02＋12.89×0.008×2－2.08×0.008×3

$\qquad$ ＝1.476（m）。

第一跨加密区根数＝(1.5×0.50－0.05)÷0.1×2＝14（根）。

第一跨非加密区根数＝(6.60－0.33－0.225－1.5×0.50×2)÷0.2＋1＝24（根）。

第二跨单根长度＝(0.24＋0.70)×2－8×0.02＋12.89×0.008×2－2.08×0.008×3

$\qquad$ ＝1.876（m）。

第二跨加密区根数＝(1.5×0.70－0.05)÷0.1×2＝20（根）。

第二跨非加密区根数＝(9.00－0.33－0.225－1.5×0.70×2)÷0.2＋1＝33（根）。

工程量＝1.476×(14＋24)×0.395＋1.876×(20＋33)×0.395＝61.429kg＝0.061（t）。

注：框架梁端支座处角部附加钢筋未计算。

（5）楼板钢筋计算。根据图纸，楼板为板底设置 X 和 Y 方向受力筋。

对照22G101-1第2-50页板在端部支座的锚固构造（一）(a)，板底受力筋伸入梁内的长度为120mm（梁中心线）。因此，X 方向单根长度4.50m，Y 方向单根长度6.00m。

对照22G101-1第2-50页有梁楼盖楼面板和屋面板钢筋构造，边缘处板底受力筋起步距离为 $a/2$（ a 为受力筋间距），本工程板底受力筋起步距离为75mm。

因此，X 方向板底受力筋根数＝(6.00－0.12×2－0.075×2)÷0.15＋1＝39（根）。

Y 方向板底受力筋根数＝(4.50－0.12×2－0.075×2)÷0.15＋1＝29（根）。

钢筋工程量＝(4.50×39＋6.00×29)×0.617＝215.642kg＝0.216（t）。

注：图中未标出或注明的板顶钢筋、分布筋均未计算。

该工程钢筋部分的分部分项工程项目清单见表11-24。

表 11-24 　　　　　　　　　 **分部分项工程项目清单计价表**

工程名称：某建筑工程　　　　　　　　标段：　　　　　　　　第 1 页　共 1 页

序号	项目编码	项目名称	项目特征描述	计量单位	工程量	金额（元）	
						综合单价	合价
1	010506001001	现浇混凝土基础钢筋	钢筋种类、规格：HRB400，12mm	t	0.137		
2	010506001002	现浇混凝土基础钢筋	钢筋种类、规格：HRB400，8mm	t	0.009		
3	010506001003	现浇混凝土基础钢筋	钢筋种类、规格：HRB400，10mm	t	0.010		
4	010506002001	现浇混凝土柱钢筋	钢筋种类、规格：HRB400，20mm	t	0.401		
5	010506002002	现浇混凝土柱钢筋	钢筋种类、规格：HRB400，8mm，箍筋	t	0.166		
6	010506005001	现浇混凝土梁钢筋	钢筋种类、规格：HRB400，20mm	t	0.083		
7	010506005002	现浇混凝土梁钢筋	钢筋种类、规格：HRB400，20mm	t	0.030		
8	010506005003	现浇混凝土梁钢筋	钢筋种类、规格：HRB400，18mm	t	0.059		

序号	项目编码	项目名称	项目特征描述	计量单位	工程量	金额（元）	
						综合单价	合价
9	010506005004	现浇混凝土梁钢筋	钢筋种类、规格：HRB400，22mm	t	0.118		
10	010506005005	现浇混凝土梁钢筋	钢筋种类、规格：HRB400，8mm，箍筋	t	0.061		
11	010506006001	现浇混凝土板钢筋	钢筋种类、规格：HRB400，8mm		0.216		

第三节　工程量清单计价应用

本节分别以［例 11-2］中的条形基础垫层、柱面模板清单项目和［例 11-6］中的现浇混凝土柱钢筋（20mm）清单项目介绍混凝土及钢筋混凝土工程清单计价。

【例 11-7】　某企业参与［例 11-2］工程的投标，请帮助企业完成其中条形基础垫层、柱面模板两个清单项的综合单价。计价依据和要求参照教材第二篇"说明"。拟采用汽车泵泵送混凝土。根据施工方案，采用复合木模板钢支撑。根据施工经验，模板周转次数 5 次。招标工程量清单确定商品混凝土为暂估价材料。C15 商品混凝土 350 元/m³（除税）。投标时确定人工工资单价 135 元/工日，其余人材机单价按 2024 年 11 月济南市信息价执行。企业管理费费率 20%，利润率 15%。

解　（1）条形基础垫层。

该清单项目包括混凝土浇筑（按泵送考虑）、振捣和养护。根据《山东省建筑工程消耗量定额》（2016）项目设置及工作内容，条形基础垫层混凝土浇筑、振捣和养护按定额 2-1-28 的消耗量标准确定人材机的消耗量。定额工程量计算规则与清单工程量计算规则相同。因此，定额工程量为 3.44m³。

定额子目 2-1-28，定额单位 10m³。消耗量标准如下：综合工日（土建）8.30 工日；C15 现浇混凝土（碎石＜40）10.1m³；水 3.75m³；混凝土振捣器（平板式）0.826 台班。

山东省垫层定额是按照地面垫层编制的，如果是基础垫层，在执行定额时，人工和机械进行系数调整。条形基础人工、机械分别乘以系数 1.05，独立基础人工、机械分别乘以系数 1.10，满堂基础人工、机械分别乘以系数 1.00。本清单项为条形基础垫层，调整后人工消耗量为 8.30×1.05＝8.715（工日/10m³）；混凝土振捣器（平板式）为 0.826×1.05＝0.8673（台班/10m³）。

因此，按照定额工程量、定额消耗量标准和有关调整事项，该工程条形基础垫层人材机消耗量如下：

综合工日（土建）＝3.44×8.30×1.05÷10＝2.998（工日）。

C15 混凝土＝3.44×10.1÷10＝3.474（m³）。

水＝3.44×3.75÷10＝1.29（m³）。

混凝土振捣器（平板式）＝3.44×0.826×1.05÷10＝0.298（台班）。

由［例 11-2］可知，条形基础垫层清单项目工程量为 3.44m³，因此，每一计量单位条形基础清单项目所需的人材机数量如下：

综合工日（土建）＝2.998÷3.44＝0.8715（工日）。

C15 混凝土＝3.474÷3.44＝1.01（m³）。

水＝1.29÷3.44＝0.375（m³）。

混凝土振捣器（平板式）＝0.298÷3.44＝0.0867 台班。

混凝土泵送工程量按混凝土消耗量以体积计算。定额 2-1-28 的混凝土消耗量为 10.10m³。因此，混凝土泵送工程量＝3.44×10.10÷10＝3.4744（m³）。《山东省建筑工程消耗量定额》（2016）规定，泵送混凝土费用计入措施费中。因此，本例综合单价分析表中未考虑。

根据 2024 年 11 月济南市信息价确定上述人材机的价格。

根据以上信息和计价要求，得到该清单项目的综合单价，计算过程和结果见表 11-25。

表 11-25　　　　　　　　　　　综合单价分析表

工程名称：某建筑工程　　　　　　　　　　标段：　　　　　　　　　第 1 页　共 1 页

项目编码	010501001001		项目名称	基础垫层		计量单位	m³
序号	费用项目	单位	数量	取费基数金额（元）	费率（%）	单价	合价
1	人工费						117.65
1.1	混凝土浇筑、振捣、养护用工	工日	0.8715			135	117.65
2	材料费						355.98
2.1	C15 商品混凝土	m³	1.01			350	353.50
2.2	水	m³	0.375			6.60	2.48
3	机械						0.74
3.1	混凝土振捣器（平板式）	台班	0.0867			8.54	0.74
	小计						474.37
4	企业管理费	元		111.55	20%		22.31
5	利润	元		111.55	15%		16.73
	综合单价	元					513.41

注　企业管理费和利润取费基数＝128×0.8715＝111.55（元）。

（2）柱面模板。山东省建筑工程消耗量定额按不同构件，分别以组合钢模板、钢支撑、木支撑；复合木模板、钢支撑、木支撑；木模板、木支撑编制。根据投标企业拟定的施工方案，按照复合木模板钢支撑（定额子目 18-1-36）的消耗量标准确定人材机消耗量。

按照山东省建筑工程消耗量定额计算规则，现浇混凝土框架柱模板规则稍有不同。柱、梁相交时，不扣除梁头所占柱模板面积；柱、板相交时，不扣除板厚所占柱模板面积。基于表 11-7 柱模板的计算过程，柱模板定额工程量＝20.88＋41.76＝62.64（m²）。

定额子目 18-1-36，定额单位 10m²。消耗量标准如下：综合工日（土建）2.2 工日；草板纸（80#）3.0 张；复合木模板 2.8998m²；零星卡具 0.673kg；支撑钢管及扣件 4.594kg；锯成材 0.0788m³；圆钉 0.4593kg；隔离剂 1.0kg；木工圆锯机（500mm）0.022 台班；木工双面压刨床（600mm）0.004 台班。

在测算消耗量标准时，山东省消耗量定额中模板按周转使用测算，基础模板周转次数按 1 次编制，其他构件模板周转次数按 4 次编制。实际工程中周转次数不同时，可按实际周转次数，对复合木模板、锯成材消耗量按以下方法进行调整。

复合木模板消耗量＝模板一次使用量×（1＋5％）×模板制作损耗系数÷周转次数。

锯成材消耗量＝定额锯成材消耗量－N1＋N2。

其中，N1＝模板一次使用量×（1＋5％）×方木消耗系数÷定额周转次数。

N2＝模板一次使用量×（1＋5％）×方木消耗系数÷实际周转次数。

各种混凝土构件的模板制作损耗系数和方木损耗系数见表 11-26。

表 11-26 　　　　　　　　　　　**复合木模板制作损耗系数、方木消耗系数表**

构件部位	基础	柱	构造柱	梁	墙	板
模板制作损耗系数	1.1392	1.1047	1.2807	1.1688	1.0667	1.0787
方木消耗系数	0.0209	0.0231	0.0249	0.0247	0.0208	0.0172

本工程模板实际周转次数 5 次。定额单位为 $10m^2$，因此，模板一次使用量是 10。按上述方法对材料消耗量进行调整。

每 $10m^2$ 柱复合木模板消耗量＝10×（1＋5％）×1.1047÷5＝2.3199（m^2）。

N1＝10×（1＋5％）×0.0231÷4＝0.0606（m^3）。

N2＝10×（1＋5％）×0.0231÷5＝0.0485（m^3）。

每 $10m^2$ 柱复合木模板锯成材消耗量＝0.0788－0.0606＋0.0485＝0.0667（m^3）。

因此，根据定额工程量、定额消耗量标准和调整事项，该工程柱模板施工的人材机消耗量如下：

综合工日（土建）＝62.64×2.2÷10＝13.7808（工日）。

复合木模板＝62.64×2.3199÷10＝14.5319（m^2）。

锯成材消耗量＝62.64×0.0667÷10＝0.4178（m^2）。

木工圆锯机（500mm）＝62.64×0.022÷10＝0.1378（台班）。

木工双面压刨床（600mm）＝62.64×0.004÷10＝0.0251（台班）。

按相同方法计算其他材料的消耗量，结果见表 11-27。

现浇混凝土梁、板、柱、墙是按支模高度 3.6m 编制的，支模高度超过 3.6m 时，另行计算模板支撑超高部分的工程量，执行相应的"每增 1m"子目。

柱、墙等垂直构件的支撑高度：自地（楼）面支撑点至构件顶坪；梁：地（楼）面支撑点至梁底；板：地（楼）面支撑点至板底坪。

柱、墙（竖直构件）模板支撑超高的工程量计算如下式：

超高次数分段计算：自 3.60m 以上，第一个 1m 为超高 1 次，第二个 1m 为超高 2 次，依次类推；不足 1m，按 1m 计算。

超高工程量（m^2）＝∑（相应模板面积×超高次数）。

梁、板（水平构件）模板支撑超高的工程量计算如下

超高次数＝（支模高度－3.6）÷1（遇小数进为 1）。

超高工程量（m^2）＝超高构件的全部模板面积×超高次数。

本工程层高 3.90m，应计算支撑超高增加。超高 0.30m，属于第一个 1m 范围，超高次数为 1，超高工程量＝0.45×0.45×0.30×6＝0.365（m^2）。

查《山东省建筑工程消耗量定额》（2016），定额子目 18-1-48（柱支撑超高，每增 1m 钢支撑），定额单位 10m²。消耗量标准如下：综合工日（土建）0.28 工日；支撑钢管及扣件 0.3337kg；锯成材 0.0021m³。

因此，基于超高工程量、定额消耗量标准，该柱模板施工超高的人工消耗量＝0.365× 0.28÷10＝0.0102（工日）。

柱模板施工超高的锯成材消耗量＝0.365×0.0021÷10＝0.000 08（m²）。

按照相同的方法可计算其他材料的消耗量。

由［例 11-2］可知，柱模板清单项目的工程量为 60.13m²，因此，每一计量单位柱模板清单项目所需的人材机数量如下：

支模板人工＝（13.7808＋0.0102）÷60.13＝0.2294（工日）。

复合木模板＝14.5319÷60.13＝0.2417（m²）。

锯成材＝（0.4178＋0.000 08）÷60.13＝0.0069（m²）。

木工圆锯机（500mm）＝0.1378÷60.13＝0.0023（台班）。

木工双面压刨床（600mm）＝0.0251÷60.13＝0.0004（台班）。

按照相同的方法可计算其他材料的消耗量。

根据 2024 年 11 月济南市信息价、相应费率及计算方法，柱模板综合单价分析表见表 11-27。

表 11-27　　　　　　　　　　综合单价分析表

工程名称：某建筑工程　　　　　　　　　　　标段：　　　　　　　　　　第 1 页　共 1 页

项目编码	010505004001	柱面模板		柱面模板			计量单位	m²
序号	费用项目	单位	数量	取费基数金额（元）	费率（%）		单价	合价
1	人工费							30.97
1.1	支模板人工	工日	0.2294				135	30.97
2	材料费							23.74
2.1	复合木模板	m²	0.2417				30.97	7.49
2.2	锯成材	m³	0.0069				1570.22	10.83
2.3	其他材料费	元	5.42					5.42
3	机械							0.11
3.1	木工圆锯机（500mm）	台班	0.0023				33.03	0.08
3.2	木工双面压刨床（600mm）	台班	0.0004				63.25	0.03
	小计							54.82
4	企业管理费	元		29.36	20%			5.87
5	利润	元		29.36	15%			4.40
	综合单价	元						65.09

　　注　企业管理费和利润取费基数＝128×0.2294＝29.35（元）；其他材料费＝〔（4.594×62.64＋0.3337×0.365）× 6.19(支撑钢管及扣件)＋3.0×62.64×3.53(草板纸 80♯)＋0.673×62.64×7.08(零星卡具)＋0.4593×62.64× 7.88(圆钉)＋1.0×62.64×4.65(隔离剂)〕÷10÷60.13＝5.42（元）。

分部分项工程项目清单计价表见表 11-28。

表 11-28　　　　　　　　　　　　分部分项工程项目清单计价表

工程名称：某建筑工程　　　　　　　　　　标段：　　　　　　　第 1 页　共 1 页

序号	项目编码	项目名称	项目特征描述	计量单位	工程量	综合单价	合价
						金额（元）	
3	010501001001	基础垫层	1. 基础形式：条形基础 2. 厚度：100mm 3. 材料种类、强度要求、配比：C15 商品混凝土，暂估价材料。350 元/m³（除税）	m³	3.44	513.41	1766.13
18	010505004001	柱面模板	模板形式：直形模板	m²	60.13	65.09	3913.86

【例 11-8】　某工程造价咨询企业受招标人委托，编制［例 11-6］工程的最高投标限价。试完成［例 11-6］现浇混凝土柱钢筋（20mm）清单项目的综合单价。计价依据和要求参照教材第二篇"说明"。

解　钢筋清单项目工作内容包括钢筋制作、安装、固定及钢筋连接。根据《山东省建筑工程消耗量定额》（2016）定额项目设置及计算规则，钢筋制作、安装、固定按定额 5-4-7 确定人材机消耗量；钢筋连接按照定额 5-4-46 确定人材机消耗量。

钢筋制作、安装、固定工程量与清单工程量相同，工程量为 0.401t。

本工程采用螺纹套筒机械连接，接头个数为 24 个。

定额 5-4-7，定额单位 t。消耗量标准如下：综合工日（土建）6.26 工日；钢筋（HRB335 ≤ϕ25）1.04t；镀锌低碳钢丝（22#）1.5967kg；电焊条（E4303 ϕ3.2）10.4kg；水 0.093m³；电动单筒慢速卷扬机（50kN）0.1408 台班；钢筋切断机（40mm）0.0968 台班；钢筋弯曲机（40mm）0.152 台班。

定额 5-4-46，定额单位 10 个。消耗量标准如下：综合工日（土建）0.74 工日；螺纹套筒（ϕ20 以内）10.1 套；镀锌低碳钢丝（22#）0.276kg；螺纹钢筋（ϕ22）0.894kg；切割锯片 0.005 片；塑料卡套 0.16 套；锥形螺纹车丝机（45mm）0.191 台班；钢筋切断机（40mm）0.67 台班；电动切割机 0.06 台班；砂轮切割机（ϕ400）0.06 台班。

基于以上数据信息，该工程 20mm 柱钢筋施工所需的人工、主要材料和机械消耗量如下：

钢筋制作、安装人工消耗量＝0.401×6.26＝2.51（工日）。

钢筋接头连接人工消耗量＝24×0.74÷10＝1.776（工日）。

钢筋（HRB335 ≤ϕ25）消耗量＝0.401×1.04＝0.417（t）。

螺纹套筒（ϕ20 以内）消耗量＝24×10.1÷10＝24.24（套）。

电动单筒慢速卷扬机（50kN）消耗量＝0.401×0.1408＝0.0565（台班）。

锥形螺纹车丝机（45mm）＝24×0.191÷10＝0.4584（台班）。

由［例 11-6］可知，现浇混凝土柱钢筋（20mm）清单项目工程量为 0.401t，因此，每一计量单位该清单项目所需的人工、主要材料和机械数量如下：

人工的数量＝（2.51+1.776）÷0.401＝（工日）。

钢筋（HRB335 ≤ϕ25）的数量＝0.417÷0.401＝1.04（t）。

螺纹套筒（ϕ20 以内）消耗量＝24.24÷0.401＝60.4489（套）。

电动单筒慢速卷扬机（50kN）消耗量＝0.0565÷0.401＝0.1408（台班）。

锥形螺纹车丝机（45mm）＝0.4584÷0.401＝1.1431（台班）。

按照相同的方法可以计算其他材料和机械的数量，结果见表 11-29。

根据上述人材机数量、2024 年 11 月济南市信息价、相应费率及计算方法，计算得到该清单项目的综合单价，综合单价分析表见表 11-29。

表 11-29　　　　　　　　　　综合单价分析表

工程名称：某建筑工程　　　　　　　　　　标段：　　　　　　　　　　第 1 页　共 1 页

项目编码	010506002001		项目名称	现浇混凝土柱钢筋			计量单位	t
序号	费用项目	单位	数量	取费基数金额（元）	费率（%）		单价	合价
1	人工费							1368.10
1.1	钢筋制作安装人工	工日	10.6883				128	1368.10
2	材料费							4690.33
2.1	钢筋（HRB335 ≤φ25）	t	1.04				3805.31	3957.52
2.2	钢筋制作安装其他材料费	元	91.34					91.34
2.3	螺纹套筒（φ20 以内）	套	60.4489				10.09	609.93
2.4	钢筋连接其他材料费	元	31.39					31.54
3	机械							283.78
3.1	电动单筒慢速卷扬机（50kN）	台班	0.1408				214.52	30.20
3.2	钢筋制作其他机械费	元	9.50					9.50
3.3	钢筋连接用锥形螺纹车丝机（45mm）	台班	1.1431				20.13	23.01
3.4	钢筋连接其他机械费	元	219.97					221.07
	小计							6342.21
4	企业管理费	元		1368.10	25.6%			350.23
5	利润	元		1368.10	15%			205.22
	综合单价	元						6897.66

注　钢筋制作安装其他材料费＝ 1.5967×6.67（镀锌低碳钢丝 22♯）＋10.4×7.70（电焊条 E4303φ3.2）＋0.093×6.60（水）＝91.34（元）；钢筋连接其他材料费＝[0.276×6.67（镀锌低碳钢丝 22♯）＋0.894×3.25（螺纹钢筋 Φ22）＋0.005×81.42（切割锯片）＋0.16×0.73（塑料卡套）]÷10×24÷0.401＝31.54（元）；钢筋制作其他机械费＝0.0968×51.52（钢筋切断机 40mm）＋0.152×29.71（钢筋弯曲机 40mm）＝8.49（元）；钢筋连接其他机械费＝[0.67×51.52（钢筋切断机 40mm）＋0.06×12.60（电动切割机）＋0.06×27.71（砂轮切割机 φ400）]÷10×24÷0.401＝221.07（元）。

分部分项工程项目清单计价表见表 11-30。

表 11-30　　　　　　　　　　分部分项工程项目清单计价表

工程名称：某建筑工程　　　　　　　　　　标段：　　　　　　　　　　第 1 页　共 1 页

序号	项目编码	项目名称	项目特征描述	计量单位	工程量	金额（元）	
						综合单价	合价
1	010506002001	现浇混凝土柱钢筋	钢筋种类、规格：HRB400，20mm	t	0.401	6897.66	2765.96

复习巩固

1. 现浇混凝土柱高如何确定？
2. 现浇混凝土梁长如何确定？
3. 现浇混凝土板与装配式混凝土楼板工程量计算有何不同？
4. 现浇混凝土清单项主要包括哪些工作内容？
5. 混凝土的工程量与混凝土的消耗量有何区别？
6. 钢筋工程量计算时必备的图集有哪些？
7. 楼层框架梁的钢筋主要有哪些？
8. 计算钢筋工程量时如何确定混凝土保护层厚度、锚固长度和搭接长度？
9. 楼层框架梁纵筋在端支座锚固时，如何判断直锚或弯锚？
10. 施工单位为节约材料而发生的钢筋搭接，其搭接的长度或钢筋接头需不需要计算？

能力提高

1. 根据案例工程图纸，确定混凝土工程需要列哪些清单项，并计算相应的工程量。
2. 假设［例11-8］综合单价计算时，招标方确定钢筋为暂估价材料，含税价格3900元/t，适用的增值税率13%，其余条件均不变，试重新计算该清单项的综合单价。

课程思政

"推动绿色发展，促进人与自然和谐共生"是党的二十大报告的重要章节，并将"人与自然的和谐共生的现代化"列为社会主义现代化强国的五大特点之一。党的二十大报告明确提出"要加快发展方式绿色转型""积极稳妥推进碳达峰碳中和""推进工业、建筑、交通等领域清洁低碳转型"。

建筑行业粗放式发展的模式必须要转变。建筑行业绿色化、低碳化势在必行，责任重大。2022年6月，住建部发布了《城乡建设领域碳达峰实施方案》，从规划、设计、采购、施工、运维等阶段提出了不同的要求，关键是构建绿色低碳转型发展模式。装配式钢筋混凝土结构是我国建筑结构发展的重要方向之一，更能符合绿色施工的节地、节能、节材、节水和环境保护等要求，降低对环境的负面影响，包括降低噪声、防止扬尘、减少环境污染、清洁运输、减少场地干扰、节约水、电、材料等资源和能源，遵循可持续发展的原则。这将有利于我国建筑工业化的发展，提高生产效率节约能源，发展绿色环保建筑，并且有利于提高和保证建筑工程质量。

第十二章 金属结构工程

☞ **本章概要：** 本章主要围绕《房屋建筑与装饰工程工程量计算标准》（GB/T 50854—2024）重点介绍了金属结构工程所包含的钢网架，钢屋架、钢托架、钢桁架，钢柱，钢梁，钢板楼板、墙板、屋面板，钢天窗架、墙架、挡风架，其他钢构件，钢构件制作及其他，金属制品共 9 个分部工程的工程量清单和相应工程量清单报价的编制理论与方法。

☞ **知识目标：** 熟悉金属结构工程的清单项目设置，掌握各清单项目的工程量计算规则及清单编制和清单计价方法。

☞ **能力目标：** 能够基于实际工程图纸，编制金属结构工程的分部分项工程项目清单，并能够根据相关计价依据完成清单计价工作。

☞ **素养目标：** 培养严谨、细致、守规的职业精神。

第一节 招标工程量清单编制

一、清单项目设置

《房屋建筑与装饰工程工程量计算标准》（GB/T 50854—2024）附录 F，金属结构工程包括钢网架，钢屋架、钢托架、钢桁架，钢柱，钢梁，钢板楼板、墙板、屋面板，钢天窗架、墙架、挡风架，其他钢构件，钢构件制作及其他，金属制品等 9 部分共 34 个清单项目。其工程量清单项目设置见表 12-1～表 12-9。

表 12-1   **钢网架（编码：010601）**

项目编码	项目名称	项目特征	计量单位	工程量计算规则	工程内容
010601001	钢网架	1. 结构形式、跨度 2. 杆件钢材品种、规格 3. 节点形式、连接方式 4. 节点钢材品种、规格 5. 构件涂（镀）层要求 6. 探伤要求	t	详见工程量计算规则部分	1. 拼装 2. 吊装就位 3. 安装 4. 探伤 5. 补刷油漆
010601002	钢网壳				

表 12-2   **钢屋架、钢托架、钢桁架（编码：010602）**

项目编码	项目名称	项目特征	计量单位	工程量计算规则	工程内容
010602001	钢屋架	1. 钢材品种、规格 2. 屋架跨度及起拱高度 3. 构件涂（镀）层要求 4. 探伤要求	t	详见工程量计算规则部分	1. 拼装 2. 吊装就位 3. 安装 4. 探伤 5. 补刷油漆
010602002	钢托架	1. 钢材品种、规格 2. 构件涂（镀）层要求 3. 探伤要求			
010602003	钢桁架				

表 12-3   钢柱（编码：010603）

项目编码	项目名称	项目特征	计量单位	工程量计算规则	工程内容
010603001	实腹钢柱	1. 柱类型 2. 钢材品种、规格 3. 构件涂（镀）层要求 4. 探伤要求	t	详见工程量计算规则部分	1. 拼装 2. 吊装就位 3. 安装 4. 探伤 5. 补刷油漆
010603002	空腹钢柱				
010603003	钢管柱	1. 钢材品种、规格 2. 构件涂（镀）层要求 3. 探伤要求			

表 12-4   钢梁（编码：010604）

项目编码	项目名称	项目特征	计量单位	工程量计算规则	工程内容
010604001	钢梁	1. 梁类型 2. 钢材品种、规格 3. 构件涂（镀）层要求 4. 探伤要求	t	详见工程量计算规则部分	1. 拼装 2. 吊装就位 3. 安装 4. 探伤 5. 补刷油漆
010604002	钢吊车梁	1. 钢材品种、规格 2. 构件涂（镀）层要求 3. 探伤要求			

表 12-5   钢板楼板、墙板、屋面板（编码：010605）

项目编码	项目名称	项目特征	计量单位	工程量计算规则	工程内容
010605001	钢板楼板	1. 钢材品种、规格 2. 钢板型号、厚度 3. 构件涂（镀）层要求	m²	详见工程量计算规则部分	1. 拼装 2. 吊装就位 3. 安装 4. 探伤 5. 补刷油漆 6. 接缝、嵌缝
010605002	钢板墙板	1. 钢材品种、规格 2. 钢板（复合板）型号、厚度 3. 构件涂（镀）层要求 4. 复合板夹芯材料种类、规格 5. 接缝、嵌缝材料种类			
010605003	钢屋面板				

表 12-6   钢天窗架、墙架、挡风架（编码：010606）

项目编码	项目名称	项目特征	计量单位	工程量计算规则	工程内容
010606001	钢天窗架	1. 钢材品种、规格 2. 构件涂（镀）层要求 3. 探伤要求	t	详见工程量计算规则部分	1. 拼装 2. 吊装就位 3. 安装 4. 探伤 5. 补刷油漆
010606002	钢挡风架				
010606003	钢墙架				

表 12-7   其他钢构件（编码：010607）

项目编码	项目名称	项目特征	计量单位	工程量计算规则	工程内容
010607001	钢拉索	1. 钢材品种、规格 2. 索体类型 3. 锚具及接头类型 4. 构件涂（镀）层要求 5. 探伤要求	t	详见工程量计算规则部分	1. 索体安装 2. 锚具安装 3. 张拉、索力调整 4. 补刷油漆
010607002	钢支撑、钢拉条	1. 钢材品种、规格 2. 构件类型 3. 构件涂（镀）层要求 4. 探伤要求			1. 吊装就位 2. 安装 3. 探伤 4. 补刷油漆
010607003	钢檩条				
010607004	钢平台	1. 钢材品种、规格 2. 构件涂（镀）层要求 3. 探伤要求			
010607005	钢走道				
010607006	钢梯	1. 钢材品种、规格 2. 钢梯形式 3. 构件涂（镀）层要求 4. 探伤要求			1. 拼装 2. 吊装就位 3. 安装 4. 探伤 5. 补刷油漆
010607007	钢护栏	1. 钢材品种、规格 2. 护栏形式 3. 构件涂（镀）层要求 4. 探伤要求			
010607008	钢漏斗	1. 钢材品种、规格 2. 漏斗形式 3. 构件涂（镀）层要求 4. 探伤要求			
010607009	钢板天沟	1. 钢材品种、规格 2. 天沟形式 3. 构件涂（镀）层要求 4. 探伤要求			
010607010	零星钢构件	1. 构件名称 2. 钢材品种、规格 3. 构件涂（镀）层要求 4. 探伤要求			1. 吊装就位 2. 安装 3. 探伤 4. 补刷油漆

表 12-8   钢构件制作及其他（编码：010608）

项目编码	项目名称	项目特征	计量单位	工程量计算规则	工程内容
010608001	钢构件制作	1. 钢材品种、规格 2. 构件类型 3. 加工方式 4. 探伤要求	t	详见工程量计算规则部分	1. 放样、划线、截料 2. 平直、钻孔 3. 拼接、焊接 4. 成品矫正、除锈 5. 成品编号堆放
010608002	高强螺栓	螺栓种类、规格	套		1. 安装 2. 补刷油漆
010608003	支座	支座种类、规格			
010608004	剪力栓钉	栓钉种类、规格			1. 焊接 2. 探伤 3. 补刷油漆

表 12-9　　　　　　　　　　金属制品（编码：010609）

项目编码	项目名称	项目特征	计量单位	工程量计算规则	工程内容
010609001	金属百页护栏	1. 材料品种、规格 2. 边框材质	m²	详见工程量计算规则部分	1. 预埋铁件及螺栓 2. 安装 3. 校正
010609002	金属栅栏	1. 材料品种、规格 2. 边框及立柱型钢品种、规格			
010609003	金属网栏				
010609004	金属井（沟）盖及盖座	1. 构件名称 2. 构件尺寸 3. 材料品种、规格	套		井盖及盖座安装

二、相关问题说明

1. 清单列项说明

（1）钢墙架项目包括墙架柱、墙架梁和连接杆件。

（2）劲性钢筋混凝土柱、梁中的劲性钢骨架按本部分金属结构工程相关项目编码列项。

（3）压型钢板楼承板、钢筋桁架楼承板按钢板楼板项目编码列项。钢板楼板上浇筑钢筋混凝土，其混凝土和钢筋按混凝土及钢筋混凝土工程中相关项目编码列项。

（4）本部分未列项且不依附于主钢构件的单独金属构件，按零星钢构件项目编码列项。

（5）钢构件施工过程中刷油漆及防火涂料等，应按油漆、涂料、裱糊工程中相关项目编码列项。

（6）各钢构件项目均按材料半成品编制，工作内容不包含构件制作。若构件为现场制作，另外按钢构件制作项目编码列项。

（7）金属制品按成品现场安装编制，工作内容不包含金属制品的制作。

2. 项目特征描述

（1）网架"结构形式"可描述为平面桁架、四角锥、三角锥等，网壳"结构形式"可描述为圆柱面、球面、椭圆抛物面、双曲抛物面等。网架"节点形式"可描述为焊接钢板节点、焊接空心球节点、螺栓球节点等。网壳"节点形式"可描述为焊接空心球节点、螺栓球节点、嵌入式毂节点等。

（2）实腹钢柱的"柱类型"可描述为十字、T、L、H 形等；空腹钢柱的"柱类型"可描述为箱形、格构等。

（3）钢梁的"梁类型"可描述为 H、L、T 形、箱形、格构式等。

（4）钢拉索的"索体类型"可描述为钢丝束、钢丝绳、钢绞线、钢拉杆；钢支撑、钢拉条的"构件类型"可描述为单式、复式；钢檩条的"构件类型"可描述为型钢式、格构式；钢漏斗的"漏斗形式"可描述为方形、圆形；钢板天沟的"天沟形式"可描述为矩形沟、半圆形沟等。

（5）半成品加工过程中的刷漆要求应在项目特征"构件涂（镀）层要求"中进行描述。

三、工程量计算规则

（1）钢网架、钢网壳、钢屋架、钢托架、钢桁架、钢桥架、钢柱、钢梁等金属结构制作安装，按设计图示尺寸以质量计算，不扣除孔眼的质量。焊条、铆钉、普通螺栓不另增加质量。

（2）钢管柱上的节点板、加强环、内衬管、牛腿及悬臂梁等并入钢管柱工程量内。

（3）制动梁、制动板、制动桁架、车挡并入钢梁及钢吊车梁工程量内。

（4）钢板楼板按设计图示尺寸以铺设水平投影面积计算。不扣除单个面积≤0.3m² 柱、垛及孔洞所占面积。

（5）钢板墙板按设计图示尺寸以铺挂展开面积计算。扣除门窗洞口所占面积，不扣除单个面积≤0.3m² 的梁、孔洞所占面积，包角、包边、窗台泛水等不另加面积。

（6）钢屋面板按设计图示尺寸以铺设斜面积计算。不扣除房上烟囱、风帽底座、风道、小气窗、斜沟等所占面积，小气窗的出檐部分不增加面积。

（7）依附平台或走道的型钢并入钢平台或钢走道的工程量内。

（8）依附漏斗或天沟的型钢并入漏斗或天沟工程量内。

（9）高强螺栓、支座链接、剪力栓钉的质量不计入相应钢构件的工程量中，均应区分不同种类单独编码列项，按设计图示尺寸以数量计算。

（10）金属百叶护栏、金属栅栏、金属网栏按设计图示尺寸以框外围展开面积计算。

（11）金属井（沟）盖及盖座安设计图示数量以套计算。

四、招标工程量清单编制实例

【例 12-1】　某钢结构厂房，钢柱相关图纸如图 12-1～图 12-4 所示。GZ1 共 12 根，材质为 Q235。试编制 GZ1 相关内容的分部分项工程项目清单。

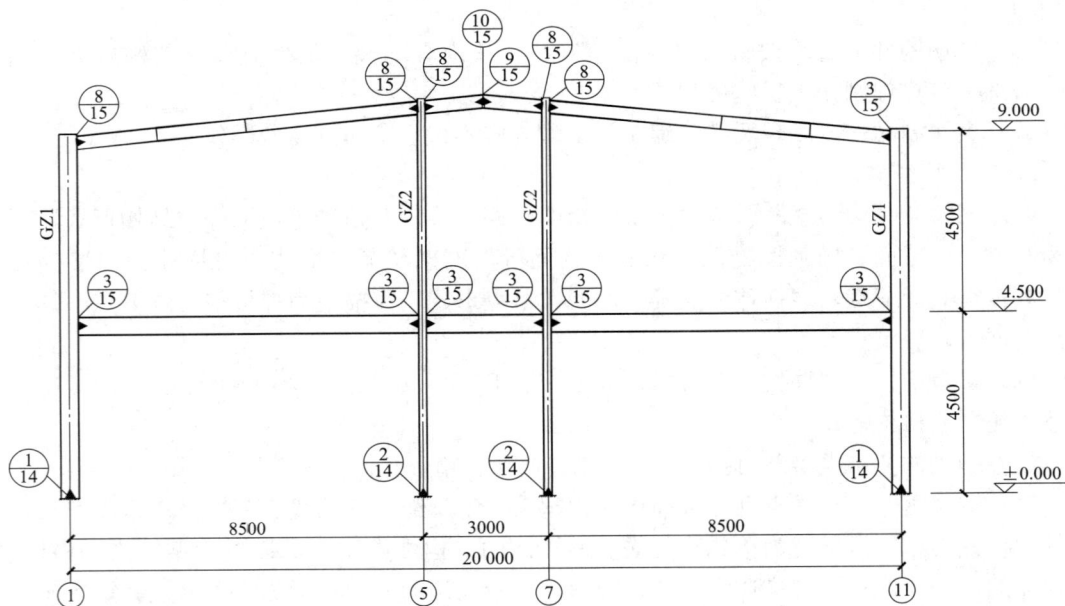

图 12-1　框架柱节点立面布置图

解　根据《房屋建筑与装饰工程工程量计算标准》（GB/T 50854—2024），应分别按照空腹钢柱和高强螺栓编码列项。

（1）空腹钢柱清单工程量计算。

H 型钢：0.007 85×（450×12+350×16×2）×9.00×12＝14 073.48kg＝14.073（t）。

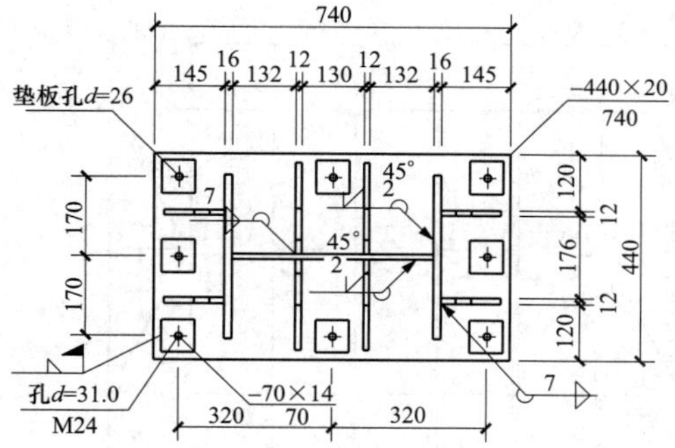

图 12-2 GZ1 柱脚节点设计图

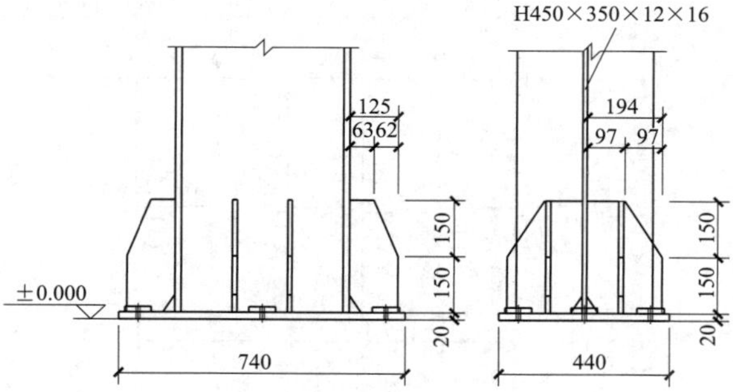

图 12-3 GZ1 柱脚节点剖面图

12mm 厚加劲板：（0.30 × 0.125 − 0.062×0.15/2）×4×94.20×12＋（0.30× 0.194−0.097×0.15/2）×4×94.20×12＝ 378.797kg＝0.379（t）。

20mm 厚柱脚底板：0.74 × 0.44 × 157×12＝613.43kg＝0.613（t）。

空腹钢柱清单工程量＝14.073＋0.379＋ 0.613＝15.065（t）。

（2）高强螺栓清单工程量计算。

地脚螺栓：8×12＝96（套）。

（3）分部分项工程项目清单见表 12-10。

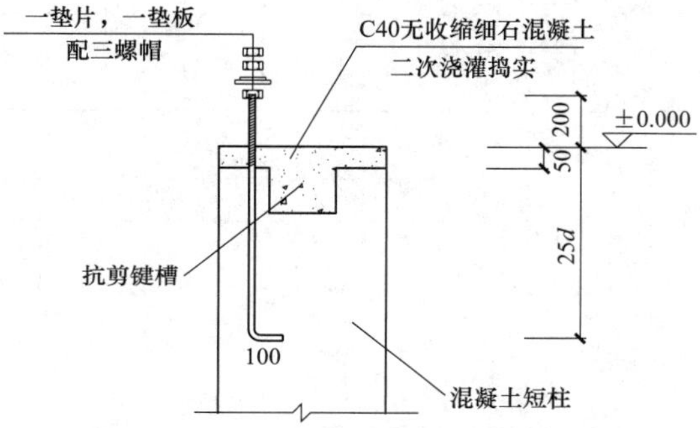

图 12-4 GZ1 地脚螺栓预埋图

表 12-10　　　　　　　　分部分项工程项目清单计价表

工程名称：某建筑工程　　　　　　　　标段：　　　　　　　　第 1 页　共 1 页

序号	项目编码	项目名称	项目特征描述	计量单位	工程量	金额（元）	
						综合单价	合价
1	010603002001	空腹钢柱	1. 柱类型：工字型柱 2. 钢材品种、规格：Q235，H350×250×12×16 3. 构件涂（镀）层要求：无 4. 探伤要求：X 射线探伤	t	15.065		
2	010608002001	高强螺栓	螺栓种类、规格：M24，长 600mm	套	96		

【例 12-2】 某钢结构厂房，屋面檩条相关图纸如图 12-5、图 12-6 所示。LT1 采用 C160×60×20×2.5，LT2 采用 2 C160×60×20×2.5，隔撑采用角钢 L50×4，拉条和斜拉条均采用 φ12 圆钢，撑杆采用 DN32×2.5 圆管，现场制作。试编制屋面檩条相关内容的分部分项工程项目清单。

解 根据《房屋建筑与装饰工程工程量计算标准》（GB/T 50854—2024），应分别按照钢檩条、钢支撑、钢拉条和钢构件制作编码列项。

（1）钢檩条清单工程量计算。

LT1：5.00×10×2×5.897＝589.70kg＝0.59（t）。

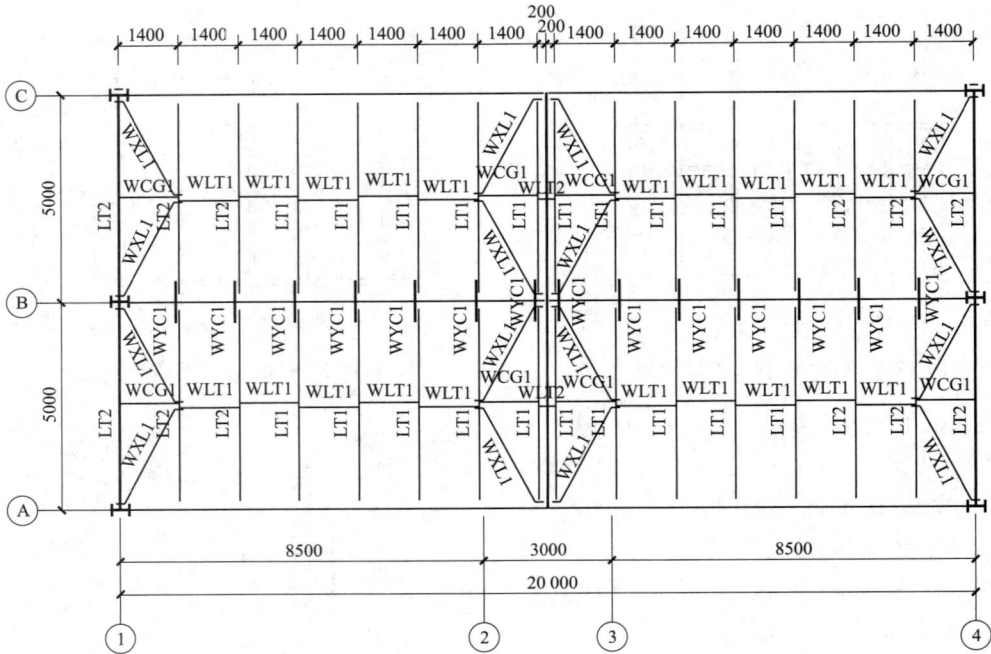

图 12-5　屋面檩条布置图

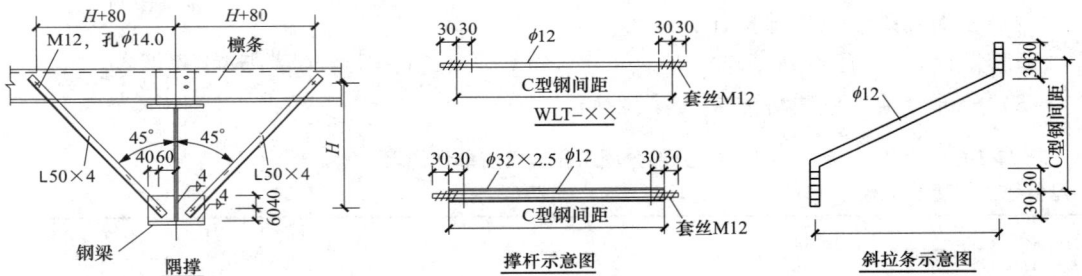

图 12-6　隔撑、撑杆、拉条、斜拉条大样图

LT2：$5.00×6×2×5.897=353.82kg=0.354$（t）。

钢檩条清单工程量$=0.59+0.354=0.944$（t）。

注：C $160×60×20×2.5$ 理论质量为 $5.897kg/m$。

（2）钢支撑、钢拉条清单工程量计算。

隔撑单根长度：$(450+160-60-60-2.5-18)×1.414+1.5×12×2=699.87$（mm）$≈0.70$（m）。

隔撑质量：$0.70×2×14×3.059=59.956$（kg）。

拉条质量：$(1.40+0.03×2)×28×0.888+(0.40+0.03×2)×2×0.888=37.118$（kg）。

斜拉条质量：$(\sqrt[2]{2.5^2+1.4^2}+0.06×2)×16×0.888=42.415$（kg）。

撑杆质量：$1.40×8×1.819=20.373$（kg）。

钢支撑、钢拉条工程量$=59.956+37.118+42.415+20.373=159.862kg=0.16$（t）。

注：钢梁采用 H450×280×12×18，螺栓孔距钢梁和檩条翼板内侧边缘 60mm，距隔撑角钢边缘 1.5d（d 为螺栓直径）。

（3）分部分项工程项目清单见表 12-11。

表 12-11　　　　　　　　　**分部分项工程项目清单计价表**

工程名称：某建筑工程　　　　　　　　　　　　标段：　　　　　　　　第 1 页　共 1 页

序号	项目编码	项目名称	项目特征描述	计量单位	工程量	金额（元）	
						综合单价	合价
1	010607003001	钢檩条	1. 钢材品种、规格：Q235，C 160×60×20×2.5 2. 构件类型：型钢式 3. 构件涂（镀）层要求：无 4. 探伤要求：X 射线探伤	t	0.944		
2	010607002001	钢支撑、钢拉条	1. 钢材品种、规格：Q235 2. 构件类型：单式 3. 构件涂（镀）层要求：无 4. 探伤要求：X 射线探伤	t	0.16		
3	010608001001	钢构件制作	1. 钢材品种、规格：Q235，C 160×60×20×2.5 2. 构件类型：钢檩条 3. 加工方式：现场切割 4. 探伤要求：X 射线探伤	t	1.769		
4	010608001002	钢构件制作	1. 钢材品种、规格：Q235 2. 构件类型：钢支撑、拉条 3. 加工方式：现场切割 4. 探伤要求：X 射线探伤	t	0.16		

第二节　工程量清单计价应用

本节以［例 12-1］中的空腹钢柱清单项目介绍金属结构工程清单计价。

【例 12-3】　某施工企业参与［例 12-1］钢结构工程的投标。计算其中"空腹钢柱"清单项目的综合单价。经与长期合作的钢结构加工企业协商，达成初步钢柱加工意向，加工单价为 6800 元/t，包括钢柱所用主材费、损耗费、探伤检测费、钢柱加工费、加工辅材费、检验试验费、防锈。并负责将加工好的钢柱运至施工现场存放地点。其他计价依据和要求参照教材第二篇"说明"。

解　该清单项目考虑的工作内容主要包括钢柱制作、拼装、防锈、运输及安装等。

（1）钢柱制作。与钢结构加工企业协商的加工单价为 6800 元/t，考虑到企业的利润及管理费等，计算综合单价时钢柱的制作费用按 7200 元/t 计算。

（2）钢柱安装。根据《山东省建筑工程消耗量定额》（2016）项目设置及工作内容，钢柱安装按定额 6-5-1 的消耗量标准确定人材机的消耗量。

查《山东省建筑工程消耗量定额》（2016），定额子目 6-5-1，定额单位 t。消耗量标准如下：综合工日（土建）3.30 工日；垫木 0.005m³；垫铁 28.54kg；电焊条（E4303 ϕ3.2）4.49kg；镀锌铁丝（8#）0.23kg；二等板方材 0.001m³；麻袋 0.1 条；氧气 0.5m³；乙炔气 0.21m³；圆木 0.005m³；交流弧焊机（32kV·A）0.25 台班；轮胎式起重机（20t）0.06 台班。

按照山东省建筑工程消耗量定额的工程量计算规则，定额工程量 15.065t。

根据定额工程量、定额消耗量标准、清单项目的工程量，每一计量单位空腹钢柱清单项目所需的人工数量＝15.065×3.30÷15.065＝3.30（工日）。

按相同方法计算材料和机械的消耗量。

根据人材机数量和价格信息、相应费率及计算方法，计算得到该清单项目的综合单价，综合单价分析表见表 12-12。

表 12-12　　　　　　　　　　**综合单价分析表**

工程名称：某建筑工程　　　　　　　　　标段：　　　　　　　　　　　第 1 页　共 1 页

项目编码	010603002001	项目名称		空腹钢柱		计量单位	t
序号	费用项目	单位	数量	取费基数金额（元）	费率（%）	单价	合价
1	人工费						422.40
1.1	钢柱安装用工	工日	3.30			128	422.40
2	材料费						7397.17
2.1	钢柱	t	1.00			7200.00	7200.00
2.2	安装用辅材	元	197.17				197.17
3	机械						90.56
3.1	交流弧焊机（32kV·A）	台班	0.25			114.05	28.51
3.2	轮胎式起重机（20t）	台班	0.06			1034.20	62.05
	小计						7910.13
4	企业管理费	元		422.40	25.6%		108.13
5	利润	元		422.40	15%		63.36
	综合单价	元					8081.62

注　安装用辅材费为金属构件安装用垫木等辅材的费用。可自行根据定额消耗量及 2024 年 11 月济南市信息价计算。

分部分项工程项目清单计价表见表 12-13。

表 12-13　　　　　　　　　　**分部分项工程项目清单计价表**

工程名称：某建筑工程　　　　　　　　　标段：　　　　　　　　　　　第 1 页　共 1 页

序号	项目编码	项目名称	项目特征描述	计量单位	工程量	金额（元）	
						综合单价	合价
1	010603002001	空腹钢柱	1. 柱类型：工字型柱 2. 钢材品种、规格：Q235，H350×250×12×16 3. 构件涂（镀）层要求：无 4. 探伤要求：X 射线探伤	t	15.065		

🔄 **复习巩固**

1. 金属结构工程中哪些构件以平方米为单位计算工程量？

2. 计算金属结构构件工程量时，焊条、铆钉、螺栓如何处理？

3. 计算金属结构构件工程量时，多边形钢板如何计算工程量？

能力提高

1. 根据相关计价依据，自行计算表 12-12 中钢柱安装用辅材费。

2. 假设［例 12-3］综合单价计算时，投标企业按照《山东省建筑工程消耗量定额》（2016）中金属构件制作的消耗量标准计算人材机消耗，其余条件均不变，试重新计算该清单项目的综合单价。

课程思政

建筑业是我国的支柱产业之一，而钢结构产业则是建筑业目前的主体。2000 年以前，我国的钢结构产业规模很小，钢结构建设主要以厂房为主，建设规模小，技术含量低；2000 年以后，受到奥运工程建设的刺激与推动，陆续建成了一批大跨度钢结构场馆和高层建筑。钢结构在"中国天眼""鸟巢""西气东输""中俄石油运输""风力发电"等国家大型项目中发挥不可替代的作用，充分体现钢结构轻质高强、密闭性好、抗震性好等优点。党的十八大以后经济、绿色节能建造战略的实施，以及科技进步高层建造技术提升作用，中国的技术开始由跟随转变为引领世界，钢结构建筑也成为未来发展的趋势。自 2013 年以来，国家对大力发展钢结构产业、推进数字化转型多次提出了指导性意见。据中国钢结构协会统计，以大跨、高层为代表的大型复杂钢结构在全部钢结构工程总量中的占比超过 80％，因此，推进钢结构的数字化建造转型是实现整个钢结构产业数字化转型的关键。

第十三章 木 结 构 工 程

☞ **本章概要**：本章主要围绕《房屋建筑与装饰工程工程量计算标准》（GB/T 50854—2024）重点介绍了木结构工程所包含的木屋架、木构件、屋面木基层共 3 个分部工程的工程量清单和相应工程量清单报价的编制理论与方法。
☞ **知识目标**：熟悉木结构工程的清单项目设置，掌握各清单项目的工程量计算规则及清单编制和清单计价方法。
☞ **能力目标**：能够基于实际工程图纸，编制木结构工程的分部分项工程项目清单，并能够根据相关计价依据完成清单计价工作。
☞ **素养目标**：培养严谨、细致、守规的职业精神。

第一节 招标工程量清单编制

一、木结构工程概述

木结构是指由木材或主要由木材承受荷载的结构。主要受力构件有木柱、木梁、木屋架和屋面木基层，以及木楼梯等其他木构件。

木结构按连接方式和截面形状分为齿连接的原木或方木结构，裂环、齿板或钉连接的板材结构和胶合木结构。

木结构自重较轻，木构件便于运输、装拆，能多次使用，广泛用于房屋建筑中，并应用于桥梁和塔架。近代胶合木结构的出现，更扩大了木结构的应用范围。

目前，我国建筑大多采用钢材、水泥等传统建筑材料，消耗了大量的能源，排放的二氧化碳占比较高，严重制约我国"双碳"目标的实现。木结构工程符合建筑工业化发展趋势，现代木结构部品部件工厂化制造、现场装配安装，符合生态宜居要求。木结构建筑适应城市过渡地带及农村地区的人文环境、生活方式和生态宜居要求；可调节室内温、湿度，改善室内空气品质；有助于调节情绪、缓解压力、有益于人体心理健康。因此，我国倡导在具备条件的地方和领域发展现代木结构建筑。

二、清单项目设置

根据《房屋建筑与装饰工程工程量计算标准》（GB/T 50854—2024），木结构工程包括木屋架、木构件和屋面木基层 3 部分共 8 个清单项目。其工程量清单项目设置及工程量计算规则见表 13-1～表 13-3。

表 13-1 　　　　　　　　木屋架 （编码：010701）

项目编码	项目名称	项目特征	计量单位	工程量计算规则	工程内容
010701001	屋架	1. 屋架种类 2. 跨度 3. 材料品种、规格 4. 刨光要求 5. 拉杆及夹板种类 6. 防护材料种类	榀	按设计图示数量以榀计算	1. 制作 2. 安装 3. 刷防护材料

表 13-2   木构件（编码：010702）

项目编码	项目名称	项目特征	计量单位	工程量计算规则	工程内容
010702001	木柱	1. 构件规格尺寸 2. 木材种类 3. 刨光要求 4. 刷防护材料种类	m³	按设计图示尺寸以体积计算	1. 制作 2. 安装 3. 刷防护材料
010702002	木梁				
010702003	木檩				
010702004	木楼梯	1. 楼梯形式 2. 木材种类 3. 刨光要求 4. 防护材料种类	m²	按设计图示尺寸以水平投影面积计算。不扣除宽度≤300mm 的楼梯井，伸入墙内部分不计算	1. 制作 2. 安装 3. 刷防护材料
010702005	装配式木楼梯	1. 楼梯形式 2. 梯段规格尺寸 3. 平台板规格尺寸 4. 木材种类 5. 防护材料种类 6. 嵌缝材料种类		按设计图示尺寸以水平投影面积计算。不扣除套管、线盒及宽度≤300mm 的楼梯井所占的面积，伸出楼板的连接件面积亦不增加	1. 就位、拼接 2. 组装、安装 3. 刷防护材料 4. 接缝处填塞及表面处理
010702006	其他木构件	1. 构件名称 2. 构件规格尺寸 3. 木材种类 4. 刨光要求 5. 防护材料种类	m³	按设计图示尺寸以体积计算	1. 制作 2. 安装 3. 刷防护材料

表 13-3   屋面木基层（编码：010703）

项目编码	项目名称	项目特征	计量单位	工程量计算规则	工程内容
010703001	屋面木基层	1. 椽子断面尺寸及椽距 2. 望板材料种类、厚度 3. 防护材料种类	m²	按设计图示尺寸以斜面积计算。不扣除房上烟囱、风帽底座、风道、小气窗、斜沟等所占面积。小气窗的出檐部分不增加面积	1. 椽子制作、安装 2. 望板制作、安装 3. 刷防护材料

三、相关问题说明

（1）屋架的"屋架种类"可描述为木、钢木。按标准图集设计的，应注明标准图集的编号、节点大样编号及所在页号。

（2）屋架的跨度应以上、下弦中心线两交点之间的距离计算。

（3）带气楼的屋架和马尾、折角以及正交部分的半屋架，按屋架项目编码列项。

（4）木楼梯的栏杆（栏板）、扶手，应按其他装饰工程中的相关项目编码列项。

四、招标工程量清单编制实例

【例 13-1】　如图 13-1 所示，某临时仓库，设计方木钢屋架，共 3 榀，现场制作，不刨光，钢拉杆采用 φ22 钢筋，铁件刷红丹防锈漆 1 遍，轮胎式起重机安装，安装高度 6m。编制钢木屋架分部分项工程项目清单。

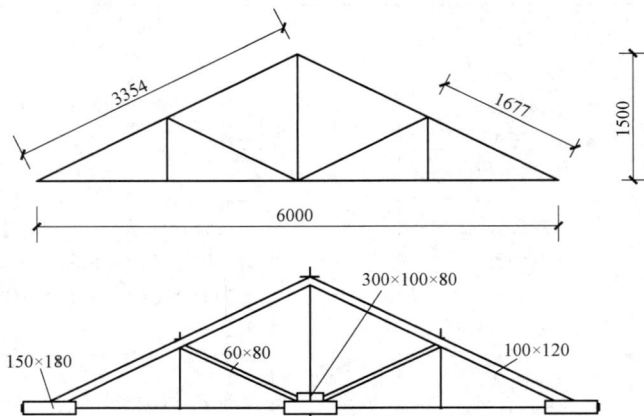

图 13-1　方木钢屋架

解　屋架清单工程量＝3.00 榀。分部分项工程项目清单见表 13-4。

表 13-4　　　　　　　　　　　分部分项工程项目清单计价表

工程名称：某建筑工程　　　　　　　　　　　标段：　　　　　　　　第 1 页　共 1 页

序号	项目编码	项目名称	项目特征描述	计量单位	工程量	金额（元）	
						综合单价	合价
1	010701001001	屋架	1. 屋架种类：钢木 2. 跨度：6m 3. 木材品种、规格：方木 4. 刨光要求：不刨光 5. 拉杆及夹板种类：圆钢 6. 防护材料种类：铁件刷红丹防锈漆一遍	榀	3.00		

第二节　工程量清单计价应用

本节以［例 13-1］中的钢木屋架清单项目介绍木结构工程清单计价。

【例 13-2】　某工程造价咨询企业受招标人委托编制［例 13-1］工程的最高投标限价。试计算［例 13-1］中钢木屋架清单项目的综合单价。计价依据和要求参照教材第二篇"说明"。

解　该清单项目考虑的工作内容主要包括钢木屋架制作、安装、刷防锈漆等。

（1）钢木屋架制作安装。根据《山东省建筑工程消耗量定额》（2016）定额子目设置及图纸设计，钢木屋架制作、安装按定额 7-1-8 确定人材机的消耗量，包括了屋架制作、拼装、安装、装配钢铁件、锚定、刷防腐油等工作内容。

按照《山东省建筑工程消耗量定额》（2016），钢木屋架按竣工木料以立方米计算，其后备长度及配置损耗不另计算，钢杆件用量不计算。附属于屋架的垫木不另计算。

下弦杆体积＝0.15×0.18×0.60×3×3＝0.146（m³）。

上弦杆体积＝0.10×0.12×3.354×2×3＝0.241（m³）。

斜撑体积＝0.06×0.08×1.667×2×3＝0.048（m³）。

元宝垫木体积＝0.30×0.10×0.08×3＝0.007（m³）。

竣工木料工程量＝0.146＋0.241＋0.048＋0.007＝0.442（m³）。

查《山东省建筑工程消耗量定额》（2016），定额子目 7-1-8，定额单位 10m³。消耗量标准如下：综合工日（土建）165.66 工日；锯成材 11.511m³；钢拉杆 614.058kg；角钢（综合）1399.624。以及其他各种钢木屋架制作安装用辅材（详见定额表）。

此外，按照《山东省建筑工程消耗量定额》（2016），钢木屋架定额项目中的钢板、型钢、圆钢，设计与定额不同时，用量可按设计数量另加 6％损耗调整，其他不变；钢木屋架中的钢杆件的用量已包括在相应定额子目中，设计与定额不同时，可按设计数量另加 6％损耗调整，其他不变。

根据设计，该工程钢木屋架未采用角钢，因此将定额中角钢（综合）1399.624 含量调整为 0。

设计图纸中钢拉杆质量＝2.98×（1.50×2＋6.00）×3＝80.46（kg）。因此，该钢木屋架中钢拉杆的消耗量＝80.46÷0.442×（1＋6％）×10＝1929.58（kg)/10m³。需将定额中钢拉杆消耗量 614.058kg 调整为 1929.58kg。

根据定额工程量、定额消耗量标准、有关调整事项和该钢木屋架清单项目的工程量，每一计量单位钢木屋架清单项目所需的屋架制作安装人工、主要材料机械的数量如下：

钢木屋架制作安装人工的数量＝0.442×165.66÷10÷3＝2.4407（工日）。

钢拉杆的数量＝0.442×1929.58÷10÷3＝28.4292（kg）。

锯成材的数量＝0.442×11.511÷10÷3＝0.1696（m³）。

交流弧焊机（42kV·A）的数量＝0.442×6.4÷10÷3＝0.0943（台班）。

轮胎式起重机（20t）数量＝0.442×3.1÷10÷3＝0.0457（台班）。

按照相同的方法可以计算清单项目中钢屋架制作安装材料和机械的数量。

（2）钢构件刷防锈漆。钢木屋架制作安装定额中未包括钢构件刷防锈漆，另行计算。钢构件刷红丹防锈漆 1 遍按定额 14-2-32 确定人材机消耗量。定额工程量＝80.46kg＝0.0805t。

查《山东省建筑工程消耗量定额》（2016），定额子目 14-2-32，定额单位 t，消耗量标准，综合工日（土建）1.00 工日；砂布 7.6 张；红丹防锈漆 4.6512kg；油漆溶剂油0.4864kg。

因此，每一计量单位钢木屋架清单项目刷防锈漆人工数量＝0.0805×1.00÷3＝0.0268（工日）。

按照相同的方法可以计算清单项目中刷防锈漆材料的消耗量。

根据人材机消耗量和价格信息、相应费率及计算方法，计算得到该清单项目的综合单价，综合单价分析表见表 13-5。

表 13-5　　　　　　　　　　　　　　**综合单价分析表**

工程名称：某建筑工程　　　　　　　　　　标段：　　　　　　　　　　第 1 页　共 1 页

项目编码	010701001001		项目名称		屋架		计量单位	榀
序号	费用项目	单位	数量	取费基数金额（元）	费率（%）	单价	合价
1	人工费						316.11
1.1	钢木屋架制作安装人工	工日	2.4407			128	312.41
1.2	钢构件刷防锈漆人工	工日	0.0268			138	3.70
2	材料费						493.81
2.1	锯成材	m³	0.1696			1570.22	266.31
2.2	钢拉杆	kg	28.4292			3.70	105.19
2.3	钢木屋架制作安装用其他材料	元	120.34				120.34
2.4	红丹防锈漆	kg	0.1248			13.95	1.74
2.5	刷油漆其他材料	元	0.23				0.23
3	机械						62.43
3.1	交流弧焊机（42kV·A）	台班	0.0943			160.85	15.17
3.2	轮胎式起重机（20t）	台班	0.0457			1034.20	47.26
	小计						872.35
4	企业管理费	元		316.11	25.6%		80.92
5	利润	元		316.11	15%		47.42
	综合单价	元					1000.69

注　钢木屋架制作安装其他材料费，可自行根据定额 7-1-8 消耗量及 2024 年 11 月济南信息价计算。刷油漆其他材料为定额 14-2-32 所含的砂布和油漆溶剂油。

分部分项工程项目清单计价表见表 13-6。

表 13-6　　　　　　　　　　　**分部分项工程项目清单计价表**

工程名称：某建筑工程　　　　　　　　　　标段：　　　　　　　　　　第 1 页　共 1 页

序号	项目编码	项目名称	项目特征描述	计量单位	工程量	金额（元）	
						综合单价	合价
1	010701001001	屋架	1. 屋架种类：钢木 2. 跨度：6m 3. 木材品种、规格：方木 3. 刨光要求：不刨光 5. 拉杆及夹板种类：圆钢 6. 防护材料种类：铁件刷红丹防锈漆一遍	榀	3.00	1000.69	3002.07

复习巩固

1. 屋架的清单工程量计算规则如何规定？

2. 计算木楼梯工程量时，宽度为 300mm 的楼梯井如何处理？

📋 能力提高

1. 根据相关计价依据，自行计算表 13-5 中钢木屋架制作安装用其他材料费。
2. 根据相关计价依据，自行计算表 13-5 中各项人工、材料和机械的数量。

📚 课程思政

加拿大英属哥伦比亚大学（UBC）校园内的 18 层宿舍大楼，强调木结构可以像其他材料一样经过合理设计实现高层建造。在建造材料方面，2~5 层的柱子使用了平行木片胶合木 PSL，5~18 层的柱子使用了胶合木 GLT，3~18 层的楼板采用了五层的正交胶合木 CLT。同时结合了其他材料，屋顶采用了钢结构，底层和楼梯核心筒采用混凝土结构，外墙为轻钢结构。通过镀锌钢连接件，实现了竖向和侧向荷载的传递。该项目建筑面积达到 2315m²，所使用的木材（2233m³）一共固结了 1753t 的二氧化碳，减碳 2432t。全程现场吊装仅使用了 11 个工人，施工效率高，施工现场整洁低噪。该建筑维护结构节能标准和热阻均达到 R-16 级。学生居住的舒适度较使用其他建筑材料的建筑高。该项目更真实地证明了木结构在节能减排和可持续发展建筑行业的发展前景。

第十四章　门　窗　工　程

☞ **本章概要：** 本章主要围绕《房屋建筑与装饰工程工程量计算标准》（GB/T 50854—2024）重点介绍了门窗工程所包含的木门，金属门，金属卷帘（闸）门，厂库房大门、特种门，其他门，木窗，金属窗，门窗套，窗台板，窗帘、窗帘盒、轨等共10个分部工程的工程量清单和相应工程量清单报价的编制理论与方法。

☞ **知识目标：** 熟悉门窗工程的清单项目设置，掌握各清单项目的工程量计算规则及清单编制和清单计价方法。

☞ **能力目标：** 能够基于实际工程图纸，编制门窗工程的分部分项工程项目清单，并能够根据相关计价依据完成清单计价工作。

☞ **素养目标：** 培养严谨、细致、守规的职业精神。

第一节　招标工程量清单编制

一、清单项目设置

门窗工程是建筑物的主要组成部分，按其制作材料不同可分为木门窗、金属门窗、塑料门窗等。

《房屋建筑与装饰工程工程量计算标准》（GB/T 50854—2024）附录 H 门窗工程包括木门，金属门，金属卷帘（闸）门，厂库房大门、特种门，其他门，木窗，金属窗，门窗套，窗台板，窗帘、窗帘盒、轨等10部分共46个清单项目。其工程量清单项目设置及工程量计算规则见表14-1～表14-10。

表 14-1　　　　　　　　　　木门　（编码：010801）

项目编码	项目名称	项目特征	计量单位	工程量计算规则	工程内容
010801001	木质门	1. 门洞口尺寸 2. 门类型 3. 开启方式 4. 框、扇木材材质 5. 玻璃品种、厚度 6. 五金种类、规格 7. 其他工艺要求	m²	按设计图示洞口尺寸以面积计算	1. 门（含框）安装 2. 玻璃安装 3. 五金配件安装 4. 嵌缝打胶
010801002	木质门带套	1. 门洞口尺寸 2. 门类型 3. 开启方式 4. 门扇木材材质 5. 门套材质、规格 6. 玻璃品种、厚度 7. 五金种类、规格 8. 其他工艺要求			1. 门套安装 2. 门扇安装 3. 玻璃安装 4. 五金配件安装 5. 嵌缝打胶

续表

项目编码	项目名称	项目特征	计量单位	工程量计算规则	工程内容
010801003	木质连窗门	1. 门连窗洞口尺寸 2. 门类型及开启方式 3. 窗类型及开启方式 4. 框、扇木材材质 5. 玻璃品种、厚度 6. 五金种类、规格 7. 其他工艺要求	m²	按设计图示洞口尺寸以面积计算	1. 门连窗（含框）安装 2. 玻璃安装 3. 五金配件安装 4. 嵌缝打胶
010801004	木质防火门	1. 门洞口尺寸 2. 防火等级 3. 开启方式 4. 玻璃品种、厚度 5. 五金种类、规格 6. 防护材料种类			1. 门（含框）安装 2. 玻璃安装 3. 五金配件安装 4. 嵌缝打胶 5. 刷防护材料
010801005	木门框	1. 木材材质 2. 框截面尺寸 3. 防护材料种类	m	按设计图示尺寸以框中心线长度计算	1. 木门框制作、安装 2. 刷防护材料
010801006	门锁安装	1. 锁品种 2. 锁规格 3. 工艺要求	套	按设计图示数量计算	安装

表 14-2　　　　　　　　　　**金属门（编码：010802）**

项目编码	项目名称	项目特征	计量单位	工程量计算规则	工程内容
010802001	金属（塑钢）门	1. 门洞口尺寸 2. 门类型 3. 开启方式 4. 框、扇材质 5. 玻璃品种、厚度 6. 五金种类、规格 7. 其他工艺要求	m²	按设计图示洞口尺寸以面积计算	1. 门（含框）安装 2. 玻璃安装 3. 五金配件安装 4. 嵌缝打胶
010802002	彩板门	1. 门洞口尺寸 2. 框、扇材质 3. 五金种类、规格 4. 其他工艺要求			1. 门（含框）安装 2. 五金配件安装 3. 嵌缝打胶
010802003	防盗门				
010802004	钢质防火门	1. 门洞口尺寸 2. 防火等级 3. 开启方式 4. 框、扇材质 5. 玻璃品种、厚度 6. 五金种类、规格 7. 防护材料种类			1. 门（含框）安装 2. 玻璃安装 3. 五金配件安装 4. 嵌缝打胶 5. 刷防护材料

表 14-3　　　　金属卷帘（闸）门（编码：010803）

项目编码	项目名称	项目特征	计量单位	工程量计算规则	工程内容
010803001	金属卷帘（闸）门	1. 门洞口尺寸 2. 门材质 3. 五金种类、规格 4. 驱动类型 5. 其他工艺要求	m²	按设计图示洞口尺寸以面积计算	1. 门安装 2. 启动装置、活动小门、五金配件安装
010803002	防火卷帘（闸）门				

表 14-4　　　　厂库房大门、特种门（编码：010804）

项目编码	项目名称	项目特征	计量单位	工程量计算规则	工程内容
010804001	木板大门	1. 门洞口尺寸 2. 开启方式 3. 门框、扇材质 4. 五金种类、规格 5. 防护材料种类 6. 其他工艺要求	m²	按设计图示洞口尺寸以面积计算	1. 门（含框）安装 2. 五金配件安装 3. 刷防护材料
010804002	钢木大门				
010804003	全钢板大门				
010804004	防护铁丝门			按设计图示门框尺寸以面积计算，无门框时以扇面积计算	1. 门（含框）安装 2. 五金配件安装
010804005	金属格栅门				
010804006	钢质花饰大门				
010804007	特种门	1. 门洞口尺寸 2. 门类型 3. 开启方式 4. 门框、扇材质 5. 五金种类、规格 6. 其他工艺要求		按设计图示洞口尺寸以面积计算	1. 门（含框）安装 2. 五金配件安装

表 14-5　　　　其他门（编码：010805）

项目编码	项目名称	项目特征	计量单位	工程量计算规则	工程内容
010805001	电子感应门	1. 门代号及洞口尺寸 2. 门框或扇外围尺寸 3. 门框、扇材质 4. 玻璃品种、厚度	套	按设计图示数量计算	1. 门（含框）安装 2. 启动装置、五金、电子配件安装 3. 嵌缝打胶
010805002	电子旋转门				
010805003	电动伸缩门	1. 门代号及洞口尺寸 2. 伸缩门体材质 3. 伸缩门体截面尺寸 4. 其他工艺要求			
010805004	全玻自由门	1. 门洞口尺寸 2. 框材质 3. 玻璃品种、厚度 4. 五金种类规格 5. 其他工艺要求	m²	按设计图示洞口尺寸以面积计算	1. 门（含框）安装 2. 五金配件安装 3. 嵌缝打胶
010805005	不锈钢饰面门	1. 门洞口尺寸 2. 框、扇材质 3. 玻璃品种、厚度 4. 五金种类、规格 5. 其他工艺要求			
010805006	复合材料门				

表 14-6　　　　　　　　　　　　木窗（编码：010806）

项目编码	项目名称	项目特征	计量单位	工程量计算规则	工程内容
010806001	木质窗	1. 窗洞口尺寸 2. 窗类型 3. 开启方式	m²	按设计图示洞口尺寸以面积计算	1. 窗（含框）安装 2. 玻璃安装 3. 五金配件安装 4. 嵌缝打胶
010806002	木飘（凸）窗	4. 框、扇木材材质及规格 5. 玻璃品种、厚度 6. 五金种类、规格 7. 其他工艺要求		按设计图示尺寸以框外围展开面积计算	
010806003	木橱窗	1. 框木材材质、规格 2. 玻璃品种、厚度 3. 防护材料种类			1. 窗制作、安装 2. 玻璃安装 3. 五金配件安装 4. 嵌缝打胶 5. 刷防护材料
010806004	木纱窗	1. 开启方式 2. 框木材材质、规格 3. 窗纱材质、规格 4. 五金种类、规格		按纱扇框的外围尺寸以面积计算	1. 纱扇安装 2. 五金配件安装

表 14-7　　　　　　　　　　　　金属窗（编码：010807）

项目编码	项目名称	项目特征	计量单位	工程量计算规则	工程内容
010807001	金属（塑钢、断桥）窗	1. 窗洞口尺寸 2. 窗类型 3. 开启方式 4. 框、扇材质及规格 5. 玻璃品种、厚度 6. 五金种类、规格 7. 其他工艺要求	m²	按设计图示洞口尺寸以面积计算	1. 窗（含框）安装 2. 玻璃安装 3. 五金配件安装 4. 嵌缝打胶
010807002	金属防火窗	1. 窗洞口尺寸 2. 防火等级 3. 开启方式 4. 框、扇材质及规格 5. 玻璃品种、厚度 6. 五金种类、规格 7. 防护材料种类	m²	按设计图示洞口尺寸以面积计算	1. 窗（含框）安装 2. 玻璃安装 3. 五金配件安装 4. 嵌缝打胶
010807003	金属百叶窗	1. 窗洞口尺寸 2. 框材质、规格 3. 百叶材料品种、规格	m²	按设计图示洞口尺寸以面积计算	1. 窗安装 2. 五金配件安装
010807004	金属纱窗	1. 开启方式 2. 框材质、规格 3. 窗纱材质、规格 4. 五金种类、规格	m²	按纱扇框的外围尺寸以面积计算	1. 窗安装 2. 五金配件安装
010807005	金属格栅窗	1. 窗洞口尺寸 2. 框、扇材质及规格 3. 五金种类、规格	m²	按设计图示洞口尺寸以面积计算	1. 窗安装 2. 五金配件安装

续表

项目编码	项目名称	项目特征	计量单位	工程量计算规则	工程内容
010807006	金属（塑钢）橱窗	1. 框材质及规格 2. 玻璃品种、厚度 3. 防护材料种类	m²	按设计图示尺寸以框外围展开面积计算	1. 窗安装 2. 玻璃安装 3. 五金配件安装 4. 嵌缝打胶 5. 刷防护材料
010807007	金属（塑钢）飘（凸）窗	1. 窗类型 2. 开启方式 3. 框、扇材质及规格 4. 玻璃品种、厚度 5. 五金种类、规格 6. 其他工艺要求	m²	按设计图示尺寸以框外围展开面积计算	1. 窗安装 2. 玻璃安装 3. 五金配件安装 4. 嵌缝打胶
010807008	彩板窗	1. 窗洞口尺寸 2. 开启方式 3. 框、扇材质及规格 4. 五金种类、规格	m²	按设计图示洞口尺寸以面积计算	
010807009	复合材料窗	1. 窗洞口尺寸 2. 开启方式 3. 框、扇材质及规格 4. 玻璃品种、厚度 5. 五金种类、规格 6. 其他工艺要求	m²	按设计图示洞口尺寸以面积计算	

表 14-8   门窗套（编码：010808）

项目编码	项目名称	项目特征	计量单位	工程量计算规则	工程内容
010808001	木门窗套	1. 基层材料品种、规格 2. 面层材料品种、规格 3. 线条品种、规格 4. 防护材料种类	m²	按设计图示尺寸以展开面积计算	1. 清理基层 2. 立筋制作、安装 3. 基层板安装 4. 面层铺贴 5. 线条安装 6. 刷防护材料
010808002	金属门窗套				
010808003	石材门窗套	1. 黏结层材质、厚度 2. 石材品种、规格 3. 线条品种、规格			1. 清理基层 2. 立筋制作、安装 3. 基层抹灰 4. 面层铺贴 5. 线条安装
010808004	成品门窗套	材料品种、规格	m²		1. 清理基层 2. 成品门窗套安装

表 14-9   窗台板（编码：010809）

项目编码	项目名称	项目特征	计量单位	工程量计算规则	工程内容
010809001	窗台板	1. 找平层材质 2. 黏结层材质、厚度 3. 窗台板材质、规格	m²	按设计图示尺寸以展开面积计算	1. 基层清理 2. 抹找平层 3. 窗台板制作、安装

表 14-10　　　　　　　　　　窗帘、窗帘盒、轨（编码：010810）

项目编码	项目名称	项目特征	计量单位	工程量计算规则	工程内容
010810001	窗帘	1. 窗帘材质 2. 窗帘层数 3. 带幔要求 4. 其他工艺要求	m²	按设计窗帘覆盖面积计算	1. 制作 2. 安装
010810002	窗帘盒	1. 窗帘盒材质、规格 2. 防护材料种类	m	按设计图示尺寸以长度计算	1. 制作 2. 安装
010810003	窗帘轨	1. 窗帘轨材质、规格 2. 轨的形式 3. 防护材料种类	m	按设计图示尺寸以长度计算	1. 制作 2. 安装

二、相关问题说明

（1）木门的"门类型"可描述为镶板木门、企口木板门、实木装饰门、胶合板门、夹板装饰门、木纱门、全玻门（带木质扇框）、木质半玻门（带木质扇框）等。

（2）金属门的"门类型"可描述为金属平开门、金属推拉门、金属地弹门、全玻门（带金属扇框）、金属半玻门（带扇框）等。

（3）特种门的"门类型"可描述为冷藏门、冷冻间门、保温门、变电室门、隔音门、防射线门、人防门、金库门等。

（4）单独制作、安装木门框按木门框项目编码列项。

（5）单独安装门锁按门锁安装项目编码列项。

（6）门五金包含：合页、铰链、拉手、锁具、插销、门吸、闭门器、滑轮滑轨、地弹簧、角码、螺钉等完成门安装所需的各类配件。

（7）木窗的"窗类型"可描述为木百叶窗、木组合窗、木天窗、木固定窗、木装饰空花窗等。

（8）金属窗的"窗类型"可描述为金属组合窗、防盗窗等。

（9）窗五金包含：合页、铰链、拉手、锁具、插销、风钩、风撑、滑轮滑轨、角码、螺钉等完成窗安装所需的各类配件。

（10）对门窗的胶压、封边、雕刻、纹饰等工艺有特殊要求的，可在项目特征"其他工艺要求"中进行描述。

（11）窗帘打褶等工艺可在"其他工艺要求"中进行描述。

（12）窗帘轨的"轨的形式"可描述为单轨、双轨等。

（13）金属卷帘（闸）门的"驱动类型"可描述为手动、电动等。

三、招标工程量清单编制实例

【例 14-1】　某工程平面图中内门采用成品胶合板门，标注信息为 M1327，共 6 樘。采用成品木门框安装，门框框外间隙 15mm，门框厚度 65mm，门扇扫地缝 5mm。编制木门分部分项工程项目清单。

解　本工程按门框与门成套考虑，不单独列木门框清单项，将其在木质门综合单价中考虑。成品木门包含了门锁、把手等五金配件，不单独计算，暂不考虑门套和贴脸。

木质门清单工程量 $1.30 \times 2.70 \times 6 = 21.06$（$m^2$）。

木门工程分部分项工程项目清单见表 14-11。

表 14-11　　　　　　　　　　　　木门工程分部分项工程项目清单

工程名称：某建筑工程　　　　　　　　　　　　　　标段：　　　　　　　　　第 1 页　共 1 页

序号	项目编码	项目名称	项目特征描述	计量单位	工程量	金额（元）	
						综合单价	合价
1	010801001001	木质门	1. 洞口尺寸：1300mm×2700mm，门框框外间隙 15mm，门框厚度 65mm，门扇扫地缝 5mm 2. 镶嵌玻璃品种：普通玻璃 木门为暂估价材料，暂估单价（除税）为 800 元/m²	m²	21.06		

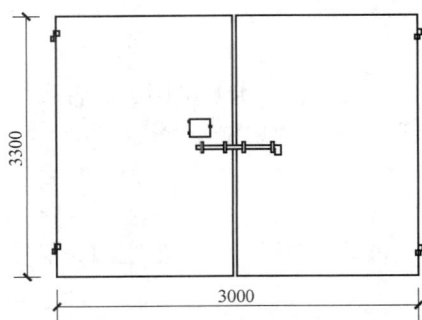

图 14-1　平开全钢板大门

【例 14-2】　如图 14-1 所示，某厂房有平开全钢板大门（带探望孔），共 3 樘，采用钢骨架薄钢板，洞口尺寸 3300mm×3000mm，刷防锈漆。编制平开全钢板大门分部分项工程项目清单。

解　全钢板大门清单工程量＝3.30×3.00×3＝29.70（m²）。

全钢板大门工程分部分项工程项目清单见表 14-12。

表 14-12　　　　　　　　　　全钢板大门工程分部分项工程项目清单见

工程名称：某建筑工程　　　　　　　　　　　　　　标段：　　　　　　　　　第 1 页　共 1 页

序号	项目编码	项目名称	项目特征描述	计量单位	工程量	金额（元）	
						综合单价	合价
1	010804003001	全钢板大门	1. 门洞口尺寸：300mm×3000mm 2. 门开启方式：双扇平开门 3. 材质：钢骨架薄钢板	m²	29.70		

【例 14-3】　如图 14-2 所示，某宾馆有 900mm×2100mm 的门洞 66 个，内外钉贴细木工板门套、贴脸（不带龙骨），榉木夹板贴面。试编制该门套分部分项工程项目清单。

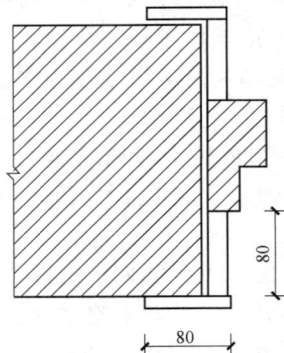

图 14-2　某门套大样图

解 木门套清单工程量

$$=[(0.90+2.10\times2)\times0.08+(0.90+0.08\times2+2.10\times2)\times0.08]\times2\times66$$
$$=109.40 （m^2）。$$

该门套分部分项工程项目清单见表 14-13。

表 14-13   **该门套分部分项工程项目清单**

工程名称：某建筑工程   标段：   第 1 页 共 1 页

序号	项目编码	项目名称	项目特征描述	计量单位	工程量	金额（元）	
						综合单价	合价
1	010808001001	木门窗套	1. 窗代号及洞口尺寸：900mm×2100mm 2. 门窗套展开宽度：160mm 3. 基层材料：细木工板 4. 面层材料：榉木夹板	m²	109.40		

第二节   工程量清单计价应用

本节以［例 14-1］中的木质门清单项目介绍门窗工程清单计价。

【例 14-4】 某工程造价咨询企业受招标方委托，编制［例 14-1］工程的最高投标限价，招标文件确定成品木门为暂估价材料，暂估单价（除税）为 800 元/m²。试确定［例 14-1］木质门清单项目的综合单价。其余计价依据和要求参照教材第二篇"说明"。

解 根据清单特征描述，该木质门清单项发生的工程内容包括成品门框安装和普通成品门扇安装。

参照《山东省建筑工程消耗量定额》（2016）定额子目设置，成品木门框安装和普通成品门扇安装分别按照定额 8-1-2 和定额 8-1-3 确定人材机消耗量。

（1）成品门框安装。按照山东省建筑工程工程量计算规则，成品木门框按设计框外围尺寸以长度计算。门框框外间隙 15mm，因此，木门框定额工程量＝(1.30－0.015×2)×6＋(2.70－0.015)×2×6=39.84 （m）。

成品木门框安装按定额 8-1-2 确定人材机消耗量，定额单位 10m。人材机消耗量标准为：综合工日（土建）0.47 工日；成品木门框 10.2m；门窗材 0.0106m³；1：3 水泥抹灰砂浆 0.011m³；防腐油 0.671kg；圆钉 0.104kg。

根据定额工程量、定额消耗量标准，该工程木门框安装人工和主要材料消耗如下：

人工消耗量＝39.84×0.47÷10=1.8725 （工日）。

成品木门框消耗量＝39.84×10.2÷10=40.6368 （m）。

利用相同的方法，可以计算其他材料消耗量。

（2）成品门扇安装。按照山东省建筑工程工程量计算规则，普通成品门扇按扇外围面积计算。因此，普通成品门扇定额工程量＝(1.30－0.065×2－0.015×2)×(2.70－0.065－0.015－0.005)×6=17.89 （m²）。

查《山东省建筑工程消耗量定额》（2016），定额 8-1-3，定额单位 10m²。消耗量标准为：综合工日（土建）1.45 工日；成品木门 10.0m²。

根据定额工程量、定额消耗量标准，该工程成品门扇安装人工和主要材料消耗如下：

人工消耗量＝17.89×1.45÷10＝2.5941（工日）。

成品木门消耗量＝17.89×10.0÷10＝17.89（m²）。

由［例14-1］可知，该工程木质门清单项目工程量为21.06m²。因此，每一计量单位木质门清单项目所需的人工材料的数量如下：

木门框安装人工数量＝1.8725÷21.06＝0.0889（工日）。

成品门扇安装人工数量＝2.5941÷21.06＝0.1232（工日）。

成品木门框数量＝40.6368÷21.06＝1.9296（m）。

成品木门扇数量＝17.89÷21.06＝0.8495（m²）。

其他材料所需数量可按相同的方法计算，结果见表14-14。

根据人材机消耗量和价格信息、相应费率及计算方法，计算得到该清单项目的综合单价，综合单价分析表见表14-14。

表 14-14　　　　　　　　　综合单价分析表

工程名称：某建筑工程　　　　　　　　　　标段：　　　　　　　　　　第 1 页　共 1 页

项目编码	010801001001	项目名称		木质门			计量单位	m²
序号	费用项目	单位	数量	取费基数金额（元）	费率（%）		单价	合价
1	人工费							27.15
1.1	木门框安装人工	工日	0.0889				128	11.38
1.2	成品门扇安装人工	工日	0.1232				128	15.77
2	材料费							706.46
2.1	成品木门框	m	1.9296				11.06	21.34
2.2	成品木门	m²	0.8495				800	679.60
2.3	门框安装其他材料费	元	5.52					5.52
3	机械							—
	小计							733.61
4	企业管理费	元		27.15	25.6%			6.95
5	利润	元		27.15	15%			4.07
	综合单价	元						744.63

注　门框安装辅材费，可自行根据定额8-1-2消耗量及2024年11月济南市信息价计算。

分部分项工程项目清单计价表见表14-15。

表 14-15　　　　　　　　分部分项工程项目清单计价表

工程名称：某建筑工程　　　　　　　　　　标段：　　　　　　　　　　第 1 页　共 1 页

序号	项目编码	项目名称	项目特征描述	计量单位	工程量	金额（元）	
						综合单价	合价
1	010801001001	木质门	1. 洞口尺寸：1300mm×2700mm，门框框外间隙15mm，门框厚度65mm，门扇扫地缝5mm 2. 镶嵌玻璃品种：普通玻璃木门为暂估价材料，暂估单价（除税）为800元/m²	m²	21.06	744.63	15681.91

复习巩固

1. 查《山东省建筑工程消耗量定额》(2016)，门窗材木种不同时如何处理？

2. 查《山东省建筑工程消耗量定额》(2016)，门窗五金配件是否包含在门窗安装定额中？

3. 现场制作和购买成品两种情况下，门窗清单项目工作内容有什么差异？

能力提高

1. 根据相关计价依据，自行计算表 14-14 中木门框安装用其他材料费。

2. 某施工企业参与［例 14-1］工程的投标，企业确定的人工工资单价为 145 元/工日，企业管理费费率为 20%，利润率 18%。其他数据不变，计算该木质门投标时的综合单价。

课程思政

2021 年 6 月 18 日，邓某为装修自建别墅，与衡阳市石鼓区某门窗厂签订《铝合金门窗买卖合同》，合同约定邓某以单价 680 元/m² 购买 83.8m² 的平开门窗，总价值达 5.7 万元，合同还约定邓某交付定金 1 万元，某门窗厂应在 30 日内交货，逾期交货则每日按照合同总价的万分之五支付违约金，门窗到货后，厂家派人负责安装，邓某负责验收，如有质量问题应 5 日内提出，由厂家负责整改到位，如无质量问题应在 10 日付清货款，逾期则每日要按照拖欠货款数的万分之五支付违约金。当日邓某交付定金 1 万元。7 月 16 日，某门窗厂工作人员按照约定将门窗全部安装完毕，邓某当场并未提出质量方面质疑，但未在约定时间内支付剩余货款。某门窗厂催收多次未果，2022 年 10 月 20 日诉至石鼓区法院，法院委托衡阳市价格认证中心进行调解。

衡阳市价格认证中心派出调解员进行调解，听取双方意见。邓某声称未付剩余货款是由于门窗厂提供的 110♯ 铝材的实际厚度只有 108mm，未达到合同约定标准，属于违约在先，其有权拒付货款，更不需支付违约金。门窗厂解释说，型号为 110♯ 的铝材实际厚度只有 108mm 属于行业惯例，要求邓某支付货款和违约金。调解员为了解相关情况，致电铝材有限公司进行咨询，同时到铝材多个销售点进行现场调查。调解员向双方介绍了市场调查结果，告知门窗厂其关于"行规"的说法并不成立，对门窗厂未按约定提供产品的做法给予了批评，同时指出邓某未按照合同约定及时对质量提出异议应视为承认质量无瑕疵。在双方均意识到各自不足后，调解员对争议货物价格进行重新核算，对因厚度未达合同约定标准的货款总额进行了削减，提出了附条件支付违约金的调解方案。双方均同意接受上述调解意见，达成调解协议。

买卖合同纠纷争议焦点在于合同签订之初没有明确义务和责任或对货物质量存在争议。对于已经安装或使用无法更换的货物、设备等，价格认定机构参与纠纷调解后，通过市场调查核算货款合理水平及计算标准，再充分向当事人双方释明其中利弊，通过运用情理法相结合方式，对违约金赔偿提出专业建议，寻找双方都能接受的平衡点，最终双方均同意作出让步，自愿达成和解。

第十五章 屋面及防水工程

☞ **本章概要：** 本章主要围绕《房屋建筑与装饰工程工程量计算标准》（GB/T 50854—2024）重点介绍了屋面及防水工程所包含的屋面，屋面防水及其他，墙面防水、防潮，楼（地）面防水、防潮，基础防水及止水带等共 5 个分部工程的工程量清单和相应工程量清单报价的编制理论与方法。

☞ **知识目标：** 熟悉屋面及防水工程的清单项目设置，掌握各清单项目的工程量计算规则及清单编制和清单计价方法。

☞ **能力目标：** 能够基于实际工程图纸，编制屋面及防水工程的分部分项工程项目清单，并能够根据相关计价依据完成清单计价工作。

☞ **素养目标：** 培养严谨、细致、守规的职业精神。

第一节 招标工程量清单编制

一、清单项目设置

《房屋建筑与装饰工程工程量计算标准》（GB/T 50854—2024）附录 J 屋面及防水工程包括屋面，屋面防水及其他，墙面防水、防潮，楼（地）面防水、防潮，基础防水及止水带 5 部分共 28 个清单项目。其工程量清单项目设置见表 15-1～表 15-5。

表 15-1　　　　　　　　　　　屋面（编码：010901）

项目编码	项目名称	项目特征	计量单位	工程量计算规则	工程内容
010901001	瓦屋面	1. 瓦品种、规格 2. 铺设及搭接方式 3. 卧瓦层砂浆种类及厚度 4. 持钉层材料种类及厚度 5. 顺水条、挂瓦条品种及规格	m²	详见工程量计算规则部分	1. 卧瓦层或持钉层铺设及养护 2. 顺水条、挂瓦条铺钉（若有） 3. 安瓦、作瓦脊
010901002	阳光板屋面	1. 屋面板品种、规格 2. 屋面板固定方式 3. 接缝、嵌缝材料种类			1. 屋面板安装 2. 屋脊盖板安装 3. 接缝、嵌缝、收口
010901003	玻璃钢屋面				
011206004	玻璃采光顶	1. 骨架材料种类及型号 2. 框格形式 3. 玻璃品种、规格、表面处理 4. 隔离带、框边封闭材料品种			1. 骨架制作、安装 2. 面层安装 3. 框边封闭 4. 勾缝、塞口 5. 清洗 6. 通风、排烟开启扇及其五金件安装

续表

项目编码	项目名称	项目特征	计量单位	工程量计算规则	工程内容
010901005	金属板幕墙顶	1. 骨架材料种类 2. 框格形式 3. 面层材料品种、规格、表面处理 4. 隔离带、框边封闭材料品种	m²	详见工程量计算规则部分	1. 骨架制作、安装 2. 面层安装 3. 框边封闭 4. 勾缝、塞口
010901006	膜结构屋面	1. 膜布品种、规格 2. 支柱（网架）钢材品种、规格 3. 钢丝绳品种、规格 4. 锚固基座做法 5. 油漆品种、刷漆遍数			1. 膜布热压胶接 2. 支柱（网架）制作、安装 3. 膜布安装 4. 穿钢丝绳、锚头锚固 5. 基座锚固 6. 刷防护材料，油漆
010901007	屋面成品天沟、檐沟	1. 构件部位 2. 构件品种、规格、尺寸 3. 接缝、嵌缝材料种类 4. 防护材料种类			1. 天沟、檐沟安装 2. 配件安装 3. 接缝、嵌缝 4. 刷防护材料
010901008	屋面变形缝	1. 嵌缝材料种类 2. 止水带材料种类 3. 盖缝材料种类 4. 防护材料种类			1. 清缝 2. 填塞防水材料 3. 止水带安装 4. 盖缝制作、安装 5. 刷防护材料

表 15-2　　　　　　　　　　屋面防水及其他（编码：010902）

项目编码	项目名称	项目特征	计量单位	工程量计算规则	工程内容
010902001	屋面卷材防水	1. 卷材品种、规格、厚度 2. 防水层数 3. 防水层做法	m²	详见工程量计算规则部分	1. 基层处理 2. 刷底油 3. 铺防水卷材 4. 搭接缝处理、封边、收口
010902002	屋面涂膜防水	1. 防水膜品种 2. 涂膜厚度、遍数 3. 增强材料种类			1. 基层处理 2. 刷基层处理剂 3. 铺布、喷涂防水层
010902003	屋面柔性隔离层	1. 隔离层材料种类 2. 隔离层厚度、遍数 3. 隔离层做法			1. 基层处理 2. 隔离层铺设、搭接 3. 搭接缝处理、封边、收口
010902004	屋面刚性层	1. 刚性层材料种类及强度等级 2. 刚性层厚度 3. 刚性层作用 4. 嵌缝材料种类			1. 基层处理 2. 刚性层铺筑、界格、养护

续表

项目编码	项目名称	项目特征	计量单位	工程量计算规则	工程内容
010902005	屋面排水管	1. 排水管品种、规格 2. 雨水斗、山墙出水口品种、规格 3. 接缝、嵌缝材料种类 4. 油漆品种、刷漆遍数	m	详见工程量计算规则部分	1. 排水管及配件安装、固定 2. 雨水斗、山墙出水口、雨水箅子安装 3. 接缝、嵌缝 4. 刷漆
010902006	屋面排（透）气管	1. 排（透）气管品种、规格 2. 接缝、嵌缝材料种类 3. 油漆品种、刷漆遍数			1. 排（透）气管及配件安装、固定 2. 铁件制作、安装 3. 接缝、嵌缝 4. 刷漆
010902007	屋面（廊、阳台）泄（吐）水管	1. 泄水管品种、规格 2. 接缝、嵌缝材料种类 3. 泄水管长度 4. 油漆品种、刷漆遍数	个		1. 水管及配件安装、固定 2. 接缝、嵌缝 3. 刷漆
010902008	屋面排水板	1. 排水板材质、规格 2. 排水板铺设方式	m²		1. 清理基层 2. 排水板铺设、压条、收口
010902009	天沟、檐沟防水	1. 防水材料品种、规格 2. 防水层数、厚度、遍数 3. 防水层做法	m²		1. 基层处理 2. 刷底油 3. 铺防水卷材或喷涂防水层

表 15-3　　　　墙面防水、防潮（编码：010903）

项目编码	项目名称	项目特征	计量单位	工程量计算规则	工程内容
010903001	墙面卷材防水	1. 卷材品种、规格、厚度 2. 防水层数 3. 防水层做法	m²	详见工程量计算规则部分	1. 基层处理 2. 刷黏结剂 3. 铺防水卷材 4. 搭接缝处理、封边、收口
010903002	墙面涂膜防水	1. 防水膜品种 2. 涂膜厚度、遍数 3. 增强材料种类			1. 基层处理 2. 刷基层处理剂 3. 铺布、喷涂防水层
010903003	墙面砂浆防水	1. 防水层做法 2. 砂浆厚度、种类及强度等级 3. 分隔缝材料种类			1. 基层处理 2. 设置分格缝 3. 砂浆制作、摊铺、养护
010903004	墙面变形缝	1. 嵌缝材料种类 2. 止水带材料种类 3. 盖缝材料种类 4. 防护材料种类	m		1. 清缝 2. 填塞防水材料 3. 止水带安装 4. 盖缝制作、安装 5. 刷防护材料

表 15-4　　　　　　　　楼（地）面防水、防潮（编码：010904）

项目编码	项目名称	项目特征	计量单位	工程量计算规则	工程内容
010904001	楼（地）面卷材防水	1. 卷材品种、规格、厚度 2. 防水层数 3. 防水层做法 4. 上翻高度	m²	详见工程量计算规则部分	1. 基层处理 2. 刷黏结剂 3. 铺防水卷材 4. 搭接缝处理、封边、收口
010904002	楼（地）面涂膜防水	1. 防水膜品种 2. 涂膜厚度、遍数 3. 增强材料种类 4. 上翻高度			1. 基层处理 2. 刷基层处理剂 3. 铺布、喷涂防水层
010904003	楼（地）面砂浆防水（防潮）	1. 防水（防潮）层做法 2. 砂浆厚度、种类及强度等级 3. 上翻高度			1. 基层处理 2. 砂浆制作、摊铺、养护
010904004	楼（地）面变形缝	1. 嵌缝材料种类 2. 止水带材料种类 3. 盖缝材料种类 4. 防护材料种类	m		1. 清缝 2. 填塞防水材料 3. 止水带安装 4. 盖缝制作、安装 5. 刷防护材料

表 15-5　　　　　　　　基础防水及止水带（编码：010905）

项目编码	项目名称	项目特征	计量单位	工程量计算规则	工程内容
010905001	基础卷材防水	1. 卷材品种、规格、厚度 2. 防水层数 3. 防水层做法	m²	详见工程量计算规则部分	1. 基层处理 2. 刷黏结剂 3. 铺防水卷材 4. 接缝、嵌缝
010905002	基础涂膜防水	1. 防水膜品种 2. 涂膜厚度、遍数 3. 增强材料种类	m²		1. 基层处理 2. 刷基层处理剂 3. 铺布、喷涂防水层
010905003	止水带	1. 止水带材料种类 2. 止水带尺寸 3. 铺设方式	m		1. 基层处理 2. 裁剪止水带 3. 刷底胶粘贴止水带或焊接铺设

二、相关问题说明

（1）瓦屋面的"瓦品种"可描述为块瓦、沥青瓦、波形瓦等。如设计为卧瓦，应对卧瓦层进行描述；如设计为挂瓦，应对顺水条、挂瓦条及持钉层进行描述；如设计为直接钉瓦，应对持钉层进行描述，以屋面木基层或钢筋混凝土基层作为持钉层的，持钉层可不描述。

（2）阳光板屋面、玻璃钢屋面的屋架、屋檩等支承结构应按金属结构工程、木结构工程中相关项目编码列项。

（3）随幕墙工程设计的金"金属板幕墙顶"应按本章编码列项，其他形式的金属板屋面应按金属结构工程中"钢屋面板"项目编码列项。

（4）种植屋面过滤层应按"屋面柔性隔离层"项目编码列项。

（5）屋面工程中的找平层、保护层及刚性隔离层应按"屋面刚性层"项目编码列项，并在"刚性层作用"项目特征中进行描述。屋面保温材料形成的找坡层、屋面防水保温一体化工程按保温、隔热、防腐工程"保温隔热屋面"项目编码列项。

（6）"天沟、檐沟防水"项目是指外挑天沟、檐沟部位的防水，与屋面相连的内天沟、檐沟的防水并入屋面防水计算。

（7）楼（地）面防水上翻高度大于300mm时，应按墙面防水相应项目编码列项。

（8）防水底板等各类基础的侧面、上表面防水工程量并入基础防水工程量内，筏板以上的挡土墙防水按照墙面防水列项并计算工程量。

（9）墙面防水找平层按墙、柱面装饰与隔断、幕墙工程"立面砂浆找平层"项目编码列项；楼（地）面及基础防水找平层按楼地面装饰工程相关找平层项目编码列项；基础防水细石混凝土保护层按楼地面装饰工程"细石混凝土楼地面"项目编码列项。

（10）屋面及防水工程中，设计采用成型钢筋网片、成品钢丝网，应按混凝土及钢筋混凝土工程"钢筋网片""钢丝网"项目编码列项；设计采用其他形式的钢筋，应按"屋面刚性层内配钢筋"项目编码列项。

三、工程量计算规则

1. 屋面

（1）瓦屋面按设计图示尺寸以斜面积计算。不扣除房上烟囱、风帽底座、风道、小气窗、斜沟等所占面积，小气窗的出檐部分、瓦搭接重叠部分不增加面积。

（2）阳光板屋面、玻璃钢屋面按设计图示尺寸以斜面积计算。不扣除屋面面积≤0.3m²的孔洞所占面积，搭接重叠部分不增加面积。

（3）玻璃采光顶、金属板幕墙顶，按设计图示外表面积计算。

（4）膜结构屋面，按设计图示尺寸以需要覆盖的水平投影面积计算。

（5）屋面成品天沟、檐沟，按设计图示尺寸以沟中心线长度计算。

（6）屋面变形缝，按设计图示尺寸以长度计算。

计算屋面斜面积所需的屋面坡度系数见表15-6。

表 15-6　　　　　　　　屋面坡度系数表

坡度			延尺系数 C	隅延尺系数 D
$B/A(A=1)$	$B/2A$	角度 α		
1	1/2	45°	1.4142	1.7321
0.75		36°52′	1.2500	1.6008
0.70		35°	1.2207	1.5779
0.666	1/3	33°40′	1.2015	1.5620
0.65		33°01′	1.1926	1.5564
0.60		30°58′	1.1662	1.5362
0.577		30°	1.1547	1.5270

坡　　　度			延尺系数 C	隔延尺系数 D
B/A(A=1)	B/2A	角度 α		
0.55		28°49′	1.1413	1.5170
0.50	1/4	26°34′	1.1180	1.5000
0.45		24°14′	1.0966	1.4839
0.40	1/5	21°48′	1.0770	1.4697
0.35		19°17′	1.0594	1.4569
0.30		16°42′	1.0440	1.4457
0.25		14°02′	1.0308	1.4362
0.20	1/10	11°19′	1.0198	1.4283
0.15		8°32′	1.0112	1.4221
0.125		7°8′	1.0078	1.4191
0.100	1/20	5°42′	1.0050	1.4177
0.083		4°45′	1.0035	1.4166
0.066	1/30	3°49′	1.0022	1.4157

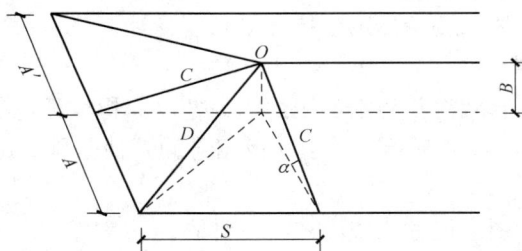

注：1. $A = A'$，且 $S = 0$ 时，为等两坡屋面；$A = A' = S$ 时，等四坡屋面；

　　2. 屋面斜铺面积＝屋面水平投影面积×C；

　　3. 等两坡屋面山墙泛水斜长：$A \times C$；

　　4. 等四坡屋面斜脊长度：$A \times D$。

2. 屋面防水及其他

（1）屋面卷材防水、涂膜防水、屋面柔性隔离层，按设计图示尺寸以面积计算。斜屋面（不包括平屋顶找坡）按斜面积计算，平屋顶按水平投影面积计算；不扣除房上烟囱、风帽底座、风道、屋面小气窗和斜沟所占面积，相应上述部位上翻不增加；屋面的女儿墙、伸缩缝、设备基础和天窗等处的弯起部分，并入屋面工程量内。

伸缩缝、女儿墙的弯起部分按图纸设计规定计算。设计未规定者，可按照现行规范要求，如《屋面工程技术规范》（GB 50345—2012）规定，女儿墙、山墙泛水处的防水层泛水高度不应小于 250mm。

所有防水层、隔汽层的搭接、拼缝、压边、留槎用量及为满足施工规范所需的附加层用量均不另行计算。但设计文件中单独明确的附加层，应计算工程量，并按附加层材质、做法等项目特征单独编码列项。

（2）屋面刚性层，按设计图示尺寸以面积计算。不扣除房上烟囱、风帽底座、风道等所占面积。

（3）屋面排水管，按设计图示尺寸以长度计算。如设计未标注尺寸，以檐口至设计室外散水上表面垂直距离计算。

（4）屋面排（透）气管按设计图示尺寸以长度计算。

（5）屋面（廊、阳台）泄（吐）水管，按设计图示数量计算。

（6）屋面排水板，按设计图示尺寸以面积计算。斜屋顶按斜面积计算，平屋顶按水平投影面积计算。

（7）天沟、檐沟防水，按设计图示尺寸以展开面积计算。

3．墙面防水、防潮

（1）墙面卷材防水、涂膜防水、砂浆防水，按设计图示尺寸以面积计算。

（2）墙面变形缝，按设计图示尺寸以长度计算。若双侧做法一致时，工程量乘系数 2；双侧做法不一致时，则两侧分别编码列项。

4．楼（地）面防水、防潮

（1）楼（地）面卷材防水、涂膜防水、砂浆防水（防潮），按设计图示尺寸以主墙间净面积计算，扣除凸出地面的构筑物、设备基础及单个面积＞0.3m^2 的柱、垛、烟囱和孔洞等所占面积，楼（地）面防水上翻高度≤300mm 时，工程量并入楼地面防水工程量内。

（2）楼（地）面变形缝，按设计图示尺寸以长度计算。

5．基础防水及止水带

（1）基础卷材防水、基础涂膜防水，按图示尺寸以面积计算，不扣除桩头及单个面积≤0.3m^2 的孔洞所占面积，与筏形基础、防水底板相连的其他基础、电梯井坑、集水坑的防水按展开面积并入计算。

（2）止水带，按设计图示尺寸以中心线长度计算。

四、招标工程量清单编制实例

【**例 15-1**】 某两坡屋面平面图如图 15-1 所示，坡度 1/2，屋面板上 1∶2 水泥砂浆粘贴英红瓦。编制瓦屋面分部分项工程项目清单。

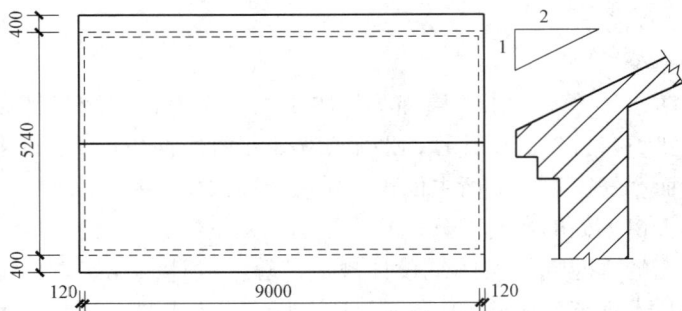

图 15-1 两坡瓦屋面平面图

解 瓦屋面工程量＝（5.24＋0.80）×（9.24＋0.80）×1.118＝67.80（m^2）。

瓦屋面分部分项工程项目清单见表 15-7。

表 15-7 　　　　　　　　　　　　**分部分项工程项目清单计价表**

工程名称：某建筑工程　　　　　　　　　　　标段：　　　　　　　　　　　第 1 页 共 1 页

序号	项目编码	项目名称	项目特征描述	计量单位	工程量	金额（元）	
						综合单价	合价
1	010901001001	瓦屋面	1. 瓦品种、规格：英红瓦 2. 黏结层：1∶2 水泥砂浆	m²	67.80		

【例 15-2】 某单层建筑物屋顶平面图如图 15-2 所示，图 15-3 和图 15-4 分别为屋面和外墙做法大样图。编制屋面卷材防水分部分项工程项目清单。

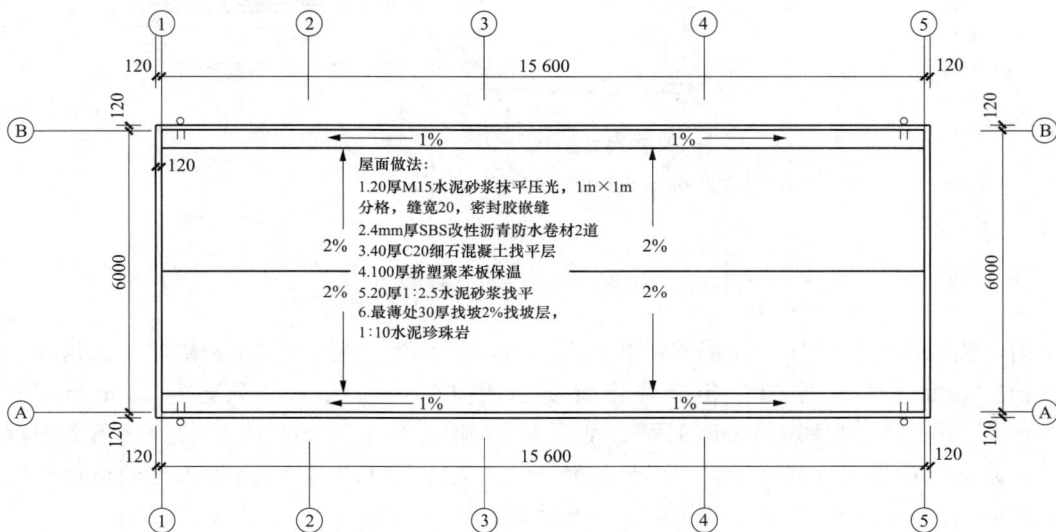

图 15-2 屋顶平面图

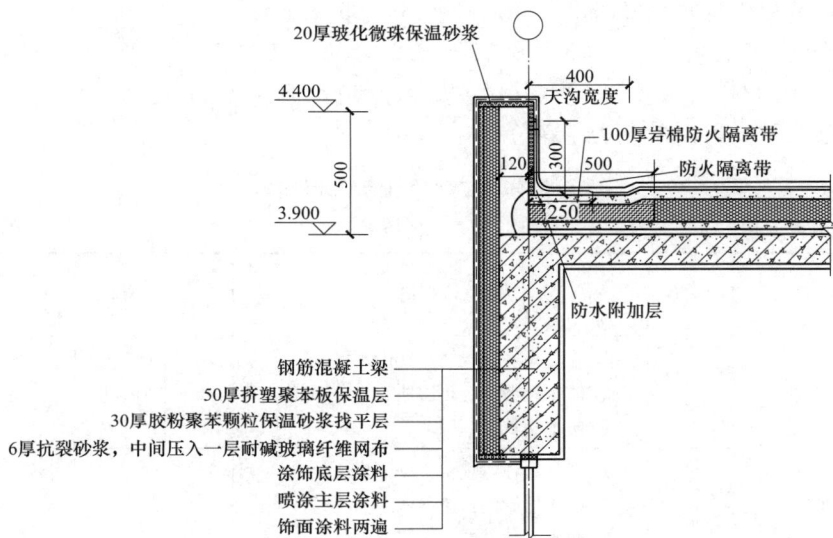

图 15-3 屋面大样图

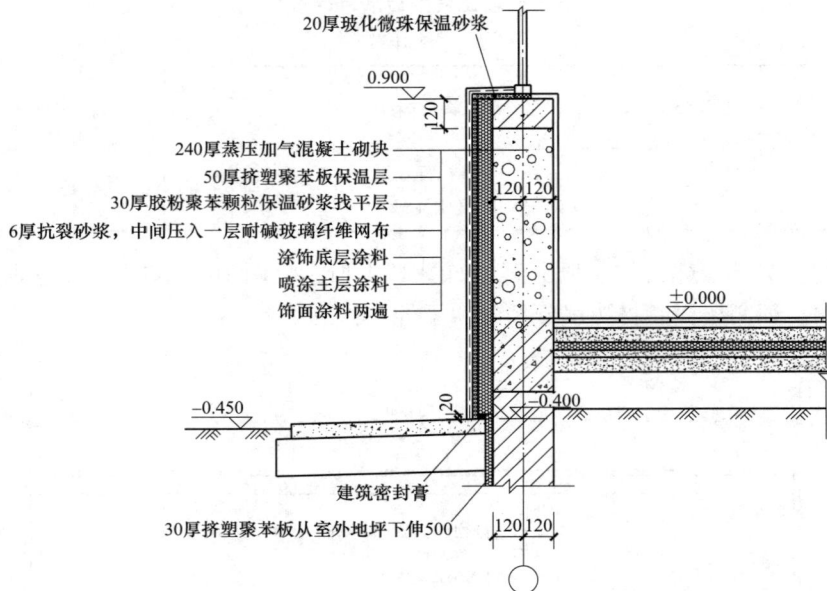

图 15-4　外墙做法大样图

解　由屋面做法可知，屋面平面内采用 4mm 厚 SBS 改性沥青防水卷材，女儿墙上翻 300mm。在女儿墙和屋面板相交处设置防水附加层，附加层水平宽度 250mm，上翻 300mm。根据《房屋建筑与装饰工程工程量计算标准》（GB/T 50854—2024），图纸中设计的防水附加层单独编码列项计算工程量。另外，由大样图可知，20mm 厚玻化微珠保温层贴至女儿墙内侧，防水层按铺贴至保温层内侧计算。

平面内屋面卷材防水工程量＝(15.60－0.02×2)×(6.00－0.02×2)＝92.738（m²）。

女儿墙上卷防水工程＝(15.60－0.02×2＋6.00－0.02×2)×2×0.30＝12.912（m²）。

屋面防水清单工程量＝92.738＋12.912＝105.65（m²）。

防水附加层工程量＝(6.00－0.25－0.02×2＋15.60－0.25－0.02×2)×2×0.25＋(6.00－0.02×2＋15.60－0.02×2)×2×0.30＝23.42（m²）。

分部分项工程项目清单见表 15-8。

表 15-8　　　　　　　　　　分部分项工程项目清单计价表

工程名称：某建筑工程　　　　　　　　　　标段：　　　　　　　　　　第 1 页 共 1 页

序号	项目编码	项目名称	项目特征描述	计量单位	工程量	金额（元）	
						综合单价	合价
1	010902001001	屋面卷材防水	1. 卷材品种、规格：2mmSBS 2. 防水层做法：热熔法 3. 防水层数：二层	m²	105.65		
2	010902001002	屋面卷材防水	1. 卷材品种、规格：2mmSBS 2. 防水层做法：热熔法 3. 防水层数：二层，附加层	m²	23.42		

【例 15-3】　某地下室工程外防水做法如图 15-5 所示，防水底板厚度 500 mm 1：3 水泥砂浆找平 20 厚，三元乙丙橡胶卷材防水（冷贴满铺），外墙防水高度做到±0.000，编制外墙、基础卷材防水分部分项工程项目清单。

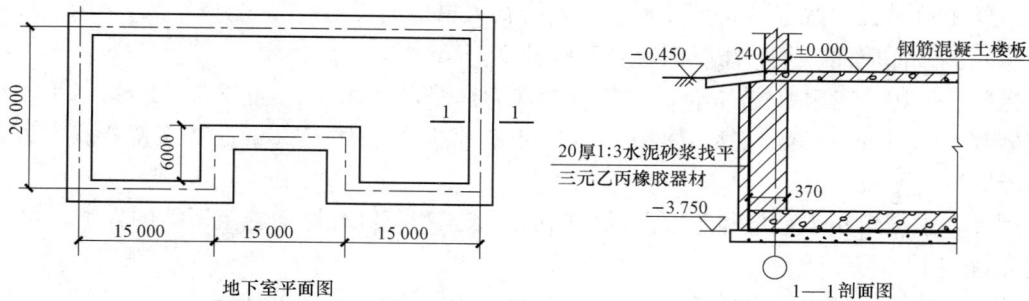

图 15-5　地下室平面图及剖面图

解　外墙卷材防水（立面）工程量＝(45.00＋0.50＋20.00＋0.50＋6.00)×2×(3.75＋0.13－0.50)＝486.72（m²）。

基础卷材防水工程量＝(45.00＋0.50)×(20.00＋0.50)－6.00×(15.00－0.50)＋（45.00＋0.50＋20.00＋0.50＋6.00)×2×0.5＝917.75(m²)。

分部分项工程项目清单见表 15-9。

表 15-9　　　　　　　　　　**分部分项工程项目清单计价表**

工程名称：某建筑工程　　　　　　　　　标段：　　　　　　　　　第 1 页 共 1 页

序号	项目编码	项目名称	项目特征描述	计量单位	工程量	金额（元）	
						综合单价	合价
1	010904001001	基础卷材防水	1. 卷材品种、规格：三元乙丙橡胶卷材 2. 防水部位：平面 3. 防水层做法：1：3 水泥砂浆找平层，卷材防水（冷贴满铺）	m²	917.75		
2	010903001001	墙面卷材防水	1. 卷材品种、规格：三元乙丙橡胶卷材 2. 防水部位：立面 3. 防水层做法：1：3 水泥砂浆找平层 20mm 厚，卷材防水（冷贴满铺）	m²	486.72		

第二节　工程量清单计价应用

本节分别以［例 15-1］中的瓦屋面清单项目和［例 15-2］中的附加层卷材防水清单项目介绍屋面及防水工程清单计价。

【例 15-4】　某工程造价咨询企业受招标方委托，编制［例 15-1］工程的最高投标限价。试确定［例 15-1］瓦屋面清单项目的综合单价。计价依据和要求参照教材第二篇"说明"。

解　根据清单特征描述，该瓦屋面清单项发生的工程内容包括安瓦、作脊瓦等工作内容。

参照《山东省建筑工程消耗量定额》（2016）定额子目设置，英红瓦屋面铺贴按照定额 9-1-10 确定人材机消耗量。由定额消耗量可知，定额 9-1-10 不包含英红脊瓦，需单独计算。根据定额子目设置，按定额 9-1-11 确定英红脊瓦人材机消耗量。

（1）英红瓦屋面。英红瓦屋面定额工程量 67.80m²。

定额 9-1-10，定额单位 10m²。消耗量标准为：综合工日（土建）2.34 工日；1∶2 水泥抹灰砂浆 0.4613m³；英红主瓦（420×332）106.805 块；水 0.32m³；灰浆搅拌机（200L）0.04 台班。

因此，根据定额工程量和定额消耗量标准，该工程英红瓦屋面施工所需的人工、主要材料消耗量如下

英红瓦屋面铺贴人工消耗量＝67.80×2.34÷10＝15.8652（工日）。

英红主瓦（420×332）消耗量＝67.80×106.805÷10＝724.1379（块）。

利用相同的方法，可以计算英红主瓦安装其他材料和机械的消耗量。

（2）英红瓦正斜脊。英红瓦正斜脊按设计图示尺寸以长度计算。定额工程量为 9.24m。

定额 9-1-11，定额单位 10m。消耗量标准为：综合工日（土建）2.25 工日；1∶2 水泥抹灰砂浆 0.0923m³；英红脊瓦 29.725 块；水 0.2m³；灰浆搅拌机（200L）0.02 台班。

因此，该工程英红瓦正斜脊施工所需的人工、主要材料消耗量如下

英红瓦正斜脊施工人工消耗量＝9.24×2.25÷10＝2.079（工日）。

英红脊瓦消耗＝9.24×29.725÷10＝27.4659（块）。

利用相同的方法，可以计算英红正斜脊瓦施工其他材料和机械的消耗量。

由［例 15-1］可知，瓦屋面清单项目的工程量为 67.80m²，因此，每一计量单位瓦屋面清单项目所需的人工和主要材料的数量如下

英红瓦屋面铺贴人工数量＝15.8652÷67.80＝0.234（工日）。

英红主瓦（420×332）数量＝724.1379÷67.80＝10.6805（块）。

英红瓦正斜脊施工人工数量＝2.079÷67.80＝0.0307（工日）。

英红脊瓦数量＝27.4659÷67.80＝0.4051（块）。

其他材料和机械的数量见表 15-10。

根据人材机消耗量和价格信息、相应费率及计算方法，计算得到该清单项目的综合单价，综合单价分析表见表 15-10。

表 15-10   **综合单价分析表**

工程名称：某建筑工程   标段：   第 1 页 共 1 页

项目编码	010901001001		项目名称	瓦屋面			计量单位	m²
序号	费用项目	单位	数量	取费基数金额（元）	费率（%）		单价	合价
1	人工费							33.88
1.1	英红瓦安装用工	工日	0.234				128	29.95
1.2	英红脊瓦安装用工	工日	0.0307				128	3.93
2	材料费							98.47
2.1	英红瓦 420×332	块	10.6805				7.26	77.54

续表

项目编码	010901001001		项目名称	瓦屋面			计量单位	m²
序号	费用项目	单位	数量	取费基数金额（元）	费率（％）		单价	合价
2.2	英红脊瓦	块	0.4051				6.11	2.48
2.3	1：2水泥抹灰砂浆	m³	0.0474				384.33	18.22
2.4	水	m³	0.0347				6.60	0.23
3	机械							0.88
3.1	灰浆搅拌机200L	台班	0.0043				204.16	0.88
	小计							133.23
4	企业管理费	元		33.88	25.6％			8.67
5	利润	元		33.88	15％			5.08
	综合单价	元						146.98

注　水的数量＝$(0.32×67.80÷10+0.20×9.24÷10)÷67.80=0.0347$（m³）；1：2水泥抹灰砂浆数量＝$(0.4613×67.80÷10+0.0923×9.24÷10)÷67.80=0.0474$（m³）；灰浆搅拌机（200L）数量＝$(0.04×67.80÷10+0.02×9.24÷10)÷67.80=0.0043$（台班）。

【例 15-5】　某施工企业参与［例 15-2］工程的投标。试根据招标文件和其他要求确定［例 15-2］附加层卷材防水清单项目的综合单价。企业确定人工工资单价为 135 元/工日，2mm 厚 SBS 防水卷材市场询价 30 元（除税）/m²。其余计价依据和要求参照教材第二篇"说明"。

解　根据清单特征描述及建筑做法说明，该屋面卷材防水清单项发生的工程内容包括基层处理、刷底油、铺防水卷材、接缝处理、封边、收口等。定额工程量为 23.42m²。

根据山东省建筑工程消耗量定额，防水附加层套用相应卷材防水层定额（9-2-10），人工乘以系数 1.82。

定额 9-2-10，定额单位 10m²。消耗量标准为：综合工日（土建）0.24 工日；SBS 防水卷材 11.5635m²；改性沥青嵌缝油膏 0.5977kg；液化石油气 2.6992kg；SBS 弹性沥青防水胶 2.892kg。

此外，定额 9-2-10 按一层考虑，如多于一层时，按 9-2-12（每增一层）进行调整。本工程附加层为二层，需要进行调整。定额 9-2-12 消耗量如下：综合工日（土建）0.21 工日；SBS 防水卷材 11.5635m²；改性沥青嵌缝油膏 0.5165kg；液化石油气 3.0128kg。

因此，根据定额工程量、定额消耗量标准和有关调整事项，该工程屋面附加层防水卷材施工的人工、主要材料消耗量如下

人工消耗量＝$23.42×(0.24+0.21)×1.82÷10=1.9181$（工日）。

SBS 防水卷材＝$23.42×11.5635×2÷10=54.1634$（m²）。

利用相同的方法，可以计算其他材料的消耗量。

（3）卷材防水定额中未包括冷底子油。参照《山东省建筑工程消耗量定额》（2016）定额子目设置，冷底子油另按定额 9-2-59 计算。定额工程量为 23.42m²。

定额 9-2-59，定额单位 10m²。消耗量标准为：综合工日（土建）0.12 工日；冷底子油（30：70）4.848kg；木柴 1.575kg。

根据以上定额工程量、定额消耗量标准，该工程屋面卷材施工刷冷底子油工作的人工、主要材料消耗量如下

人工消耗量＝23.42×0.12÷10＝0.2810（工日）。

冷底子油（30∶70）＝23.42×4.848÷10＝11.3540（kg）。

木柴＝23.42×1.575÷10＝3.6887（kg）。

由［例15-2］可知，附加层卷材防水清单项目的工程量为23.42m²。因此，每一计量单位附加层卷材防水清单项目所需的人工、主要材料的数量如下

卷材铺贴人工数量＝1.9181÷23.42＝0.0819（工日）。

SBS防水卷材＝54.1634÷23.42＝2.3127（m²）。

冷底子油人工数量＝0.2810÷23.42＝0.0120（工日）。

冷底子油（30∶70）＝11.3540÷23.42＝0.4848（kg）。

木柴＝3.6887÷23.42＝0.1575（kg）。

其他材料所需数量详见表15-11。

根据人材机消耗量和价格信息、相应费率及计算方法，计算得到该清单项目的综合单价，综合单价分析表见表15-11。

表15-11　　　　　　　　　　综合单价分析表

工程名称：某建筑工程　　　　　　　　　标段：　　　　　　　　　第1页共1页

项目编码	010902001002	项目名称	屋面卷材防水			计量单位	m²
序号	费用项目	单位	数量	取费基数金额（元）	费率（%）	单价	合价
1	人工费						13.15
1.1	屋面卷材铺贴用工（附加层）	工日	0.0819			140	11.47
1.2	刷冷底子油用工	工日	0.012			140	1.68
2	材料费						95.53
2.1	SBS防水卷材	m²	2.3127			30	69.38
2.2	改性沥青嵌缝油膏	kg	1.1142			3.72	4.14
2.3	液化石油气	kg	0.5712			8.24	4.71
2.4	SBS弹性沥青防水胶	kg	0.2892			51.13	14.79
2.5	冷底子油	kg	0.4848			4.65	2.25
2.6	木柴	kg	0.1575			1.62	0.26
3	机械						—
	小计						108.68
4	企业管理费	元		12.02	25.6%		3.08
5	利润	元		12.02	15%		1.80
	综合单价	元					113.56

注　企业管理费的计算基数＝0.0819×128+0.012×128＝12.02元

分部分项工程项目清单计价表见表15-12。

表 15-12   分部分项工程项目清单计价表

工程名称：某建筑工程   标段：   第 1 页 共 1 页

序号	项目编码	项目名称	项目特征描述	计量单位	工程量	金额（元）	
						综合单价	合价
1	010902001002	屋面卷材防水	1. 卷材品种、规格：2mmSBS 2. 防水层做法：热熔法 3. 防水层数：二层，附加层	m²	23.42	113.56	2659.58

复习巩固

1. 墙面、楼地面及屋面防水中上卷部分工程量如何处理？
2. 防水中搭接及附加层用量如何处理？
3. 防水工程有哪些分类？

能力提高

1. 根据相关计价依据，自行计算表 15-11 中改性沥青嵌缝油膏、液化石油气和 SBS 弹性沥青防水胶的数量。

2. 某施工企业参与 ［例 15-2］ 工程的投标，企业确定的人工工资单价为 145 元/工日，企业管理费费率为 20%，利润率 18%。其他数据不变，计算该屋面卷材防水投标时的综合单价。

课程思政

近年来人们生活水平的提高，对建筑施工质量的要求也在提高。建筑屋面渗漏是常见的一种质量病害，一旦某一个环节出现问题很容易造成房屋渗漏，从而影响到整个房屋的质量。屋面出现漏水现象，会给人们的正常生活造成影响，当前这种现象屡见不鲜。某楼盘作为中国的顶级房地产开发企业，房屋以高档住宅以及别墅区为主，楼盘房屋售价极其昂贵，但有些精装修房屋在使用初期便出现屋面漏水事件，让购房者深恶痛绝，导致网络上有很多投诉维权的帖子，给企业声誉带来严重影响。作为一名工程技术和管理人员，一定要秉持一颗工匠之心打造良心工程，精益求精，提升建筑产品的质量，做到让购房者满意。

第十六章　保温、隔热、防腐工程

☞ **本章概要**：本章主要围绕《房屋建筑与装饰工程工程量计算标准》（GB/T 50854—2024）重点介绍了保温隔热和防腐等分部工程的工程量清单和相应工程量清单报价的编制理论与方法。

☞ **知识目标**：熟悉保温隔热和防腐工程的清单项目设置，掌握各清单项目的工程量计算规则及清单编制和清单计价方法。

☞ **能力目标**：能够基于实际工程图纸，编制保温隔热和防腐工程的分部分项工程项目清单，并能够根据相关计价依据完成清单计价工作。

☞ **素养目标**：培养严谨、细致、守规的职业精神。

第一节　招标工程量清单编制

一、清单项目设置

《房屋建筑与装饰工程工程量计算标准》（GB/T 50854—2024）附录 K，保温、隔热、防腐工程包括保温、隔热，防腐面层和其他防腐 3 部分共 16 个清单项目。清单项目设置见表 16-1～表 16-3。

表 16-1　　　　　　　　　　　　　保温、隔热（编码：011001）

项目编码	项目名称	项目特征	计量单位	工程量计算规则	工程内容
011001001	保温隔热屋面	1. 保温隔热方式及材料名称 2. 保温隔热材料规格、性能、厚度 3. 隔汽层材料品种、厚度 4. 防护材料种类	m²	详见工程量计算规则部分	1. 基层清理 2. 铺设隔汽层（若有） 3. 刷黏结材料（若有） 4. 保温层铺设、粘贴、喷涂或浇筑 5. 铺、刷（喷）防护材料
011001002	保温隔热天棚	1. 保温隔热方式及材料名称 2. 保温隔热材料规格、性能、厚度 3. 防护材料种类		详见工程量计算规则部分	1. 基层清理 2. 刷黏结材料（若有） 3. 保温层抹压、粘贴、喷涂 4. 铺、刷（喷）防护材料

续表

项目编码	项目名称	项目特征	计量单位	工程量计算规则	工程内容
011001003	保温隔热墙面	1. 保温隔热部位 2. 保温隔热方式及材料名称 3. 保温隔热材料规格、性能、厚度 4. 龙骨材料品种、规格 5. 防护材料种类	m²	详见工程量计算规则部分	1. 基层清理 2. 涂刷界面剂、界面砂浆 3. 安装龙骨、填、贴、挂保温材料；粘贴、固定保温板，抹压保温浆料；喷涂发泡保温材料 4. 粘贴防火隔离带 5. 保温材料嵌缝、发泡填缝，打密封膏 6. 铺、刷（喷）防护材料
011001004	保温柱、梁			详见工程量计算规则部分	
011001005	保温隔热楼地面	1. 保温隔热部位 2. 保温隔热方式及材料名称 3. 保温隔热材料规格、性能、厚度 4. 隔汽层材料品种、厚度 5. 防护材料种类		详见工程量计算规则部分	1. 基层清理 2. 铺设隔汽层（若有） 3. 刷黏结材料（若有） 4. 保温层铺设、粘贴、喷涂或浇筑 5. 铺、刷（喷）防护材料
011001006	其他保温隔热	1. 保温隔热部位 2. 保温隔热方式及材料名称 3. 保温隔热材料规格、性能、厚度 4. 龙骨材料品种、规格 5. 防护材料种类		详见工程量计算规则部分	1. 基层清理 2. 涂刷界面剂、界面砂浆 3. 安装龙骨、填、贴、挂保温材料；粘贴、固定保温板，抹压保温浆料；喷涂发泡保温材料 4. 粘贴防火隔离带 5. 保温材料嵌缝、填缝，打密封膏 6. 铺、刷（喷）防护材料

表 16-2　　　　　　　　　防腐面层（编码：011002）

项目编码	项目名称	项目特征	计量单位	工程量计算规则	工程内容
011002001	防腐混凝土面层	1. 防腐部位 2. 面层厚度 3. 混凝土种类 4. 胶泥种类、配合比	m²	详见工程量计算规则部分	1. 基层清理 2. 基层刷稀胶泥 3. 混凝土输送、摊铺、养护
011002002	防腐砂浆面层	1. 防腐部位 2. 面层厚度 3. 砂浆、胶泥种类、配合比	m²	详见工程量计算规则部分	1. 基层清理 2. 基层刷稀胶泥 3. 砂浆制作、摊铺、养护

续表

项目编码	项目名称	项目特征	计量单位	工程量计算规则	工程内容
011002003	防腐胶泥面层	1. 防腐部位 2. 面层厚度 3. 胶泥种类、配合比	m²	详见工程量计算规则部分	1. 基层清理 2. 胶泥调制、摊铺
011002004	玻璃钢防腐面层	1. 防腐部位 2. 玻璃钢种类 3. 贴布材料种类、层数 4. 面层材料品种	m²	详见工程量计算规则部分	1. 基层清理 2. 刷底漆、刮腻子 3. 胶浆配制、涂刷 4. 粘布、涂刷面层
011002005	聚氯乙烯板面层	1. 防腐部位 2. 面层材料品种、厚度 3. 黏结材料种类	m²	详见工程量计算规则部分	1. 基层清理 2. 配料、涂胶 3. 聚氯乙烯板铺设
011002006	块料防腐面层	1. 防腐部位 2. 块料品种、规格 3. 黏结材料种类 4. 勾缝材料种类	m²	详见工程量计算规则部分	1. 基层清理 2. 铺贴块料 3. 胶泥调制、勾缝
011002007	池、槽块料防腐面层	1. 防腐池、槽名称、代号 2. 块料品种、规格 3. 黏结材料种类 4. 勾缝材料种类	m²	详见工程量计算规则部分	1. 基层清理 2. 铺贴块料 3. 胶泥调制、勾缝

表 16-3　　　　　　　　　　其他防腐（编码：011003）

项目编码	项目名称	项目特征	计量单位	工程量计算规则	工程内容
011003001	隔离层防腐	1. 隔离层部位 2. 隔离层材料品种 3. 隔离层做法 4. 黏结材料种类	m²	详见工程量计算规则部分	1. 基层清理、刷油 2. 制备材料 3. 隔离层铺设
011003002	砌筑沥青浸渍砖	1. 砌筑部位 2. 浸渍砖规格 3. 胶泥种类 4. 浸渍砖砌法	m³	详见工程量计算规则部分	1. 基层清理 2. 胶泥调制 3. 浸渍砖铺砌
011003003	防腐涂料	1. 涂刷部位 2. 基层材料类型 3. 刮腻子的种类、遍数 4. 涂料品种、刷涂遍数	m²	详见工程量计算规则部分	1. 基层清理 2. 刮腻子 3. 刷涂料

二、相关问题说明

（1）保温隔热层兼具装饰作用时，按装饰工程中相关项目编码列项。

（2）项目特征中的"保温隔热方式"可描述为干铺、铺钉、填塞、点粘、满粘、干挂、挂钉、喷涂、抹压、浇筑等。

（3）保温柱、梁适用于不与墙、天棚相连的独立柱、梁。

（4）池槽保温隔热应按"其他保温隔热"项目编码列项。

（5）防腐踢脚线，应按楼地面装饰工程"踢脚线"项目编码列项。

（6）砌筑沥青浸渍砖的"浸渍砖砌法"可描述为平砌、立砌。

（7）设计对保温材料的导热、燃烧、吸湿、耐久等性能有明确等级要求的，应在该清单项目"保温隔热材料性能"中进行描述。

三、工程量计算规则

1. 保温、隔热

（1）保温隔热屋面，按设计图示尺寸以面积计算。不扣除单个面积≤0.3m² 的孔洞所占面积。

（2）保温隔热天棚，按设计图示尺寸以面积计算。不扣除单个面积≤0.3m² 的柱、垛、孔洞所占面积，与天棚相连的梁按展开面积并入天棚工程量内。

柱帽保温隔热应并入天棚保温隔热工程量内。

（3）保温隔热墙面，按设计图示尺寸以面积计算。扣除门窗洞口所占面积，不扣除单个面积≤0.3m² 的梁、孔洞所占面积；门窗洞口侧壁以及与墙相连的柱，并入墙面工程量内。

（4）保温柱、梁，按设计图示尺寸以面积计算。

1）柱按设计图示柱断面保温层中心线展开长度乘保温层高度以面积计算，不扣除单个面积≤0.3m² 的梁所占面积。

2）梁按设计图示梁断面保温层中心线展开长度乘保温层长度以面积计算。

（5）保温隔热楼地面，按设计图示尺寸以面积计算。不扣除单个面积≤0.3m² 的柱、垛、孔洞所占面积。门洞、空圈、暖气包槽、壁龛的开口部分不增加面积。

（6）其他保温隔热，按设计图示尺寸以展开面积计算。不扣除单个面积≤0.3m² 的孔洞所占面积。

2. 防腐面层

（1）防腐混凝土面层、砂浆面层、胶泥面层、玻璃钢防腐面层、聚氯乙烯板面层及块料防腐面层，按设计图示尺寸以面积计算。

1）平面防腐：扣除凸出地面的构筑物、设备基础所占面积，不扣除单个面积≤0.3m² 的柱、垛、孔洞所占面积，门洞、空圈、暖气包槽、壁龛的开口部分不增加面积。

2）立面防腐：扣除门窗洞口面积，不扣除单个面积≤0.3m² 的梁、孔洞所占面积，门窗洞口侧壁、垛突出部分按展开面积并入墙面积内。

（2）池、槽块料防腐面层，按设计图示尺寸以展开面积计算。

3. 其他防腐

（1）隔离层防腐、防腐涂料，按设计图示尺寸以面积计算。

1）平面：扣除凸出地面的构筑物、设备基础所占面积，不扣除单个面积≤0.3m² 的柱、垛、孔洞所占面积，门洞、空圈、暖气包槽、壁龛的开口部分不增加面积。

2）立面：扣除门窗洞口面积，不扣除单个面积≤0.3m² 的梁、孔洞所占面积，门窗洞口侧壁、垛突出部分按展开面积并入墙面积内。

（2）砌筑沥青浸渍砖，按设计图示尺寸以体积计算。

四、招标工程量清单编制实例

【例 16-1】 某工程屋面和外墙面保温做法如图 15-2～图 15-4 所示。编制保温工程的分部分项工程项目清单。外墙其他构件和尺寸详见图 10-4。

解 （1）屋面保温。

根据屋面建筑做法，屋面保温包括 1∶10 水泥珍珠岩，100 厚挤塑聚苯板，另有 500mm 宽岩棉防火隔离带。屋面做法中的水泥砂浆找平层和 C20 细石混凝土找平层单独按屋面刚性层编码列项，本例中暂不列出。

1∶10 水泥珍珠岩保温清单工程量＝6.00×15.60＝93.60（m^2）。

由大样图可知，沿女儿墙周边设置 500mm 宽的岩棉防火隔离带。

100mm 厚挤塑聚苯板保温清单工程量＝（6.00－0.50－0.50）×（15.60－0.50－0.50）＝73.00（m^2）。

100mm 厚岩棉防火隔离带清单工程量＝（6.00－0.50＋15.60－0.50）×2×0.50＝20.60（m^2）。

（2）外墙保温。

根据外墙保温做法，外墙采用"50 厚挤塑聚苯板保温层，30 厚胶粉聚苯颗粒保温砂浆找平层，6 厚抗裂砂浆，中间压入一层耐碱玻璃纤维网格布"，按屋面保温列清单项，各保温层在综合单价中考虑。

根据图纸，外墙门窗洞口侧壁及女儿墙顶面和内侧设置 20mm 厚玻化微珠保温砂浆，单独列清单项。

挤塑聚苯板外墙保温自－0.400 标高处开始，至女儿墙顶面。

挤塑聚苯板外墙保温清单工程量计算如下：

1）外墙外围图示面积：（6.00＋0.24＋0.025×2＋15.60＋0.24＋0.025×2）×2×（4.40＋0.40）＝212.93（m^2）。

2）扣除门窗洞口面积：1.00×2.10×4＋1.80×1.50＋2.40×1.50＋2.70×1.50×2＝22.80（m^2）。

3）扣除室外台阶所占面积（台阶顶标高按－0.015m，最外围台阶踏步顶标高－0.250m 计算）：（15.60＋0.24－0.30－0.30）×（0.40－0.015）＋0.30×（0.40－0.25）＝5.91（m^2）。

挤塑聚苯板外墙保温清单工程量＝212.93－22.80－5.91＝184.22（m^2）。

玻化微珠保温砂浆工程量计算如下：

1）门窗侧壁

门窗洞口周长：1.00×4＋2.10×2×4＋（1.80＋1.50）×2＋（2.40＋1.50）×2＋（2.70＋1.50）×2×2＝52.00（m^2）。

本工程采用的门窗框宽度 65mm，因此，玻化微珠保温砂浆宽度为 0.12－0.065÷2＋0.05＋0.03＋0.006＝0.1735（m）。

门窗侧壁玻化微珠保温砂浆工程量＝52.00×0.1735＝9.02（m^2）。

2）女儿墙内侧：（6.00＋15.60）×2×（0.50－0.15）＝15.12（m^2）。

注：女儿墙内侧玻化微珠算至挤塑聚苯板上表面。

3）女儿墙顶部。

玻化微珠宽度：0.12＋0.02＋0.05＋0.03＋0.006＝0.226（m）。

女儿墙顶部玻化微珠工程量＝（6.00＋0.24＋0.05×2＋0.03×2－0.226＋15.60＋0.24＋0.05×2＋0.03×2－0.226）×2×0.226＝9.92（m²）。

玻化微珠保温砂浆工程量＝9.02＋15.12＋9.92＝34.06（m²）。

注：大样图中注明的30厚挤塑聚苯板从室外地坪下伸500mm在本计算中未考虑，可自行计算，单列清单项。

分部分项工程项目清单见表16-4。

表16-4 分部分项工程项目清单计价表

工程名称：某建筑工程　　　　　　　　　　标段：　　　　　　　　　　第1页 共1页

序号	项目编码	项目名称	项目特征描述	计量单位	工程量	金额（元）	
						综合单价	合价
1	011001001001	保温隔热屋面	保温隔热材料品种、规格、厚度：1：10现浇水泥珍珠岩最薄处30mm厚	m²	93.60		
2	011001001002	保温隔热屋面	保温隔热材料品种、规格、厚度：100mm厚挤塑聚苯板	m²	73.00		
3	011001001003	保温隔热屋面	保温隔热材料品种、规格、厚度：100mm厚岩棉防火隔离带	m²	20.60		
4	011001003001	保温隔热墙面	1. 保温隔热部位：外墙 2. 保温隔热方式：外保温 3. 保温隔热材料品种、规格、性能：50mm厚挤塑聚苯板、30mm厚保温砂浆 6. 增强网及抗裂防水砂浆种类：6mm厚抗裂砂浆，中间压入一层耐碱玻璃纤维网格布	m²	184.22		
5	011001003002	保温隔热墙面	1. 保温隔热部位：门窗侧壁及女儿墙内侧 2. 保温隔热方式：外保温 3. 保温隔热材料品种、规格、性能：20mm厚玻化微珠保温砂浆	m²	34.06		

第二节　工程量清单计价应用

本节以［例16-1］中的水泥珍珠岩保温、挤塑聚苯板保温清单项目介绍保温、隔热、防腐工程清单计价。

【例16-2】 某工程造价咨询企业受招标方委托，根据招标文件要求编制［例16-1］工程的最高投标限价。试确定［例16-1］中第1项和第4项保温清单项目的综合单价。计价依据和要求参照教材第二篇"说明"。

解 （1）第1项清单项目。该清单项目为1：10水泥珍珠岩保温层。参照《山东省建筑工程消耗量定额》（2016）定额子目设置，屋面水泥珍珠岩保温层按照定额10-1-11确定人材机消耗量。按照山东省工程量计算规则，水泥珍珠岩屋面保温层按设计图 16-1 所示面积乘以平均厚度，以立方米计算。屋面保温层平均厚度＝保温层宽度÷2×坡度÷2＋最薄处厚度。

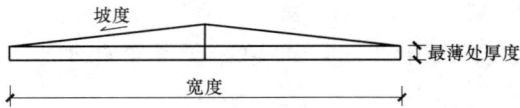

图 16-1　水泥珍珠岩保温层

根据图纸，水泥珍珠岩找坡层最薄处厚度为 30mm，从天沟内边（距女儿墙内侧 400mm）开始起坡，坡度 2%。因此，天沟范围内水泥珍珠岩厚度为 30mm，找坡范围内水泥珍珠岩平均厚度为（6.00－0.40－0.40）÷2×2%÷2＋0.03＝0.056m。水泥珍珠岩工程量计算如下

1）天沟范围内：$15.60 \times 2 \times 0.40 \times 0.03 = 0.374$（m³）。

2）找坡范围内：$15.60 \times (6.00 - 0.40 - 0.40) \times 0.056 = 4.543$（m³）。

水泥珍珠岩保温层工程量＝0.374＋4.543＝4.92（m³）。

定额 10-1-11，定额单位 10m³。消耗量标准为：综合工日（土建）9.33 工日；1：10 水泥珍珠岩 10.2m³；水 7.0m³。

根据定额工程量和定额消耗量标准，该工程水泥珍珠岩找坡层施工所需的人工和材料消耗量如下

人工消耗量＝4.92×9.33÷10＝4.5904（工日）。

1：10 水泥珍珠岩消耗量＝4.92×10.2÷10＝5.0184（m³）。

水的消耗量＝4.92×7.0÷10＝3.444（m³）。

由［例 16-1］可知，该水泥珍珠保温清单项目工程量为 93.60m²，因此，每一计量单位水泥珍珠岩保温清单项目所需人工和材料的数量如下

人工数量＝4.5904÷93.60＝0.0490（工日）。

1：10 水泥珍珠岩数量＝5.0184÷93.60＝0.0536（m³）。

水的数量＝3.444÷93.60＝0.0368（m³）。

根据人材机消耗量和价格信息、相应费率及计算方法，计算得到该清单项目的综合单价，综合单价分析表见表 16-5。

表 16-5　　　　　　　　　　综合单价分析表

工程名称：某建筑工程　　　　　　　　　标段：　　　　　　　　　第 1 页 共 1 页

项目编码	011001001001		项目名称	保温隔热屋面			计量单位	m²
序号	费用项目	单位	数量	取费基数金额（元）	费率（%）		单价	合价
1	人工费							6.27
1.1	保温层铺设人工	工日	0.0490				128	6.27
2	材料费							10.14
2.1	1：10 水泥珍珠岩	m³	0.0536				184.67	9.90
2.2	水	m³	0.0368				6.60	0.24
3	机械							—
	小计							16.41
4	企业管理费	元		6.27	25.6%			1.61

续表

项目编码	011001001001		项目名称	保温隔热屋面		计量单位	m²
序号	费用项目	单位	数量	取费基数金额（元）	费率（%）	单价	合价
5	利润	元		6.27	15%		0.94
	综合单价	元					18.96

注　图纸中的找平层等单独列清单项，本综合单价中未考虑。

（2）第 4 项清单项。外墙采用"50 厚挤塑聚苯板保温层，30 厚胶粉聚苯颗粒保温砂浆找平层，6 厚抗裂砂浆，中间压入一层耐碱玻璃纤维网格布"。

50mm 厚挤塑聚苯板保温按照保温层中心线长度乘以保温高度计算工程量，定额工程量=184.22m²。

墙面铺贴挤塑聚苯板保温按照定额 10-1-46 确定人材机消耗量，定额单位为 10m²。消耗量如下：综合工日（土建）0.69 工日，聚苯乙烯泡沫板（δ50）10.2m²，塑料保温螺栓61.2 套，合金钻头 0.296 个，电 0.1776kW·h。

30 厚胶粉聚苯颗粒保温砂浆找平层位于挤塑聚苯板外围，按照此外围周长计算保温砂浆工程量。工程量=（6.00+0.24+0.05×2+15.60+0.24+0.05×2）×2×（4.40+0.40）−22.80−5.91=185.18（m²）。

30 厚胶粉聚苯颗粒保温砂浆找平层按定额 10-1-55 确定人材机消耗量，定额单位 10m²。消耗量如下：综合工日 1.96 工日，普通硅酸盐水泥（42.5MPa）6.00kg，黄砂（过筛中砂）0.005m³，乳液界面剂 4.00kg，聚苯乙烯颗粒 4.726kg，胶料粉 52.92kg，水 0.18m³，灰浆搅拌机（200L）0.038 台班。

6 厚抗裂砂浆位于保温砂浆外围，按照此外围周长计算保温砂浆工程量。工程量=（6.00+0.24+0.05×2+0.03×2+15.60+0.24+0.05×2+0.03×2）×2×（4.40+0.40）−22.80（扣门洞）−5.91=186.33（m²）。

6 厚抗裂砂浆按定额 10-1-68 确定人材机消耗量，定额单位 10m²。消耗量如下：综合工日（土建）0.93 工日，抗裂砂浆粉 149.1kg，水 0.04m³，灰浆搅拌机（200L）0.013 台班。

耐碱玻璃纤维网格布工程量=186.33（m²）。按定额 10-1-73 确定人材机消耗量，定额单位为 10m²。消耗量如下：综合工日（土建）0.40 工日，耐碱纤维网格布 11.00m²。

以耐碱玻璃纤维网格布工作内容为例。由［例 16-1］可知，该保温隔热墙面清单项目工程量为 184.22m²。因此，每一计量单位保温隔热墙面清单项目所需的人工和材料数量如下

网格布铺设人工数量=186.33×0.40÷10÷184.22=0.0415（工日）。

耐碱纤维网格布的数量=186.33×11.00÷10÷184.22=1.1126（m²）。

每一计量单位保温隔热墙面清单项目所需要的其他工作内容的人材机数量可按同样的方法计算，结果见表 16-5。

根据人材机消耗量和价格信息、相应费率及计算方法，计算得到该清单项目的综合单价，综合单价分析表见表 16-6。

表 16-6   综合单价分析表

工程名称：某建筑工程   标段：   第 1 页 共 1 页

项目编码	011001003001		项目名称	保温隔热墙面			计量单位	m²
序号	费用项目	单位	数量	取费基数金额（元）	费率（%）		单价	合价
1	人工费							51.27
1.1	挤塑聚苯板铺贴人工	工日	0.0690				128	8.83
1.2	保温砂浆找平层人工	工日	0.1970				128	25.22
1.3	抗裂砂浆人工	工日	0.0941				128	12.04
1.4	网格布人工	工日	0.0405				128	5.18
2	材料费							83.83
2.1	聚苯乙烯泡沫板（50mm）	m²	1.0200				28.64	29.21
2.2	铺贴聚苯乙烯泡沫板其他材料	元	4.92					4.92
2.3	聚苯乙烯颗粒	kg	0.4751				17.44	8.29
2.4	聚苯保温砂浆其他材料	元	11.84					11.84
2.5	抗裂砂浆材料费	元	26.12					26.12
2.6	耐碱玻璃纤维网格布	m²	1.1126				3.10	3.45
3	机械							1.04
3.1	保温砂浆和抗裂砂浆用灰浆搅拌机	台班	0.0051				204.16	1.04
	小计							136.14
4	企业管理费	元		51.27	25.6%			13.13
5	利润	元		51.27	15%			7.69
	综合单价	元						156.96

注 聚苯乙烯泡沫板其他材料＝[61.2×0.76（塑料保温螺栓）＋0.296×8.47（合金钻头）＋0.1776×1.00（电）]×184.22÷10÷184.22＝4.92（元）。聚苯颗粒保温砂浆其他材料＝[6.00×0.37（水泥）＋0.005×160.19（黄砂）＋4.00×3.13（乳液界面剂）＋52.92×1.91（胶料粉）＋0.18×6.60（水）]×185.18÷10÷184.22＝11.84（元）。抗裂砂浆材料费＝[149.1×1.73（抗裂砂浆粉）＋0.04×6.60（水）]×186.33÷10÷184.22＝26.12（元）。灰浆搅拌机用量＝(186.33×0.013÷10＋185.18×0.038÷10)÷184.22＝0.0051（台班）。

🔄 复习巩固

1. 屋面隔热屋面如何计算清单工程量？

2. 保温柱、保温梁如何计算清单工程量？

3. 项目特征中的"保温隔热方式"如何描述？

📋 能力提高

1. 根据［例 16-2］中的相关数据，如何计算得到表 16-5 中各种材料的数量。

2. 若［例 16-2］中 1:10 水泥珍珠岩是暂估价材料，暂估单价为 210 元/m³，均为除税价。试重新计算该清单项目的综合单价。

📚 课程思政

在建筑行业中，保温层的设计和施工一直是重要的环节。它不仅影响着建筑的能耗效率，也关系到居住的舒适度。随着时间的推移和科技的进步，保温层的做法也在不断升级和改进。随着建筑技术的进步，现在的保温层施工已经变得更加高效和先进。最新的做法是直接使用 120mm 厚的轻钢泡沫顶板来代替传统的竹胶板支模。这种轻钢泡沫顶板不仅具有较高的强度和稳定性，而且其本身的泡沫结构提供了良好的保温效果。在浇筑混凝土后，轻钢泡沫顶板不需要拆除，直接作为现浇顶和保温层一次性完成。这种做法不仅节省了施工时间和成本，而且提高了保温层的整体性能。总之，建筑保温层的施工技术正在经历一场革命。从传统的现浇后再贴泡沫板，到现在的轻钢泡沫顶板一次性施工，这些新的技术和材料正在改变我们的建筑方式和建筑质量。这些创新不仅提高了建筑的保温效果，也提升了施工的效率和质量。随着科技的不断进步，我们有理由相信，未来的建筑将会更加节能、环保，同时也更加舒适和安全。

第十七章　楼地面装饰工程

☞ **本章概要**：本章主要围绕《房屋建筑与装饰工程工程量计算标准》（GB/T 50854—
2024）重点介绍了楼地面装饰工程所包含的整体面层及找平层、石材及块
料面层、橡塑面层、其他材料面层、踢脚线、楼梯面层、台阶装饰、零星
装饰项目、装配式楼地面及其他等共9个分部工程的工程量清单和相应工
程量清单报价的编制理论与方法。

☞ **知识目标**：熟悉楼地面装饰工程的清单项目设置，掌握各清单项目的工程量计算规则
及清单编制和清单计价方法。

☞ **能力目标**：能够基于实际工程图纸，编制楼地面装饰工程的分部分项工程项目清单，
并能够根据相关计价依据完成清单计价工作。

☞ **素养目标**：培养严谨、细致、守规的职业精神。

第一节　招标工程量清单编制

一、清单项目设置

按照《房屋建筑与装饰工程工程量计算标准》（GB/T 50854—2024），楼地面装饰工程包
括整体面层及找平层，块料面层，橡塑面层，其他材料面层，踢脚线，楼梯面层，台阶装饰，
零星装饰项目，装配式楼地面及其他等9个分部工程，共47个清单项目，见表17-1～表17-9。

表 17-1　　　　　　　　　整体面层及找平层（编码：011101）

项目编码	项目名称	项目特征	计量单位	工程量计算规则	工程内容
011101001	水泥砂浆楼地面	1. 找平层厚度、材料种类及强度等级 2. 面层厚度、砂浆种类及强度等级 3. 面层处理方式	m²	详见工程量计算规则部分	1. 基层清理 2. 找平层铺设 3. 面层铺设
011101002	细石混凝土楼地面	1. 找平层厚度、材料种类及强度等级 2. 面层厚度、混凝土强度等级 3. 面层处理方式	m²	详见工程量计算规则部分	1. 基层清理 2. 找平层铺设 3. 面层铺设
011101003	自流平楼地面	1. 找平层厚度、材料种类及强度等级 2. 界面剂材料种类 3. 中层漆材料种类、厚度 4. 面漆材料种类、厚度	m²	详见工程量计算规则部分	1. 基层处理 2. 找平层铺设 3. 涂界面剂 4. 涂刷中层漆 5. 打磨、吸尘 6. 镘自流平面漆（浆）

项目编码	项目名称	项目特征	计量单位	工程量计算规则	工程内容
011101004	耐磨楼地面	1. 找平层厚度、材料种类及强度等级 2. 混凝土厚度、强度等级 3. 耐磨地坪材料种类、厚度 4. 面层处理方式	m²	详见工程量计算规则部分	1. 基层处理 2. 找平层铺设 3. 面层铺设
011101005	塑胶地面	1. 底胶种类、厚度 2. 面胶种类、厚度 3. 颗粒种类	m²	详见工程量计算规则部分	1. 清理基层 2. 底胶配料摊铺 3. 面胶配料摊铺 4. 摊铺颗粒 5. 清扫养护
011101006	平面砂浆找平层	1. 找平层厚度 2. 砂浆种类及强度等级	m²	详见工程量计算规则部分	1. 基层清理 2. 找平层铺设
011101007	混凝土找平层	1. 找平层厚度 2. 混凝土强度等级	m²	详见工程量计算规则部分	1. 基层处理 2. 找平层铺设
011101008	自流平找平层	1. 界面剂材料种类、遍数 2. 找平层厚度、材料种类	m²	详见工程量计算规则部分	1. 基层处理 2. 涂界面剂 3. 找平层铺设

表 17-2　　　　石材及块料面层（编码：011102）

项目编码	项目名称	项目特征	计量单位	工程量计算规则	工程内容
011102001	石材楼地面	1. 找平层厚度、材料种类及强度等级 2. 结合层厚度、材料种类及强度等级 3. 面层材料品种、规格 4. 勾缝材料种类 5. 防护层材料种类 6. 面层处理方式	m²	详见工程量计算规则部分	1. 基层清理 2. 找平层铺设 3. 面层铺设、磨边 4. 勾缝 5. 刷防护材料 6. 酸洗、打蜡、结晶
011102002	拼碎石材楼地面				
011102003	块料楼地面				

表 17-3　　　　橡塑面层（编码：011103）

项目编码	项目名称	项目特征	计量单位	工程量计算规则	工程内容
011103001	橡塑板楼地面	1. 结合层厚度、材料种类及强度等级 2. 面层材料品种、规格 3. 压线条种类	m²	详见工程量计算规则部分	1. 基层清理 2. 面层铺设 3. 压条装订
011103002	橡塑卷材楼地面				
011103003	塑胶运动地板	1. 面层材料品种、规格 2. 固定方式 3. 附加层材料种类和厚度 4. 压线条种类			1. 基层清理 2. 附加层铺贴 3. 面层铺设 4. 压条装订

表 17-4　　　　　　　　　　　　**其他材料面层（编码：011104）**

项目编码	项目名称	项目特征	计量单位	工程量计算规则	工程内容
011104001	地毯楼地面	1. 基层种类 2. 面层材料品种、规格 3. 黏结材料种类 4. 固定配件材料种类、规格	m²	详见工程量计算规则部分	1. 基层清理 2. 铺贴面层 3. 装订压条
011104002	竹、木（复合）地板	1. 龙骨材料种类、规格、铺设间距 2. 基层材料种类、规格 3. 面层材料品种、规格 4. 防护材料种类			1. 基层清理 2. 龙骨铺设 3. 基层铺设 4. 面层铺设 5. 刷防护材料
011104003	金属复合地板				

表 17-5　　　　　　　　　　　　**踢脚线（编码：011105）**

项目编码	项目名称	项目特征	计量单位	工程量计算规则	工程内容
011105001	水泥砂浆踢脚线	1. 踢脚线高度 2. 底层厚度、砂浆种类及强度等级 3. 面层厚度、砂浆种类及强度等级	m	详见工程量计算规则部分	1. 基层清理 2. 底层和面层抹灰
011105002	石材踢脚线	1. 踢脚线高度 2. 结合层厚度、材料种类及强度等级 3. 面层材料品种、规格 4. 防护材料种类			1. 基层清理 2. 底层抹灰 3. 面层铺设、磨边 4. 擦缝 5. 磨光、酸洗、打蜡 6. 刷防护材料
011105003	块料踢脚线				
011105004	塑料板踢脚线	1. 踢脚线高度 2. 结合层厚度、材料种类及强度等级 3. 面层材料品种、规格			1. 基层清理 2. 基层铺贴 3. 面层铺设
011105005	木质踢脚线	1. 踢脚线高度 2. 基层材料种类、规格 3. 面层材料品种、规格			
011105006	金属踢脚线				

表 17-6　　　　　　　　　　　　**楼梯面层（编码：011106）**

项目编码	项目名称	项目特征	计量单位	工程量计算规则	工程内容
011106001	水泥砂浆楼梯	1. 找平层厚度、材料种类及强度等级 2. 面层厚度、砂浆种类及强度等级 3. 防滑条材料种类、规格 4. 面层处理方式 5. 楼梯部位	m²	详见工程量计算规则部分	1. 基层清理 2. 找平层铺设 3. 面层铺设 4. 抹防滑条

续表

项目编码	项目名称	项目特征	计量单位	工程量计算规则	工程内容
011106002	石材楼梯	1. 找平层厚度、材料种类及强度等级 2. 结合层厚度、材料种类及强度等级 3. 面层材料品种、规格 4. 防滑条材料种类、规格 5. 勾缝材料种类 6. 防护材料种类 7. 面层处理方式 8. 楼梯部位	m²	详见工程量计算规则部分	1. 基层清理 2. 找平层铺设 3. 面层铺设、磨边 4. 贴嵌防滑条 5. 勾缝 6. 刷防护材料 7. 酸洗、打蜡、结晶
011106003	块料楼梯				
011106004	地毯楼梯	1. 基层种类 2. 面层材料品种、规格 3. 黏结材料种类 4. 固定配件材料种类、规格 5. 楼梯部位			1. 基层清理 2. 面层铺设 3. 固定配件安装
011106005	木板（复合）楼梯	1. 基层材料种类、规格 2. 面层材料品种、规格 3. 黏结材料种类 4. 防护材料种类 5. 楼梯部位			1. 基层清理 2. 基层铺贴 3. 面层铺设 4. 刷防护材料
011106006	橡塑板楼梯	1. 黏结层厚度、材料种类及强度等级 2. 面层材料品种、规格 3. 压条种类 4. 楼梯部位			1. 基层清理 2. 面层铺设 3. 压条装订
011106007	橡塑卷材楼梯				

表 17-7　　　　　　　台阶装饰（编码：011107）

项目编码	项目名称	项目特征	计量单位	工程量计算规则	工程内容
011107001	水泥砂浆台阶	1. 找平层厚度、材料种类及强度等级 2. 面层厚度、砂浆种类及强度等级 3. 防滑条材料种类 4. 面层处理方式	m²	详见工程量计算规则部分	1. 基层清理 2. 找平层铺设 3. 面层铺设 4. 贴嵌防滑条
011107002	石材台阶	1. 找平层厚度、材料种类及强度等级 2. 结合层厚度、材料种类及强度等级 3. 面层材料品种、规格 4. 勾缝材料种类 5. 防滑条材料种类、规格 6. 防护材料种类 7. 面层处理方式			1. 基层清理 2. 找平层铺设 3. 面层铺设 4. 贴嵌防滑条 5. 勾缝 6. 刷防护材料 7. 酸洗、打蜡、结晶
011107003	拼碎石材台阶				
011107004	块料台阶				
011107005	剁假石台阶	1. 找平层厚度、材料种类及强度等级 2. 结合层厚度、材料种类及强度等级 3. 面层材料品种、规格			1. 清理基层 2. 找平层铺设 3. 面层铺设

表 17-8   **零星装饰项目（编码：011108）**

项目编码	项目名称	项目特征	计量单位	工程量计算规则	工程内容
011108001	石材零星项目	1. 找平层厚度、材料种类及强度等级 2. 结合层厚度、材料种类及强度等级 3. 面层材料品种、规格 4. 勾缝材料种类 5. 防护材料种类 6. 面层处理方式	m²	详见工程量计算规则部分	1. 清理基层 2. 找平层铺设 3. 面层铺设、磨边 4. 勾缝 5. 刷防护材料 6. 酸洗、打蜡、结晶
011108002	拼碎石材零星项目				
011108003	块料零星项目				
011108004	水泥砂浆零星项目	1. 找平层厚度、材料种类及强度等级 2. 面层厚度、砂浆种类及强度等级 3. 面层处理方式			1. 清理基层 2. 找平层铺设 3. 面层铺设
011108005	车库标线、标识	1. 标线类型 2. 面层材料品种、厚度	m²	详见工程量计算规则部分	1. 基层处理 2. 涂刷
011108006	广角镜安装	样式、材质、规格	个	详见工程量计算规则部分	安装
011108007	标志牌	样式、材质、规格	m²	详见工程量计算规则部分	安装
011108008	车挡	样式、材质、规格	个	详见工程量计算规则部分	安装
011108009	减速带	样式、材质、规格	m	详见工程量计算规则部分	安装
011108010	墙柱面防撞条	样式、材质、规格	m	详见工程量计算规则部分	安装

表 17-9   **装配式楼地面及其他（编码：011109）**

项目编码	项目名称	项目特征	计量单位	工程量计算规则	工程内容
011109001	架空地板	1. 龙骨材料种类、规格、铺设间距 2. 基层材料种类、规格 3. 面层材料品种、规格 4. 防护材料种类 5. 压条种类	m²	详见工程量计算规则部分	1. 基层清理 2. 龙骨铺设 3. 基层铺设 4. 面层铺设 5. 刷防护材料 6. 压条装订
011109002	装配式踢脚线	1. 踢脚线高度 2. 踢脚线材料种类、规格 3. 卡扣材质、种类、规格	m	详见工程量计算规则部分	1. 基层清理 2. 卡扣安装 3. 面层安装

二、相关问题说明

1. 项目特征描述说明

（1）楼地面基层需做处理时，应在项目特征的找平层中进行描述。

（2）水泥砂浆、细石混凝土楼地面的"面层处理方式"可描述为拉毛、提浆压光等；耐磨楼地面中的"面层处理方式"可描述为磨光、打蜡等；块料、石材楼地面中的"面层处理方式"可描述为酸洗、打蜡、结晶等。

（3）拼碎石材项目的面层材料在特征描述时，可不用描述规格。

（4）石材、块料与粘接材料的结合面刷防渗材料的种类在防护层材料种类中描述。

（5）楼梯面层的"楼梯部位"可描述为楼梯踏步、休息平台、楼梯侧面等。

2. 清单列项说明

（1）楼地面垫层另按混凝土及钢筋混凝土工程中的"楼地面垫层"项目编码列项。

（2）橡塑面层、其他材料面层项目中如涉及找平层，另按找平层项目编码列项。

（3）面积≤0.5m² 的少量分散的楼地面装饰应按零星装饰相关项目编码列项。

三、工程量计算规则

1. 整体面层及找平层

（1）整体面层所列清单项目均按设计图示尺寸以面积计算。扣除凸出地面构筑物、设备基础、室内管道、地沟、柱、垛、附墙烟囱及孔洞所占面积。门洞、空圈、暖气包槽、壁龛的开口部分并入相应的工程量内。

（2）找平层所列清单项目均按设计图示尺寸以面积计算。扣除凸出地面构筑物、设备基础、室内管道、地沟所占面积。不扣除≤0.3m² 柱、垛、附墙烟囱及孔洞所占面积。门洞、空圈、暖气包槽、壁龛的开口部分不增加面积。

2. 石材及块料面层

石材及块料面层所列清单项目，按设计图示尺寸以面积计算。门洞、空圈、暖气包槽、壁龛的开口部分并入相应的工程量内。

3. 橡塑面层及其他材料面层

橡塑面层及其他材料面层所列清单项目，按设计图示尺寸以面积计算。门洞、空圈、暖气包槽、壁龛的开口部分并入相应的工程量内。

4. 踢脚线

各类踢脚线清单项目，按设计图示尺寸以长度计算。

5. 楼梯面层

各类楼梯面层装饰清单项目，按设计图示尺寸以面层展开面积计算。楼梯与楼地面相连时，算至最上一级踏步踏面（该踏面无设计宽度时按 300mm 计算）。

6. 台阶装饰

各类台阶面层装饰清单项目，按设计图示尺寸以面层展开面积计算。台阶与楼地面相连时，算至最上一级踏步踏面（该踏面无设计宽度时，按下一级踏面宽度计算）。

7. 零星项目装饰

（1）石材、拼碎石材、块料及水泥砂浆等各类零星项目装饰，按设计图示尺寸以面积计算。

（2）车库标线按设计图示尺寸以面积计算。车库标识按设计图形以外接矩形面积计算。

（3）广角镜安装，按设计图示数量计算。

（4）标志牌，按设计图示尺寸以面积计算。

（5）车挡，按设计图示数量计算。

（6）减速带，按设计图示尺寸以长度计算。

（7）墙柱面防撞条，按设计图示尺寸以长度计算。

8．装配式楼地面及其他

（1）架空地板，按设计图示尺寸以面积计算。门洞、空圈、暖气包槽、壁龛的开口部分并入相应的工程量内。

（2）装配式踢脚线，按设计图示尺寸以长度计算。

四、招标工程量清单编制实例

【例 17-1】 根据设计做法，[例 10-2]中单层建筑物一层平面图值班室地面做法如下：1：3 水泥砂浆找平层 20mm 厚，素水泥浆一道，40mm 厚细石混凝土表面撒 1：1 水泥沙子随打随抹光。试编制该地面装饰工程的分部分项工程项目清单。

解 本例楼地面面层为细石混凝土，按照表 17-1 中"细石混凝土楼地面"列项。1：3 水泥砂浆找平层 20mm 厚，素水泥浆一道作为其工作内容，不单独列清单项，在综合单价中考虑。

清单工程量＝（3.00－0.12－0.10）×（6.00－0.24）－0.21×0.21×2（扣柱）＋1.00×0.12（门洞）＝16.04（m²）。

分部分项工程项目清单见表 17-10。

表 17-10   **分部分项工程项目清单计价表**

工程名称：某装饰工程   标段：   第 1 页 共 1 页

序号	项目编码	项目名称	项目特征描述	计量单位	工程量	金额（元）	
						综合单价	合价
1	011101002001	细石混凝土楼地面	1. 1：3 水泥砂浆找平层，20mm 厚（干拌） 2. 素水泥浆一道 3. 40mm 厚细石混凝土，表面撒 1：1 水泥沙子随打随抹光 预拌（干拌）砂浆暂估单价为 460 元/m³（除税）。细石混凝土暂估单价 400 元/m³（除税含泵送）	m²	16.04		

【例 17-2】 根据设计做法，[例 10-4]中单层建筑物一层平面图办公室地面做法如下：20mm1：2.5 水泥砂浆铺贴全瓷抛光地板砖，规格为 600mm×600mm，面层酸洗打蜡。踢脚线与地面砖同种做法，高 150mm。试编制该地面装饰工程的分部分项工程项目清单。

解 本例楼地面面层为全瓷抛光地板砖，按照表 17-2 中"块料楼地面"列项。踢脚线按"块料踢脚线"列项。

主墙间净面积＝（3.60＋4.50＋4.50－0.20－0.20－0.10－0.12）×（6.00－0.24）－0.21×0.21×2－0.25×0.21×2（扣柱）＋1.00×0.12×3（门洞）＝69.17（m²）。

块料踢脚线清单工程量＝（3.60＋4.50＋4.50－0.12－0.20×2－0.10）×2＋（6.00－

$0.24)\times 6-1.00\times 3+(0.12-0.065\div 2)\times 6=56.05$ （m）（注：门框厚度 65mm）。

分部分项工程项目清单见表 17-11。

表 17-11 　　　　　　　　　　分部分项工程项目清单计价表

工程名称：某装饰工程　　　　　　　　　　标段：　　　　　　　　　　第 1 页 共 1 页

序号	项目编码	项目名称	项目特征描述	计量单位	工程量	金额（元）	
						综合单价	合价
1	011102003001	块料楼地面	1. 1：2.5 水泥砂浆 20mm 2. 全瓷抛光地板砖 600mm×600mm 3. 酸洗打蜡 全瓷地板砖和干拌水泥砂浆为暂估价材料。分别为 100 元/m² （除税）和 460 元/m³ （除税）	m²	69.17		
2	011105003001	块料踢脚线	1. 踢脚线高 150mm 2. 1：2.5 水泥砂浆 3. 全瓷抛光地板砖面层	m	56.05		

【例 17-3】　某工程楼梯设计图如图 17-1 所示，楼梯饰面用 1：2.5 水泥砂浆铺贴花岗石，7mm×12mm 铜防滑条 2 道/步，踏步高度 150mm。楼梯侧面及底面不做装饰。墙厚 200mm，框架柱截面尺寸 500mm×500mm 编制该楼梯装饰工程的分部分项工程项目清单。

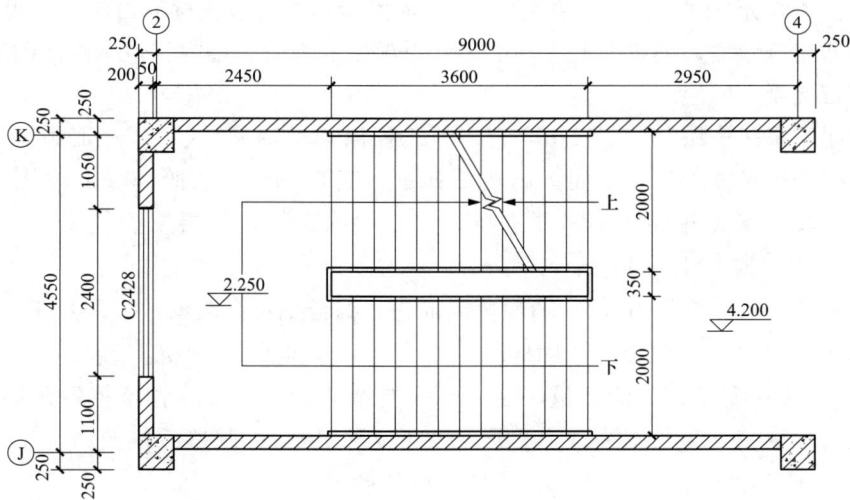

图 17-1　楼梯平面图

解　根据楼梯面层做法，按照表 17-6 的规定，按照"石材楼梯"列清单项。

（1）踏面：$(2.00+2.00)\times 3.60+(2.00+0.35+2.00)\times 0.30=15.705$ （m²）。

（2）踏步立面：$(2.00+2.00)\times 0.15\times 13=7.80$ （m²）。

（3）休息平台：$(2.00+0.35+2.00)\times (2.45+0.05)-0.30\times 0.30=10.785$ （m²）。

楼梯面层清单工程量$=15.705+7.80+10.785=34.29$ （m²）。

分部分项工程项目清单见表 17-12。

表 17-12   分部分项工程项目清单计价表

工程名称：某装饰工程   标段：   第 1 页 共 1 页

序号	项目编码	项目名称	项目特征描述	计量单位	工程量	金额（元）	
						综合单价	合价
1	011106001001	石材楼梯面层	1. 黏结层 1：2.5 水泥砂浆 2. 花岗石面层 3. 7mm×12mm 铜防滑条 4. 楼梯部位：踏面、踏步立面、楼梯平台	m²	34.29		

第二节　工程量清单计价应用

本节分别以［例 17-1］中的细石混凝土楼地面清单项目、［例 17-2］中的块料楼地面清单项目和［例 17-3］中的石材楼梯面层清单项目介绍楼地面装饰工程清单计价。

【例 17-4】 某工程造价咨询企业受招标方委托，编制［例 17-1］工程的最高投标限价。试确定［例 17-1］细石混凝土楼地面清单项目的综合单价。招标文件要求，预拌（干拌）砂浆和细石混凝土为暂估价材料，预拌（干拌）砂浆暂估单价为 460 元/m³（除税）。细石混凝土暂估单价 400 元/m³（除税含泵送）。计价依据和要求参照教材第二篇"说明"。

解 根据建筑做法，细石混凝土楼地面清单项目发生的工程内容包括水泥砂浆找平、素水泥浆、细石混凝土面层。

（1）水泥砂浆找平层。参照《山东省建筑工程消耗量定额》（2016）定额子目设置，水泥砂浆找平层按照定额 11-1-1 确定人材机消耗量。定额 11-1-1 按照 20mm 厚测算的人材机的消耗量，与设计厚度相同，不需要进行调整。水泥砂浆找平层工程量＝（3.00－0.12－0.10）×（6.00－0.24）＝16.01（m²）。

定额 11-1-1，定额单位 10m²。消耗量标准为：综合工日（装饰）0.76 工日；1：3 水泥抹灰砂浆 0.205m³；素水泥浆 0.0101m³；水 0.06m³；灰浆搅拌机（200L）0.0256 台班。设计采用 1：2.5 水泥砂浆，消耗量不变，不需要调整。根据山东省预拌砂浆的调整办法，调整后人工消耗量＝0.76－0.205×0.382＝0.6817（工日）；调整后机械消耗量（罐式搅拌机）＝0.041×0.205＝0.0084 台班。灰浆搅拌机消耗量为 0。

（2）素水泥浆。素水泥浆包含在水泥砂浆找平层定额中，不需要单独计算。

（3）细石混凝土面层。参照《山东省建筑工程消耗量定额》（2016）定额子目设置，细石混凝土面层按照定额 11-2-7 确定人材机消耗量。定额 11-2-7 按照 40mm 厚测算的人材机的消耗量，与设计厚度相同，不需要进行调整。定额工程量与找平层工程量相同，工程量为 16.01m²。

定额 11-2-7，定额单位 10m²。消耗量标准为：综合工日（装饰）0.93 工日；C20 细石混凝土 0.404m³；黄砂（过筛中砂）0.0105m³；水泥 32.4105kg；塑料薄膜 11.55m²；水 0.06m³；灰浆搅拌机（200L）0.0026 台班；混凝土振捣器（平板式）0.033 台班。

由［例17-1］可知，该细石混凝土楼地面清单项目工程量为16.04m²，以人工为例，根据各工作内容的定额工程量、定额消耗量标准和有关调整事项，计算每一计量单位细石混凝土楼地面清单项目所需的人工数量。

抹水泥砂浆找平层人工的数量＝16.01×0.6817÷10÷16.04＝0.0680（工日）。

铺设细石混凝土面层人工的数量＝16.04×0.93÷10÷16.04＝0.0930（工日）。

利用相同的方法，可以计算每一计量单位细石混凝土楼地面清单项目所需的各种材料和机械的数量，结果见表17-13。

根据人材机数量和价格信息、相应费率及计算方法，计算得到该清单项目的综合单价，综合单价分析表见表17-13。

表 17-13　　　　　　　　　　　　综合单价分析表

工程名称：某装饰工程　　　　　　　　　标段：　　　　　　　　　　第 1 页 共 1 页

项目编码	011101002001		项目名称	细石混凝土楼地面			计量单位	m²
序号	费用项目	单位	数量	取费基数金额（元）	费率（%）		单价	合价
1	人工费							22.21
1.1	水泥砂浆找平层用工（装饰）	工日	0.0680				138	9.38
1.2	细石混凝土面层用工（装饰）	工日	0.0930				138	12.83
2	材料费							29.57
2.1	1∶2.5 水泥砂浆	m³	0.0205				460	9.43
2.2	素水泥浆	m³	0.0010				564.94	0.56
2.3	C20 细石混凝土	m³	0.0404				400	16.16
2.4	其他材料费	元	3.43					3.43
3	机械							0.28
3.1	灰浆搅拌机 200L	台班	0.00026				204.16	0.05
3.2	混凝土振捣器（平板式）	台班	0.0033				8.54	0.03
3.3	干混砂浆罐式搅拌机	台班	0.0008				255.18	0.20
	小计							52.06
4	企业管理费	元		22.21	32.2%			7.15
5	利润	元		22.21	17.3%			3.84
	综合单价	元						63.05

注　其他材料费为黄砂、水泥、塑料薄膜、水价格之和。［（16.04×0.0105×160.19（黄砂）＋（16.01×0.06＋16.04×0.06）×6.60（水）＋16.04×32.4105×0.32（水泥）＋16.04×11.55×1.86）（塑料薄膜）］÷10÷16.04＝3.43（元）。

分部分项工程项目清单计价表见表17-14。

表 17-14 分部分项工程项目清单计价表

工程名称：某装饰工程　　　　　　　　　　标段：　　　　　　　　　第 1 页 共 1 页

序号	项目编码	项目名称	项目特征描述	计量单位	工程量	金额（元）	
						综合单价	合价
1	011101002001	细石混凝土楼地面	1. 1：3 水泥砂浆找平层，20mm 厚 2. 素水泥浆一道 3. 40mm 厚细石混凝土，表面撒 1：1 水泥沙子随打随抹光 预拌（干拌）砂浆暂估单价为 460 元/m³（除税）。细石混凝土暂估单价 400 元/m³（除税含泵送）	m²	16.04	63.05	1011.32

【**例 17-5**】 某施工企业参与［例 17-2］工程的投标。根据招标文件确定全瓷地板砖和干拌水泥砂浆为暂估价材料。暂估单价分别为 100 元/m²（除税）和 460 元/m³（除税）。其余计价依据和要求参照教材第二篇"说明"。此外，施工企业根据市场情况，确定人工工资单价（装饰）按 145 元/工日计算。试确定［例 17-2］中块料楼地面清单项目的综合单价。

解 根据建筑做法，块料楼地面清单项目发生的工程内容包括 20mm1：2.5 水泥砂浆铺贴全瓷抛光地板砖，规格为 600mm×600mm，面层酸洗打蜡。

根据《山东省建筑工程消耗量定额》（2016）定额子目设置，600mm×600mm 全瓷抛光地板砖按定额 11-3-30 确定人材机消耗量。定额包含 20mm 厚 1：2.5 水泥砂浆结合层。酸洗打蜡按定额 11-5-11 确定人材机消耗量。

块料面层和酸洗打蜡定额工程量为 69.17m²。

定额 11-3-30，定额单位 10m²。消耗量如下：综合工日（装饰）2.76 工日；地板砖 600mm×600mm10.25m²；1：2.5 水泥抹灰砂浆 0.205m³；素水泥浆 0.0101m³；白水泥 1.03kg；棉纱 0.1kg；锯末 0.06m³；石料切割锯片 0.032 片；水 0.26m³；石料切割机 0.151 台班；灰浆搅拌机（200L）0.0256 台班。

根据山东省预拌砂浆的调整办法，调整后人工消耗量 = 2.76 - 0.205 × 0.382 = 2.6817（工日/10m²）；调整后灰浆搅拌机消耗量为 0，干混式罐式搅拌机消耗量 = 0.041 × 0.205 = 0.0084（台班/10m²）。

定额 11-5-11，定额单位 10m²。消耗量如下：综合工日（装饰）0.39 工日；草酸 0.1kg；硬白蜡 0.265kg；煤油 0.4kg；松节油 0.053kg；清油 0.053kg。

由［例 17-2］可知，该块料楼地面清单项目工程量为 69.17m²，根据各工作内容的定额工程量、定额消耗量标准和有关调整事项，每一计量单位块料楼地面清单项目所需的人工、主要材料和机械的数量如下：

铺贴瓷砖人工的数量 = 69.17 × 2.6817 ÷ 10 ÷ 69.17 = 0.2682（工日）。

酸洗打蜡人工的数量 = 69.17 × 0.39 ÷ 10 ÷ 69.17 = 0.0390（工日）。

1：2.5 水泥砂浆（干拌）的数量 = 69.17 × 0.205 ÷ 10 ÷ 69.17 = 0.0205（m³）。

地板砖 600mm×600mm 的数量 = 69.17 × 10.25 ÷ 10 ÷ 69.17 = 1.0250（m²）。

干混式罐式搅拌机的数量 = 69.17 × 0.0084 ÷ 10 ÷ 69.17 = 0.0008（台班）。

其他材料和机械所需的数量可按相同的方法计算，结果见表 17-15。

　　根据人材机的数量和价格信息、相应费率及计算方法，计算得到该清单项目的综合单价，综合单价分析表见表 17-15。

表 17-15　　　　　　　　　　　　　　　**综合单价分析表**

工程名称：某装饰工程　　　　　　　　　　　标段：　　　　　　　　　　第 1 页 共 1 页

项目编码	011102003001		项目名称	块料楼地面			计量单位	m²
序号	费用项目	单位	数量	取费基数金额（元）	费率（％）		单价	合价
1	人工费							44.55
1.1	铺贴瓷砖人工（装饰）	工日	0.2682				145	38.89
1.2	酸洗打蜡人工（装饰）	工日	0.0390				145	5.66
2	材料费							113.82
2.1	1∶2.5 水泥砂浆（干拌）	m³	0.0205				460	9.43
2.2	地板砖 600mm×600mm	m²	1.0250				100	102.50
2.3	地砖铺贴其他材料费	元	1.17					1.17
2.4	酸洗打蜡材料费	元	0.72					0.72
3	机械							0.97
3.1	石料切割机	台班	0.0151				51.04	0.77
3.2	干混砂浆罐式搅拌机	台班	0.0008				255.18	0.20
	小计							159.34
4	企业管理费	元		42.39	32.2％			13.65
5	利润	元		42.39	17.3％			7.33
	综合单价	元						180.32

　　注　地砖铺贴材料费为素水泥浆、白水泥、棉纱、锯末、石料切割锯片、水的价格之和；酸洗打蜡材料费为草酸、硬白蜡、煤油、松节油、清油价格之和。可根据消耗量及单价自行计算。企业管理费和利润取费基数＝（0.2682＋0.0390）×138＝42.39（元）。

　　分部分项工程项目清单计价表见表 17-16。

表 17-16　　　　　　　　　　　　**分部分项工程项目清单计价表**

工程名称：某装饰工程　　　　　　　　　　　标段：　　　　　　　　　　第 1 页 共 1 页

序号	项目编码	项目名称	项目特征描述	计量单位	工程量	金额（元）	
						综合单价	合价
1	011102003001	块料楼地面	1. 1∶2.5 水泥砂浆 20mm 2. 全瓷抛光地板砖 600mm×600mm 3. 酸洗打蜡 全瓷地板砖和干拌水泥砂浆为暂估价材料。分别为 100 元/m²（除税）和 460 元/m³（除税）	m²	69.17	180.32	12472.73

　　【例 17-6】　某工程造价咨询企业受招标方委托，根据招标文件要求编制［例 17-3］工程的最高投标限价。试确定［例 17-3］石材楼梯面层清单项目的综合单价。计价依据和要求参照教材第二篇"说明"。

解　根据设计做法，该清单项目发生的工作内容为：清理基层、水泥砂浆铺贴花岗岩面层、嵌铜防滑条。

花岗岩楼梯面层定额工程量按楼梯的水平投影面积计算。定额工程量＝（3.60＋2.45＋0.05＋0.30）×（2.00＋0.35＋2.00）＝27.84（m²）。

楼梯防滑条定额工程量计算规则为按设计尺寸以延长米计算。

防滑条工程量＝（2.00－0.10×2）×12×2×2＝86.40（m）（注：防滑条每边距梯段边缘10cm）。

根据《山东省建筑工程消耗量定额》（2016），花岗岩楼梯面层按定额11-3-15确定人材机消耗量，楼梯踏步防滑条按定额11-5-2确定人材机消耗量。

定额11-3-15，定额单位10m²。消耗量标准如下：综合工日（装饰）3.82工日；石材块料13.8548m²；1：2.5水泥砂浆0.2798m³；素水泥浆0.014m³；白水泥1.442kg；棉纱0.137kg；锯末0.08m³；麻袋片3.003m²；石料切割锯片0.0551片；水0.36m³；石料切割机0.2461台班；灰浆搅拌机0.035台班。

根据山东省预拌砂浆的调整办法，调整后人工消耗量＝3.82－0.2798×0.382＝3.7131（工日）；调整后灰浆搅拌机消耗量为0，干混式罐式搅拌机消耗量＝0.041×0.2798＝0.0115（台班）。

定额11-5-2，定额单位10m。消耗量标准如下：综合工日（装饰）0.73工日；铜嵌条（7×12）10.6m；大理石胶0.1163kg。

由［例17-3］可知，石材楼梯面层清单项目工程量为34.29m²，根据各工作内容的定额工程量、定额消耗量标准和有关调整事项，每一计量单位石材楼梯面层清单项目所需的人工、主要材料和机械的数量如下：

铺贴石材人工的数量＝27.84×3.7131÷10÷34.29＝0.3015（工日）。

嵌防滑条人工的数量＝86.40×0.73÷10÷34.29＝0.1839（工日）。

1：2.5水泥砂浆（干拌）的数量＝27.84×0.2798÷10÷34.29＝0.0227（m³）。

石材块料的数量＝27.84×13.8548÷10÷34.29＝1.1249（m²）。

铜嵌条（7×12）的数量＝86.40×10.6÷10÷34.29＝2.6709（m）。

石料切割机的数量＝27.84×0.2461÷10÷34.29＝0.0200（台班）。

其他材料和机械所需的数量可按相同的方法计算，结果见表17-17。

根据人材机数量和价格信息、相应费率及计算方法，计算得到该清单项目的综合单价，综合单价分析表见表17-17。

表17-17　　　　　　　　　　　　　综合单价分析表

工程名称：某装饰工程　　　　　　　　　　标段：　　　　　　　　　　第1页 共1页

项目编码	011106001001	项目名称	石材楼梯面层		计量单位	m²
序号	费用项目	单位	数量	取费基数金额（元）	费率（%）	单价	合价
1	人工费						66.99
1.1	铺贴石材人工（装饰）	工日	0.3015			138	41.61
1.2	嵌防滑条人工（装饰）	工日	0.1839			138	25.38
2	材料费						315.36

续表

项目编码	011106001001		项目名称		石材楼梯面层		计量单位	m²
序号	费用项目	单位	数量	取费基数金额（元）	费率（%）		单价	合价
2.1	1：2.5水泥砂浆（干拌）	m³	0.0227				542.72	12.32
2.2	石材块料	m²	1.1249				236.93	266.52
2.3	楼梯石材铺贴其他材料费	元	2.10					2.10
2.4	铜嵌条（7×12）	m	2.6709				12.78	34.13
2.5	大理石胶	kg	0.0294				9.73	0.29
3	机械							1.25
3.1	石料切割机	台班	0.0200				51.04	1.02
3.2	干混砂浆罐式搅拌机	台班	0.0009				255.18	0.23
	小计							383.60
4	企业管理费	元		66.99	32.2%			21.57
5	利润	元		66.99	17.3%			11.59
	综合单价	元						416.76

注 地砖铺贴材料费为素水泥浆、白水泥、棉纱、锯末、麻袋片、石料切割锯片、水的价格之和。

⟳ 复习巩固

1. 楼地面构造层次中，如何区分找平层和黏结层，如何编列清单项目？
2. 不同规格的块料面层如何编列工程量清单？
3. 地面中的混凝土垫层如何编列清单项目？
4. 素水泥浆的遍数是否应包括在报价内？
5. 装饰工程工程量清单计价中，管理费和利润的计算方法有哪些？

🗐 能力提高

1. 某施工企业参加［例17-1］工程的投标。该企业确定人工工资单价为150元/工日，企业管理费费率35%，利润率18%。其他条件和［例17-4］相同，试计算该细石混凝土楼地面清单项目的综合单价。

2. 试计算［例17-6］中楼梯石材铺贴其他材料费。

⧉ 课程思政

建筑业是碳排放的主要来源。从采购到设计，从材料制造到建筑施工，世界各地项目的二氧化碳排放对环境产生了重大影响。这也使得绿色建筑成为建筑业发展的必然趋势。绿色建筑可以节约资源、保护环境、减少污染，为人们提供健康、适用、高效的使用空间，最大限度地实现人与自然和谐共生的高品质建筑。绿色建材的研发和使用是实现绿色建筑目标的有效途径。随着社会的发展，陶瓷产业作为传统的劳动密集型产业必须向数字化、智能化转型升级。陶瓷企业也深刻意识到，要想在同质化严重的市场竞争中生存下来或是脱颖而出，研发差异化的高附加值产品是必由之路。在楼地面装修中大力提倡采用"会呼吸的砖"，不但可以调节空气湿度还能分解室内的有害气体。大力发展"节能、减排、安全、便利和可循环"的绿色新型陶瓷制品，是全面提升建材行业绿色低碳发展水平，促进建材行业顺利实现碳达峰碳中和的重要举措。

第十八章　墙、柱面装饰与隔断、幕墙工程

☞ **本章概要**：本章主要围绕《房屋建筑与装饰工程工程量计算标准》（GB/T 50854—2024）重点介绍了墙、柱面装饰与隔断、幕墙工程所包含的墙、柱面抹灰，零星抹灰，墙、柱面块料面层，零星块料面层，墙、柱饰面，幕墙工程，隔墙、隔断等7个分部工程的工程量清单和相应工程量清单报价的编制理论与方法。

☞ **知识目标**：熟悉墙、柱面装饰与隔断、幕墙工程的清单项目设置，掌握各清单项目的工程量计算规则及清单编制和清单计价方法。

☞ **能力目标**：能够基于实际工程图纸，编制墙、柱面装饰与隔断、幕墙工程的分部分项工程项目清单，并能够根据相关计价依据完成清单计价工作。

☞ **素养目标**：培养严谨、细致、守规的职业精神。

第一节　招标工程量清单编制

一、清单项目设置

按照《房屋建筑与装饰工程工程量计算标准》（GB/T 50854—2024），墙、柱面装饰与隔断、幕墙工程包括墙、柱面抹灰，零星抹灰，墙、柱面块料面层，零星块料面层，墙、柱饰面，幕墙工程，隔墙、隔断等7个分部工程，共29个清单项目，见表18-1～表18-7。

表 18-1　　　　　　　　墙、柱面抹灰（编码：011201）

项目编码	项目名称	项目特征	计量单位	工程量计算规则	工程内容
011201001	墙、柱面一般抹灰	1. 基层类型、部位 2. 各层厚度、材料种类及强度等级 3. 分格缝宽度、材料种类 4. 面层处理方式	m²	详见工程量计算规则部分	1. 基层清理 2. 分层抹灰 3. 面层处理 4. 分格嵌缝
011201002	墙、柱面装饰抹灰	1. 装饰抹灰类型 2. 基层类型、部位 3. 各层厚度、材料种类及强度等级 4. 分格缝宽度、材料种类			
011201003	墙、柱面勾缝	1. 勾缝类型 2. 勾缝材料种类 3. 勾缝基层部位、材质			1. 基层清理 2. 勾缝
011201004	立面砂浆找平层	1. 基层类型 2. 找平层厚度、砂浆种类及强度等级			1. 基层清理 2. 抹灰找平

表 18-2 零星抹灰（编码：011202）

项目编码	项目名称	项目特征	计量单位	工程量计算规则	工程内容
011202001	零星项目一般抹灰	1. 基层类型、部位 2. 各层厚度、材料种类及强度等级 3. 分格缝宽度、材料种类 4. 面层处理方式	m²	详见工程量计算规则部分	1. 基层清理 2. 分层抹灰 3. 面层处理 4. 分格嵌缝
011202002	零星项目装饰抹灰	1. 装饰抹灰类型 2. 基层类型、部位 3. 各层厚度、材料种类及强度等级 4. 分格缝宽度、材料种类			
011202003	零星项目砂浆找平	1. 基层类型、部位 2. 找平层厚度、砂浆种类及强度等级			1. 基层清理 2. 抹灰找平

表 18-3 墙、柱面块料面层（编码：011203）

项目编码	项目名称	项目特征	计量单位	工程量计算规则	工程内容
011203001	石材墙、柱面	1. 基层类型、部位 2. 安装方式 3. 骨架材料种类、规格 4. 面层材料品种、规格 5. 缝宽、勾缝材料种类 6. 防护材料种类 7. 面层处理方式	m²	详见工程量计算规则部分	1. 基层清理 2. 黏结层铺贴或骨架安装（若有） 3. 面层铺贴或安装 4. 勾缝 5. 刷防护材料 6. 磨光、酸洗、打蜡
011203002	拼碎石材墙、柱面				
011203003	块料墙、柱面				

表 18-4 零星块料面层（编码：011204）

项目编码	项目名称	项目特征	计量单位	工程量计算规则	工程内容
011204001	石材零星项目	1. 基层类型、部位 2. 安装方式 3. 骨架材料种类、规格 4. 面层材料品种、规格 5. 缝宽、勾缝材料种类 6. 防护材料种类 7. 面层处理方式	m²	详见工程量计算规则部分	1. 基层清理 2. 黏结层铺贴或骨架安装（若有） 3. 面层铺贴或安装 4. 勾缝 5. 刷防护材料 6. 磨光、酸洗、打蜡
011204002	拼碎石材块料零星项目				
011204003	块料零星项目				

表 18-5　　　　　　　　　　　墙、柱饰面（编码：011205）

项目编码	项目名称	项目特征	计量单位	工程量计算规则	工程内容
011205001	墙、柱面装饰板	1. 龙骨材料种类、规格、中距 2. 隔离层材料种类、规格 3. 基层材料种类、规格 4. 面层材料品种、规格 5. 压条材料种类、规格	m²	详见工程量计算规则部分	1. 基层清理 2. 龙骨制作、安装 3. 钉隔离层 4. 基层铺钉 5. 面层铺贴
011205002	墙、柱面装饰浮雕	1. 基层类型 2. 安装方式 3. 浮雕材料种类 4. 浮雕样式	m²	详见工程量计算规则部分	1. 基层清理 2. 材料制作 3. 安装成型
011205003	墙、柱面装配式装饰板	1. 基层类型、部位 2. 配套件种类、规格 3. 面层材料品种、规格	m²	详见工程量计算规则部分	1. 基层清理 2. 运输、安装 3. 勾缝、塞口
011205004	墙、柱面软包	1. 龙骨材料种类、规格、中距 2. 基层材料种类、规格 3. 面层材料品种、规格	m²	详见工程量计算规则部分	1. 基层清理 2. 龙骨制作、安装 3. 基层铺钉 4. 填充垫料、塞口 5. 面层安装固定
011205005	墙、柱面保温装饰一体板	1. 基层类型、部位 2. 龙骨材料品种、规格、中距 3. 黏结材料种类、厚度 4. 一体板品种、规格、厚度 5. 勾缝、塞口材料种类	m²	详见工程量计算规则部分	1. 基层清理 2. 刷界面剂 3. 龙骨安装 4. 刷黏结剂 5. 一体板安装 6. 勾缝、塞口

表 18-6　　　　　　　　　　　幕墙工程（编码：011206）

项目编码	项目名称	项目特征	计量单位	工程量计算规则	工程内容
011206001	构件式玻璃幕墙	1. 骨架材料种类 2. 框格形式 3. 面层材料品种、规格、表面处理 4. 隔离带、框边封闭材料品种	m²	详见工程量计算规则部分	1. 骨架（含埋件）制作、安装 2. 面层安装 3. 防雷引下 4. 隔离带、框边封闭 5. 勾缝、塞口 6. 清洗
011206002	构件式石材幕墙				
011206003	构件式金属板幕墙				
011206004	构件式人造板幕墙				
011206005	单元式幕墙	1. 结构形式 2. 面层材料品种、规格、表面处理 3. 隔离带、框边封闭材料品种	m²	详见工程量计算规则部分	1. 埋件制作、安装，单元板块、其他板块的安装 2. 防雷引下 3. 隔离带、框边封闭 4. 嵌缝、塞口 5. 清洗
011206006	全玻（无框玻璃）幕墙	1. 玻璃品种、规格 2. 黏结塞口材料种类 3. 固定方式			1. 幕墙安装 2. 防雷引下 3. 嵌缝、塞口 4. 清洗

项目编码	项目名称	项目特征	计量单位	工程量计算规则	工程内容
011206007	点支承玻璃幕墙	1. 支承结构形式及材料规格 2. 面层材料品种、规格、表面处理 3. 隔离带、框边封闭材料品种	m²	详见工程量计算规则部分	1. 支承结构（含骨架或埋件）制作、安装 2. 面层安装 3. 防雷引下 4. 隔离带、框边封闭 5. 勾缝、塞口 6. 清洗
011206008	幕墙开启扇	1. 框架种类、规格 2. 面层材料品种、规格 3. 驱动类型、开启方式 4. 五金种类、规格 5. 其他工艺要求	m²	详见工程量计算规则部分	1. 开启扇制作、安装 2. 五金配件、驱动装置安装

表 18-7　　　　　　　　　隔墙、隔断（编码：011207）

项目编码	项目名称	项目特征	计量单位	工程量计算规则	工程内容
011207001	轻质隔墙	1. 隔墙、隔断类型 2. 骨架、边框材料种类、规格	m²	详见工程量计算规则部分	1. 骨架及边框制作、安装 2. 隔板制作、安装
011207002	轻质隔断	3. 隔板材料品种、规格 4. 嵌缝、塞口材料品种 5. 压条材料种类	m²	详见工程量计算规则部分	3. 嵌缝、塞口 4. 装订压条
011207003	成品隔断	1. 隔断材料品种、规格 2. 配件品种、规格 3. 固定方式	m²	详见工程量计算规则部分	1. 隔断安装 2. 嵌缝、塞口

二、相关问题说明

1. 特征描述说明

（1）墙、柱面基层需做处理或抹灰时需贴压网格布，应在项目特征的各层做法中进行描述。

（2）墙、柱面抹石灰砂浆、水泥砂浆、混合砂浆、聚合物水泥砂浆、麻刀石灰浆、石膏灰浆等按本附录中墙、柱面一般抹灰列项，项目特征描述中的"面层处理方式"可描述为拉毛、提浆压光等；"装饰抹灰类型"可描述为水刷石、斩假石、干粘石、假面砖等。

（3）石材、块料与粘接材料的结合面刷防渗材料的种类在防护层材料种类中描述。

（4）块料面层的"安装方式"可描述为砂浆或黏结剂粘贴、挂贴、干挂等。

（5）块料面层的"面层处理方式"可描述为磨光、酸洗、打蜡等。

（6）拼碎石材项目的面层材料在特征描述时，可不用描述规格。

（7）幕墙工程的"框格形式"可描述为明框、半隐框、全隐框等。

（8）单元式幕墙的"结构形式"可描述为全单元式幕墙和半单元式幕墙等。

（9）点支承玻璃幕墙的"支承结构形式"可描述为钢结构点支式，钢拉杆点支式和钢拉索点支式等。

（10）幕墙开启扇的"驱动类型"可描述为手动、电动等。

2. 清单列项说明

（1）砂浆找平项目适用于仅做找平层的立面抹灰。

（2）各种壁柜、碗柜、飘窗板、空调搁板、暖气罩、池槽、花台、凸出墙面的飘窗、挑板等抹灰以及面积≤0.5m²的少量分散的墙、柱面抹灰按零星抹灰相关项目编码列项。

（3）零星项目抹石灰砂浆、水泥砂浆、混合砂浆、聚合物水泥砂浆、麻刀石灰浆、石膏灰浆等按零星项目一般抹灰编码列项。

（4）挑檐、天沟、腰线、窗台线、门窗套、飘窗板、空调搁板、压顶、扶手、雨篷周边和壁柜、碗柜、池槽、花台，以及面积≤0.5m²的少量分散的墙、柱面块料面层按零星块料面层相关项目编码列项。

（5）幕墙工程中的玻璃采光顶和金属板幕墙顶等按照屋面工程中相关项目编码列项。

（6）轻质隔墙、轻质隔断适用于现场下料、制作、安装隔墙、隔断的情况。采购成品、半成品现场拼装、安装时，应按成品隔断列项。

三、工程量计算规则

1. 墙、柱面抹灰

墙、柱面抹灰所列清单项目，均按设计图示尺寸以面积计算。扣除墙裙、门窗洞口面积；不扣除单个面积≤0.3m²的孔洞面积；不扣除挂镜线、墙与构件交接处的面积；附墙柱、梁、垛、烟囱侧壁并入相应的墙面面积内；门窗洞口和孔洞的侧壁及顶面不增加面积。

2. 零星抹灰

零星抹灰所列清单项目，按设计图示尺寸以展开面积计算。

3. 墙、柱面块料面层

墙、柱面块料面层所列清单项目，按设计图示镶贴后表面积计算。

4. 零星块料面层

零星块料面层所列清单项目，按设计图示镶贴后表面积计算。

5. 墙、柱饰面

（1）墙、柱面装饰板，按设计图示饰面外围尺寸以面积计算。扣除门窗洞口面积，不扣除单个面积≤0.3m²的孔洞所占面积。

（2）墙、柱面装饰浮雕，按设计图示尺寸以面积计算。

（3）墙、柱面装配式装饰板、墙、柱面软包、墙、柱面保温装饰一体板清单项目，按设计图示饰面外围尺寸以面积计算。

6. 幕墙工程

（1）构件式玻璃幕墙，按设计图示框外围尺寸以面积计算。扣除开启扇面积。

（2）构件式石材幕墙、构件式金属板幕墙、构件式人造板幕墙，按设计图示外表面积计算。

（3）单元式幕墙，按设计图示框外围尺寸以投影面积计算，扣除开启扇面积。

（4）全玻（无框玻璃）幕墙和点支承玻璃幕墙，按设计图示尺寸以面积计算，扣除开启扇面积。

（5）幕墙开启扇，按设计图示扇外围尺寸以面积计算。

7. 隔断

（1）轻质隔墙、轻质隔断，按设计图示框外围尺寸以面积计算。不扣除单个面积

≤0.3m² 的孔洞所占面积；同材质的浴厕门面积并入计算。

（2）成品隔断，按设计图示框外围尺寸以面积计算。

四、招标工程量清单编制实例

【例 18-1】 某砖混结构建筑物平面和立面如图 18-1 所示。外墙面抹水泥砂浆，底层为 1：3 水泥砂浆打底 14mm 厚，面层为 1：2.5 水泥砂浆抹面 6mm 厚；外墙裙 1：3 水泥砂浆打底 15mm 厚，1：2 水泥砂浆找平 5mm 厚，素水泥浆一遍，1：1 水泥砂浆粘贴 60mm×240mm 瓷质外墙砖（共 13mm 厚），灰缝 5mm。M1：1000mm×2500mm　C1：1200mm×1500mm，门框宽度 65mm。试编制该装饰工程的分部分项工程项目清单。

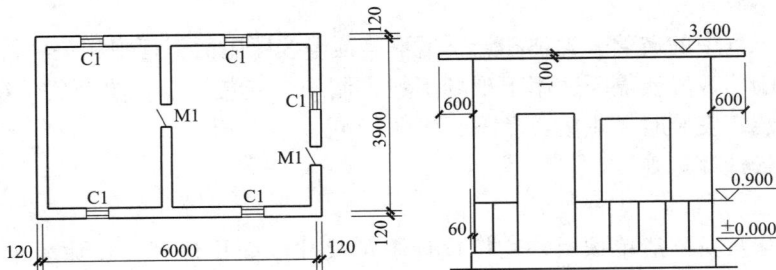

图 18-1　某建筑物平面及立面图

解　本例外墙面一般抹灰和外墙裙镶贴块料工程，按照表 18-1 和表 18-3 中的"墙、柱面一般抹灰"和"块料墙、柱面"编码列项。

外墙面水泥砂浆抹灰工程量＝(6.24＋4.14)×2×(3.60－0.10－0.90)－1.00×(2.50－0.90)－1.20×1.50×5＝43.38 (m²)。

外墙裙镶贴瓷质外墙砖的镶贴总厚度＝15＋5＋13＝33 (mm)。

清单工程量＝[(6.24＋0.033×2＋4.00＋0.033×2)×2－(1.00－0.033×2)]×0.90＋0.9×(0.12－0.065÷2＋0.033)×2＝18.05 (m²)。

分部分项工程项目清单见表 18-8。

表 18-8　　　　　　　　　　　　分部分项工程项目清单计价表

工程名称：某装饰工程　　　　　　　　　　　　标段：　　　　　　　　　　　　第 1 页　共 1 页

序号	项目编码	项目名称	项目特征描述	计量单位	工程量	金额（元）	
						综合单价	合价
1	011201001001	墙、柱面一般抹灰	1. 基层类型、部位：外墙，砖墙 2. 各层厚度、材料种类及强度等级：底层为 1：3 水泥砂浆打底 14mm 厚，面层为 1：2.5 水泥砂浆抹面 6mm 厚	m²	43.38		
2	011203003001	块料墙、柱面	1. 基层类型、部位：砖墙 2. 面层材料种类：1：3 水泥砂浆打底 15mm 厚，1：2 水泥砂浆找平 5mm 厚，素水泥浆一遍，1：1 水泥砂浆粘贴 60×240 瓷质外墙砖（共 13mm 厚），灰缝 5mm	m²	18.05		

【例 18-2】 某单层建筑物平面图如图 10-4 所示，外墙大样图和屋面女儿墙大样图如图 15-3 和图 15-4 所示。外墙具体做法如下：底层为 1∶3 水泥砂浆打底 14mm 厚，面层为 1∶2.5 水泥砂浆抹面 6mm 厚，刮腻子两遍，乳胶漆三遍。值班室墙裙做法（±0.000—0.900 标高范围）：1∶3 水泥砂浆打底 15mm 厚，1∶2 水泥砂浆找平 5mm 厚，素水泥浆一遍，5mm 厚 1∶1 水泥砂浆粘贴 60×240 瓷质外墙砖（砖厚 12mm），灰缝 5mm。值班室墙面做法：15mm 厚 1∶1∶6 水泥石灰抹灰砂浆打底，6mm 厚 1∶0.5∶3 水泥石灰抹灰砂浆面层。门窗框宽度 65mm。试编制该工程墙面抹灰和镶贴块料的分部分项工程项目清单。

解 参照《房屋建筑与装饰工程工程量计算标准》（GB/T 50854—2024）清单项目设置，外墙面底层和面层抹灰砂浆应按照"墙、柱面一般抹灰"列清单项。刮腻子和乳胶漆应按"油漆、涂料、裱糊工程"相应规定列清单项，本例中暂不考虑。内墙裙按"块料墙、柱面"列清单项。内墙面做法按"墙、柱面一般抹灰"列清单项。

（1）外墙面水泥砂浆抹灰。

水泥砂浆抹灰位于外墙保温层外围，因此，外墙抹灰长度＝（6.00＋0.24＋0.05×2＋0.03×2＋0.006×2＋15.60＋0.24＋0.05×2＋0.03×2＋0.006×2）×2＝44.80（m）。

外墙抹灰高度自 −0.400 标高处至女儿墙玻化微珠保温砂浆顶面，抹灰高度＝4.40＋0.40＋0.02＝4.82（m）。

外墙面抹灰工程量＝44.85×4.82−（0.96×2.08×2＋1.76×1.46＋2.36×1.46＋2.66×1.46×2）（扣门洞）−5.91（台阶）＝192.49（m²）。

（2）值班室内墙裙。

镶贴块料总厚度＝15＋5＋5＋12＝37（mm）。

工程量＝（3.00−0.24−0.037×2＋6.00−0.24−0.037×2）×2×0.90−（1.00−0.037×2）×0.90（扣门洞面积）＋（0.12−0.065÷2＋0.037）×0.90×2（增加门侧壁）＝14.46（m²）。

（3）值班室内墙面。

工程量＝（3.00−0.10−0.12＋6.00−0.24）×2×（3.90−0.12−0.90）−1.00×（2.10−0.90）（门）−1.80×1.50（窗）＋（6.00−0.33−0.33）×（0.12−0.10）（梁底面）＝45.40（m²）。

分部分项工程项目清单见表 18-9。

表 18-9 **分部分项工程项目清单计价表**

工程名称：某装饰工程　　　　　　　　　　标段：　　　　　　　　　　第 1 页 共 1 页

序号	项目编码	项目名称	项目特征描述	计量单位	工程量	金额（元）	
						综合单价	合价
1	011201001001	墙、柱面一般抹灰	1. 基层类型、部位：外墙，砌块墙 2. 各层厚度、材料种类及强度等级：底层为 1∶3 水泥砂浆打底 14mm 厚，面层为 1∶2.5 水泥砂浆抹面 6mm 厚 　水泥抹灰砂浆（干拌）暂估单价为 460 元/m³（除税）	m²	192.49		

续表

序号	项目编码	项目名称	项目特征描述	计量单位	工程量	金额（元）	
						综合单价	合价
2	011201001002	墙、柱面一般抹灰	1. 基层类型、部位：内墙，砌块墙 2. 各层厚度、材料种类及强度等级：15mm厚1:1:6水泥石灰抹灰砂浆打底，6mm厚1:0.5:3水泥石灰抹灰砂浆面层 水泥石灰抹灰砂浆（干拌）暂估单价为450元/m³（除税）	m²	45.40		
3	011203003001	块料墙、柱面	1. 基层类型、部位：砌块墙 2. 面层材料种类：1:3水泥砂浆打底15mm厚，1:2水泥砂浆找平5mm厚，素水泥浆一遍，1:1水泥砂浆粘贴60mm×240mm瓷质外墙砖，灰缝5mm 水泥抹灰砂浆（干拌）暂估单价为460元/m³（除税）	m²	14.46		

【例18-3】 某建筑物钢筋混凝土柱高3m，10根，柱面挂贴花岗岩面层，构造如图18-2所示。试编制该装饰工程的分部分项工程项目清单。

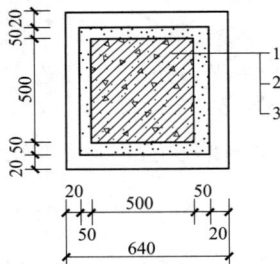

图 18-2　混凝土柱挂贴花岗岩断面
1—钢筋混凝土柱体；2—50厚1:2水泥砂浆灌浆；3—20厚花岗岩板

解　根据建筑做法，参照《房屋建筑与装饰工程工程量计算标准》（GB/T 50854—2024）清单项目设置，按"石材墙、柱面"列清单项。

清单工程量＝0.64×4×3×10＝76.80（m²）。

分部分项工程项目清单见表18-10。

表 18-10　　　　　　　　　　　**分部分项工程项目清单计价表**

工程名称：某装饰工程　　　　　　　　　　　标段：　　　　　　　　　　　第1页 共1页

序号	项目编码	项目名称	项目特征描述	计量单位	工程量	金额（元）	
						综合单价	合价
1	011203001001	石材墙、柱面	1. 方柱，500mm×500mm 2. 挂贴 3. 20厚花岗岩20mm厚 4. 1:2水泥砂浆灌缝50mm厚	m²	76.80		

【例 18-4】 某胶合板墙裙长 98m，净高 0.9m。木龙骨（成品）40mm×50mm，间距 400mm，中密度板基层，面层贴无花榉木夹板，其中有镜面不锈钢板装饰 500mm×900mm，共 16 块，50mm×10mm 榉木装饰线封边，木板面、木方面刷防火涂料两遍。试编制该装饰工程的分部分项工程项目清单。

解　根据建筑做法，参照《房屋建筑与装饰工程工程量计算标准》（GB/T 50854—2024）清单项目设置，应按"墙、柱面装饰板"列清单项。木板面、木方面的防火涂料另按相关规定计算，此处不考虑。

墙饰面工程量＝98.00×0.90＝88.20（m²）。

分部分项工程项目清单见表 18-11。

表 18-11　　　　　　　　　　分部分项工程项目清单计价表

工程名称：某装饰工程　　　　　　　　标段：　　　　　　　　　　第 1 页 共 1 页

序号	项目编码	项目名称	项目特征描述	计量单位	工程量	金额（元）	
						综合单价	合价
1	011205001001	墙、柱面装饰板	1. 成品木龙骨断面 40mm×50mm，@400mm×400mm 2.12mm 中密度板基层 3. 面层 1：3mm 榉木夹板 4. 面层 2：镜面不锈钢板 500mm×900mm，16 块 5.50mm×10mm 榉木压条	m²	88.20		

第二节　工程量清单计价应用

本节分别以［例 18-2］中的内墙面一般抹灰清单项目和内墙裙镶贴块料清单项目及［例 18-4］中的墙、柱面装饰板清单项目介绍墙、柱面装饰与隔断、幕墙工程清单计价。

【例 18-5】 某工程造价咨询企业受招标方委托，编制［例 18-2］工程的最高投标限价。试确定［例 18-2］中内墙面和内墙裙清单项目的综合单价。招标方确定各类水泥石灰抹灰砂浆（干拌）暂估单价为 450 元/m³（除税）；各类水泥抹灰砂浆（干拌）暂估单价为 460 元/m³（除税）。其他计价依据和要求参照教材第二篇"说明"。

解　（1）内墙面一般抹灰。根据建筑做法，内墙面抹灰清单项包括 15mm 厚 1：1：6 水泥石灰抹灰砂浆打底，6mm 厚 1：0.5：3 水泥石灰抹灰砂浆面层。

山东省建筑工程消耗量定额一般抹灰和装饰抹灰子目均注明了抹灰厚度。凡厚度为××mm 者，砂浆种类为一种；凡厚度为××mm＋××mm 者，砂浆种类为两种，前者为打底厚度，后者为罩面厚度；凡厚度为××mm＋××mm＋××mm 者，砂浆种类为三种，前者为罩面厚度，中者为中层厚度，后者为打底厚度。

本例内墙面设计采用 15mm 厚 1：1：6 水泥石灰抹灰砂浆打底，6mm 厚 1：0.5：3 水泥石灰抹灰砂浆面层。因此选用××mm＋××mm 类的定额。定额 12-1-9 为砖墙面墙裙混合砂浆（厚 9＋6mm）。定额单位 10m²。消耗量标准为：综合工日（装饰）1.23 工日；1：1：6 水泥石灰抹灰砂浆 0.1044m³；1：0.5：3 水泥石灰抹灰砂浆 0.0696m³；水

$0.062m^3$；灰浆搅拌机 0.022 台班。预拌砂浆调整后人工消耗量＝1.23－0.1044×0.382－0.0696×0.382＝1.1635（工日）；调整后机械消耗量（罐式搅拌机）＝0.041×（0.1044＋0.0696）＝0.0071（台班）。

设计 1∶1∶6 水泥石灰抹灰砂浆打底 15mm。按定额 12-1-17 混合砂浆抹灰层每增减 1mm；调增 6mm。定额单位 $10m^2$。消耗量标准为：综合工日（装饰）0.04 工日；1∶1∶6 水泥石灰抹灰砂浆 $0.0116m^3$；灰浆搅拌机 0.002 台班。预拌砂浆调整后人工消耗量＝0.04－0.0116×0.382＝0.0356（工日）；调整后机械消耗量（罐式搅拌机）＝0.041×0.002＝0.0005（台班）。

内墙面一般抹灰定额工程量＝$45.40m^2$。

根据定额工程量、定额消耗量标准及有关调整事项，每一计量单位内墙面一般抹灰清单项目所需的人工、材料和机械数量如下

抹灰人工的数量＝45.40×（1.1635＋0.035 61×6）÷10÷45.40＝0.1377（工日）。

1∶1∶6 水泥石灰抹灰砂浆（干拌）的数量＝45.40×（0.1044＋0.0116×6）÷10÷45.40＝0.0174（m^3）。

1∶0.5∶3 水泥石灰抹灰砂浆（干拌）的数量＝45.40×0.0696÷10÷45.40＝0.0070（m^3）。

水的数量＝45.40×0.062÷10÷45.40＝0.0062（m^3）。

干混砂浆罐式搅拌机的数量＝45.40×（0.0071＋0.0005×6）÷10÷45.40＝0.0010（台班）。

根据人材机数量和价格信息、相应费率及计算方法，计算得到该清单项目的综合单价，综合单价分析表见表 18-12。

表 18-12　　　　　　　　　　综合单价分析表

工程名称：某装饰工程　　　　　　　　　标段：　　　　　　　　第 1 页 共 1 页

项目编码	011201001002		项目名称	墙、柱面一般抹灰		计量单位	m^2
序号	费用项目	单位	数量	取费基数金额（元）	费率（%）	单价	合价
1	人工费						19.00
1.1	抹灰人工（装饰）	工日	0.1377			138	19.00
2	材料费						11.02
2.1	1∶1∶6 水泥石灰抹灰砂浆（干拌）	m^3	0.0174			450	7.83
2.2	1∶0.5∶3 水泥石灰抹灰砂浆（干拌）	m^3	0.0070			450	3.15
2.3	水	m^3	0.0062			6.60	0.04
3	机械						0.26
3.1	干混砂浆罐式搅拌机	台班	0.001			255.10	0.26
	小计						30.28
4	企业管理费	元		19.00	32.2%		6.12
5	利润	元		19.00	17.3%		3.29
	综合单价	元					39.69

（2）块料墙、柱面。根据建筑做法，内墙裙 1∶1 水泥砂浆粘贴 60mm×240mm 瓷质外

墙砖，灰缝 5mm。参照《山东省建筑工程消耗量定额》（2016）定额子目设置，该做法按照定额 12-2-45 确定人材机的消耗量。定额单位 10m²。消耗量标准为：综合工日（装饰）5.28 工日；1∶1 水泥抹灰砂浆 0.015m³；1∶2 水泥抹灰砂浆 0.0558m³；1∶3 水泥抹灰砂浆 0.1673m³；水 0.07m³；瓷质外墙砖（60×240）9.27m²；素水泥浆 0.0101m³；棉纱 0.1kg；石料切割锯片 0.075 片；灰浆搅拌机 0.03 台班；石料切割机 0.116 台班。定额综合考虑了刷素水泥浆一遍、15mm 厚 1∶3 水泥砂浆打底、5mm 厚 1∶2 水泥砂浆找平及 1∶1 水泥砂浆结合层，与设计做法相同，不需要进行砂浆厚度和配合比的换算。

预拌砂浆调整后人工消耗量＝5.28－（0.015＋0.0558＋0.1673）×0.382＝5.1891（工日/10m²）；调整后机械消耗量（罐式搅拌机）＝0.041×（0.015＋0.0558＋0.1673）＝0.0098（台班/10m²）。

根据山东省消耗量定额，内墙裙镶贴块料定额工程量为 14.46m²。

按照山东省建筑工程消耗量定额的规定，墙面镶贴块料需要计算阴、阳角 45°割角对缝，工程量按照割角对缝的长度计算。工程量＝0.90×8＝7.20（m）。

阴、阳角 45°割角对缝按定额 12-2-52 确定人材机消耗量。定额单位 10m。消耗量标准为：综合工日（装饰）1.31 工日；水 0.02m³；棉纱 0.05kg；石料切割锯片 0.12 片；石料切割机 0.161 台班。

根据以上两项工作内容的定额工程量、定额消耗量标准及有关调整事项，每一计量单位内墙块料墙、柱面清单项目所需的人材机数量如下

块料铺贴的人工数量＝（14.46×5.1891＋7.20×1.31）÷10÷14.46＝0.5841（工日）。

1∶1 水泥抹灰砂浆（干拌）的数量＝14.46×0.015÷10÷14.46＝0.0015（m³）。

1∶2 水泥抹灰砂浆（干拌）的数量＝14.46×0.0558÷10÷14.46＝0.0056（m³）。

1∶3 水泥抹灰砂浆（干拌）的数量＝14.46×0.1673÷10÷14.46＝0.0167（m³）。

水的数量＝（14.46×0.07＋7.20×0.02）÷10÷14.46＝0.0080（m³）。

瓷质外墙砖（60×240）的数量＝14.46×9.27÷10÷14.46＝0.9270（m²）。

素水泥浆的数量＝14.46×0.0101÷10÷14.46＝0.0010（m³）。

棉纱的数量＝（14.46×0.1＋7.20×0.05）÷10÷14.46＝0.0125（kg）。

石料切割锯片的数量＝（14.46×0.075＋7.20×0.12）÷10÷14.46＝0.0135（片）。

干混式罐式搅拌机的数量＝14.46×0.0098÷10÷14.46＝0.0010（台班）。

石料切割机的数量＝（14.46×0.116＋7.20×0.161）÷10÷14.46＝0.0196（台班）。

根据人材机数量和价格信息、相应费率及计算方法，计算得到该清单项目的综合单价，综合单价分析表见表 18-13。

表 18-13 综合单价分析表

工程名称：某装饰工程　　　　　　　　标段：　　　　　　　　第 1 页 共 1 页

项目编码	011203003001		项目名称	块料墙、柱面			计量单位	m²
序号	费用项目		单位	数量	取费基数金额（元）	费率（%）	单价	合价
1	人工费							80.61
1.1	块料铺贴人工（装饰）		工日	0.5841			138	80.61
2	材料费							41.94

项目编码	011203003001		项目名称		块料墙、柱面		计量单位	m²
序号	费用项目	单位	数量	取费基数金额（元）	费率（%）		单价	合价
2.1	1∶1水泥抹灰砂浆（干拌）	m³	0.0015				460	0.69
2.2	1∶2水泥抹灰砂浆（干拌）	m³	0.0056				460	2.58
2.3	1∶3水泥抹灰砂浆（干拌）	m³	0.0167				460	7.68
2.4	素水泥浆	m³	0.0010				564.94	0.56
2.5	棉纱	kg	0.0125				10.26	0.13
2.6	石料切割锯片	片	0.0135				67.08	0.91
2.7	瓷质外墙砖（60mm×240mm）	m²	0.9270				31.65	29.34
2.8	水	m³	0.0080				6.60	0.05
3	机械							1.26
3.1	干混砂浆罐式搅拌机	台班	0.0010				255.18	0.26
3.2	石料切割机	台班	0.0196				51.04	1.00
	小计							123.81
4	企业管理费	元		80.61	32.2%			25.96
5	利润	元		80.61	17.3%			13.95
	综合单价	元						163.72

【例 18-6】　某工程造价咨询企业受招标方委托，编制［例 18-4］工程的最高投标限价。试确定［例 18-4］中墙、柱面装饰板清单项目的综合单价。计价依据和要求参照教材第二篇"说明"。

解　按设计做法，该项目发生的工作内容为：清理基层、安装木龙骨、铺钉基层、基层刷防火涂料（另外列项）、铺钉面层、钉封口线条等。按照《山东省建筑工程消耗量定额》（2016）工程量计算规则，木龙骨、基层、面层、线条分别计算工程量。

木龙骨、基层的定额工程量与清单工程量计算规则相同，即为 88.20m²。

面层按实际尺寸计算。榉木板面层的定额工程量＝98.00×0.90－0.50×0.90×16＝81.00（m²）。

不锈钢面层的定额工程量＝0.50×0.90×16＝7.20（m²）。

线条按实际尺寸以延长米计算。工程量＝98m。

参照《山东省建筑工程消耗量定额》（2016）定额子目设置，木龙骨按定额 12-3-21 确定人材机消耗量。定额单位 10m²。消耗量标准如下：综合工日（装饰）1.14 工日；木龙骨（40×45）69.41m；钢钉 3.5 百个；合金钢钻头 0.69 个；电 0.414kW·h；防腐油 0.29kg。

中密度板基层按定额 12-3-34 确定人材机消耗量。定额单位 10m²。消耗量标准如下：综合工日（装饰）0.76 工日；密度板（1220×2440×9）10.5m²；白乳胶 0.33kg；气动排钉（F20）8.40 百个；电动空气压缩机（0.6m³/min）0.175 台班。

榉木板面层按定额 12-3-45 确定人材机消耗量。定额单位 10m²。消耗量标准如下：综合工日（装饰）0.66 工日；装饰木夹板（1220×2440×3）10.5m²；白乳胶 3.0kg；气动排钉（F10）2.10 百个；电动空气压缩机（0.6m³/min）0.044 台班。

不锈钢面层按定额 12-3-54 确定人材机消耗量。定额单位 10m²。消耗量标准如下：综合工日（装饰）4.05 工日；镜面不锈钢板（δ1）10.5m²；玻璃胶（310g）9.259 支。

封边线条按定额 15-2-2 确定人材机消耗量。消耗量标准如下：综合工日（装饰）0.28 工日/10m²；白乳胶 0.153kg/10m；平面木装饰线（50）10.6m/10m；气动排钉（F10）2.2644 百个/10m；电动空气压缩机（0.6m³/min）0.046 台班/10m。

根据各工作内容的定额工程量、定额消耗量标准，计算每一计量单位墙、柱面装饰板清单项目所需的人材机数量，结果见表 18-14。

根据人材机数量和价格信息、相应费率及计算方法，计算得到该清单项目的综合单价，综合单价分析表见表 18-14。

表 18-14　　　　　　　　综合单价分析表

工程名称：某装饰工程　　　　　　　　　标段：　　　　　　　　第 1 页 共 1 页

项目编码	011205001001		项目名称		墙、柱面装饰板		计量单位	m²
序号	费用项目	单位	数量	取费基数金额（元）	费率（%）		单价	合价
1	人工费							43.44
1.1	木龙骨安装用工（装饰）	工日	0.1140				138	15.73
1.2	中密度基层板安装用工（装饰）	工日	0.0760				138	10.49
1.3	榉木板面层安装用工（装饰）	工日	0.0606				138	8.36
1.4	不锈钢面层安装用工（装饰）	工日	0.0331				138	4.57
1.5	封边条安装用工（装饰）	工日	0.0311				138	4.29
2	材料费							147.98
2.1	木龙骨（40×45）	m	6.9410				4.96	34.43
2.2	密度板（1220×2440×9）	m²	1.0500				16.49	17.31
2.3	装饰木夹板（1220×2440×3）	m²	0.9643				22.1	21.31
2.4	镜面不锈钢板（1mm）	m²	0.0857				211.86	18.16
2.5	平面木装饰线（50）	m	1.1778				32.54	38.33
2.6	白乳胶	kg	0.3255				6.91	2.25
2.7	玻璃胶	支	0.0756				13.01	0.98
2.8	钢钉	百个	0.3500				19.03	6.66
2.9	合金钢钻头	个	0.0690				8.36	0.58
2.10	防腐油	kg	0.0290				5.09	0.15
2.11	气动排钉（F20）	百个	0.8400				6.64	5.58
2.12	气动排钉（F10）	百个	0.4445				4.96	2.20
2.13	电	kW·h	0.0414				1.00	0.04
3	机械							1.20
3.1	电动空气压缩机（0.6m³/min）	台班	0.0267				45.05	1.20
	小计							192.62
4	企业管理费	元		43.43	32.2%			13.98
5	利润	元		43.43	17.3%			7.51
	综合单价	元						214.11

复习巩固

1. 一般抹灰和装饰抹灰各适用于什么情况？

2. 墙面一般抹灰和墙面镶贴块料的工程量计算有何区别？

3. 墙柱面块料面层施工方式有哪几种？

4. 幕墙有哪几类，如何描述项目特征？

能力提高

1. 根据案例图纸，完成一层内墙抹灰的工程量计算，并编制分部分项工程项目清单。

2. 参照教材第二篇"说明"中的计价依据和要求，确定［例 18-1］中外墙面抹灰清单项目的综合单价。各类抹灰砂浆均按预拌（干拌）砂浆考虑，招标方确定各类水泥石灰抹灰砂浆暂估单价为 450 元/m³（除税）；各类水泥抹灰砂浆暂估单价为 460 元/m³（除税）。

课程思政

　　墙是历史的记载，它像一本书，呈现出人类文明的发展轨迹。而墙面装饰的演变之路也是一部生活变迁的历史，新材料的出现，新工艺的诞生。从泥土墙时代、报纸墙时代，到一靠上去衣服就会被弄脏的白灰墙时代，再到生态壁材墙时代和集成墙面时代，每一次的更新迭代，都记录着整个社会经济和科学技术的发展，记录着人们对美好生活的孜孜以求。回顾内墙装饰的演变之路，忍不住要感谢为美好生活奋斗的前辈们，人们生活质量的改善从住房条件的升级上，可以很明显地感受到，室内装修这么多年来虽然还是一个相当复杂的事情，但是随着装修材料和装修工艺的革新迭代，变得越来越便捷高效、越来越追求环保。

第十九章　天棚工程

☞ **本章概要：** 本章主要围绕《房屋建筑与装饰工程工程量计算标准》(GB/T 50854—2024)重点介绍了天棚工程所包含的天棚抹灰、天棚吊顶、天棚其他装饰等3个分部工程的工程量清单和相应工程量清单报价的编制理论与方法。

☞ **知识目标：** 熟悉天棚工程的清单项目设置，掌握各清单项目的工程量计算规则及清单编制和清单计价方法。

☞ **能力目标：** 能够基于实际工程图纸，编制天棚工程的分部分项工程项目清单，并能够根据相关计价依据完成清单计价工作。

☞ **素养目标：** 培养严谨、细致、守规的职业精神。

第一节　招标工程量清单编制

一、清单项目设置

按照《房屋建筑与装饰工程工程量计算标准》(GB/T 50854—2024)的规定，天棚工程包括天棚抹灰、天棚吊顶、天棚其他装饰等3个分部工程，共14个清单项目，见表19-1～表19-3。

表 19-1　　　　　　　　　　　天棚抹灰（编码：011301）

项目编码	项目名称	项目特征	计量单位	工程量计算规则	工程内容
011301001	天棚抹灰	1. 基层类型 2. 抹灰厚度、砂浆种类及强度等级	m²	详见工程量计算规则部分	1. 基层清理 2. 底层抹灰 3. 抹面层

表 19-2　　　　　　　　　　　天棚吊顶（编码：011302）

项目编码	项目名称	项目特征	计量单位	工程量计算规则	工程内容
011302001	平面吊顶天棚	1. 吊顶形式、吊杆规格、高度 2. 龙骨材料种类、规格、中距 3. 基层材料种类、规格 4. 面层材料品种、规格 5. 压条材料种类、规格 6. 嵌缝材料种类 7. 防护材料种类	m²	详见工程量计算规则部分	1. 基层清理、吊杆安装 2. 龙骨安装 3. 基层板铺贴 4. 面板铺贴 5. 开孔及洞口处理 6. 嵌缝 7. 刷防护材料
011302002	跌级吊顶天棚				

续表

项目编码	项目名称	项目特征	计量单位	工程量计算规则	工程内容
011302003	艺术造型吊顶天棚	1. 吊顶部位 2. 吊顶形式、吊杆规格、高度 3. 龙骨材料种类、规格、中距 4. 基层材料种类、规格 5. 面层材料品种、规格 6. 压条材料种类、规格 7. 嵌缝材料种类 8. 防护材料种类	m²	详见工程量计算规则部分	1. 基层清理、吊杆安装 2. 龙骨安装 3. 基层板铺贴 4. 面板铺贴 5. 开孔及洞口处理 6. 嵌缝 7. 刷防护材料
011302004	格栅吊顶	1. 龙骨材料种类、规格、中距 2. 基层材料种类、规格 3. 面层材料品种、规格 4. 防护材料种类		详见工程量计算规则部分	1. 基层清理 2. 安装龙骨 3. 基层板铺贴 4. 面层铺贴 5. 刷防护材料
011302005	吊筒吊顶	1. 吊筒形状、规格 2. 吊筒材料种类 3. 防护材料种类			1. 基层清理 2. 吊筒制作、安装 3. 刷防护材料
011302006	藤条造型悬挂吊顶	1. 骨架材料种类、规格 2. 面层材料品种、规格			1. 基层清理 2. 龙骨安装 3. 铺贴面层
011302007	织物软雕吊顶				
011302008	装饰网架吊顶	网架材料品种、规格			1. 基层清理 2. 网架制作、安装

表 19-3   天棚其他装饰（编码：011303）

项目编码	项目名称	项目特征	计量单位	工程量计算规则	工程内容
011303001	成品装饰带	1. 装饰带形式、尺寸 2. 材料品种、规格 3. 安装固定方式	m	详见工程量计算规则部分	安装、固定
011303002	成品装饰口	1. 装饰口材料品种、规格 2. 安装固定方式 3. 防护材料种类	个	详见工程量计算规则部分	1. 安装、固定 2. 刷防护材料
011303003	挡烟垂壁	1. 形式 2. 材质	m²	详见工程量计算规则部分	1. 安装、固定 2. 启动装置安装（若有）
011303004	块料梁面	1. 基层类型、部位 2. 安装方式 3. 骨架材料种类、规格 4. 面层材料品种、规格 5. 缝宽、勾缝材料种类 6. 防护材料种类 7. 面层处理方式	m²	详见工程量计算规则部分	1. 基层清理 2. 黏结层铺贴或型钢骨架或其他金属骨架安装（若有） 3. 面层安装 4. 勾缝 5. 刷防护材料 6. 磨光、酸洗、打蜡

续表

项目编码	项目名称	项目特征	计量单位	工程量计算规则	工程内容
011303005	装饰板梁面	1. 龙骨材料种类、规格、中距 2. 基层材料种类、规格 3. 面板材料品种、规格 4. 防护材料种类	m²	详见工程量计算规则部分	1. 基层清理 2. 安装龙骨 3. 基层板铺贴 4. 面板铺贴 5. 刷防护材料

二、相关问题说明

（1）平面吊顶天棚和跌级吊顶天棚指一般直线型吊顶天棚。天棚面层在同一标高者按平面吊顶天棚编码列项，天棚层面不在同一标高者按跌级吊顶天棚编码列项。

（2）天棚层面不在同一标高的一般直线型吊顶天棚，高差≤400mm 且跌级≤3 级时按跌级吊顶天棚编码列项；高差＞400mm 或跌级＞3 级时，以及圆弧形、拱形等造型天棚按艺术造型吊顶天棚编码列项。

（3）跌级吊顶天棚的"吊顶形式"可描述跌级级别，艺术吊顶天棚的"吊顶形式"可描述为藻井天棚、吊挂式天棚、阶梯形天棚、锯齿形天棚等。

（4）为满足吊顶内照明、空调、音响等设备的安装要求，需对其进行的裁切、开孔、接口等工作均包括在相应天棚项目的工作内容中。

（5）挡烟垂壁的"形式"可描述为活动、固定等。

（6）无天棚的独立梁抹灰按天棚抹灰项目编码列项。"块料梁面""装饰板梁面"适用于无天棚的独立梁装饰以及梁面装饰与所在天棚吊顶装饰做法不同时的情况。

（7）块料梁面项目的"安装方式"可描述为砂浆或黏结剂粘贴、挂贴、干挂等。"面层处理方式"可描述为磨光、酸洗、打蜡等。

三、工程量计算规则

1. 天棚抹灰

按设计图示尺寸以水平投影面积计算。不扣除垛、柱、附墙烟囱、检查口和管道所占的面积；带梁天棚的梁两侧抹灰面积并入天棚面积内；板式楼梯底面抹灰按斜面积计算；锯齿形楼梯底板抹灰按展开面积计算。

2. 天棚吊顶

（1）平面吊顶天棚。按设计图示尺寸以水平投影面积计算。扣除与天棚相连的窗帘盒所占面积；不扣除检查口、附墙烟囱、柱垛和管道以及单个面积≤0.3m² 的独立柱、孔洞所占面积。

（2）跌级吊顶天棚和艺术造型吊顶天棚。按设计图示尺寸以水平投影面积计算。天棚面中的灯槽及跌级天棚面积不展开计算。扣除与天棚相连的窗帘盒所占的面积；不扣除检查口、附墙烟囱、柱垛和管道以及单个面积≤0.3m² 的独立柱、孔洞所占的面积。

（3）格栅吊顶等其他天棚吊顶清单项目。按设计图示尺寸以水平投影面积计算。

3. 天棚其他装饰

（1）成品装饰带，按设计图示尺寸以中心线长度计算。

（2）成品装饰口，按设计图示数量计算。

（3）挡烟垂壁，按设计图示尺寸以面积计算。

（4）块料梁面，按设计图示镶贴后表面积计算。

（5）装饰板梁面，按设计图示饰面外围尺寸面积计算。

四、招标工程量清单编制实例

【例 19-1】 图 10-4 所示一层平面图中，值班室顶棚做法为：①现浇钢筋混凝土板底面清理干净；②5mm 厚 1∶1∶4 水泥石灰砂浆打底；③3mm 厚 1∶0.5∶3 水泥石灰砂浆抹平；④刮腻子两遍，乳胶漆三遍。办公室顶棚做法为：①铝合金配套龙骨，主龙骨中距 900～1000mm，T 型龙骨中距 600mm，横撑中距 600mm，平面；②15mm 厚 600mm×600mm 开槽矿棉装饰板，位于板底标高下 300mm 处。试编制该天棚工程的分部分项工程项目清单。

解 （1）根据值班室顶棚做法，按《房屋建筑与装饰工程工程量计算标准》（GB/T 50854—2024）中"天棚抹灰"编制分部分项工程项目清单。刮腻子和乳胶漆另按"油漆、涂料、裱糊工程"相应规定列项。

天棚抹灰清单工程量＝（3.00－0.12－0.12）×（6.00－0.12－0.12）＝15.90（m²）。

注：②轴墙上梁底面抹灰并入墙面抹灰内（详见［例 18-1］）。

（2）根据办公室顶棚做法，按《房屋建筑与装饰工程工程量计算标准》（GB/T 50854—2024）中"平面吊顶天棚"编制分部分项工程项目清单。

平面吊顶天棚清单工程量＝（3.60－0.12－0.12）×（6.00－0.12－0.12）＋（4.50－0.12－0.12）×（6.00－0.12－0.12）×2＝68.43（m²）。

分部分项工程项目清单见表 19-4。

表 19-4　　　　　　　　　　　　**分部分项工程项目清单计价表**

工程名称：某装饰工程　　　　　　　　　标段：　　　　　　　　　第 1 页 共 1 页

序号	项目编码	项目名称	项目特征描述	计量单位	工程量	金额（元）	
						综合单价	合价
1	011301001001	天棚抹灰	1. 基层类型、部位：混凝土面 2. 抹灰厚度、砂浆种类及强度等级：5mm 厚 1∶1∶4 水泥石灰砂浆打底；3mm 厚 1∶0.5∶3 水泥石灰砂浆抹平	m²	15.90		
2	011302001001	平面吊顶天棚	1. 吊顶形式、高度：平面天棚吊顶，位于板底标高下 300mm 处 2. 龙骨材料种类、规格、中距：铝合金配套龙骨，主龙骨中距 900～1000mm，T 型龙骨中距 600mm，横撑中距 600mm 3. 面板材料品种、规格：15mm 厚 600mm×600mm 开槽矿棉装饰板	m²	68.43		

【例 19-2】 某天棚尺寸如图 19-1 所示，钢筋混凝土板预留 ϕ6 钢筋环，双向吊点，中距 900mm，下吊双层 U 型轻钢龙骨，中距 600mm，面层为纸面石膏板。试计算该天棚工程的清单工程量并编制分部分项工程项目清单。

解 根据天棚设计图，按"跌级吊顶天棚"编码列项。

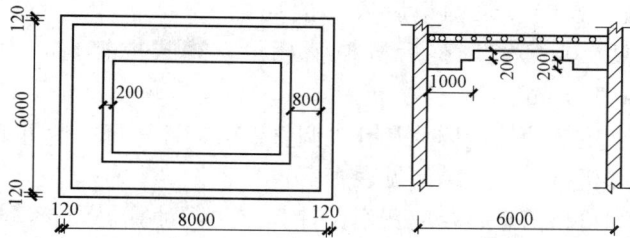

图 19-1　天棚吊顶平面和剖面示意图

天棚吊顶工程量＝（8.00－0.24）×（6.00－0.24）＝44.70（m²）。

分部分项工程项目清单见表 19-5。

表 19-5　　　　　　　　　　**分部分项工程项目清单计价表**

工程名称：某装饰工程　　　　　　　　　　标段：　　　　　　　　　　第 1 页 共 1 页

序号	项目编码	项目名称	项目特征描述	计量单位	工程量	金额（元）	
						综合单价	合价
1	011302002001	跌级吊顶天棚	1. 吊顶形式、吊筋规格、高度：三级跌级天棚吊顶，φ6 钢筋吊筋 2. 龙骨材料种类、规格、中距：双层 U 形轻钢龙骨，中距 600mm 3. 面板材料品种、规格：纸面石膏板	m²	44.70		

第二节　工程量清单计价应用

本节分别以［例 19-1］中的天棚抹灰清单项目和［例 19-2］中的跌级吊顶天棚清单项目介绍天棚工程清单计价。

【例 19-3】　某工程造价咨询企业受招标方委托，编制［例 19-1］工程的最高投标限价。试确定［例 19-1］中天棚抹灰清单项目的综合单价。计价依据和要求参照教材第二篇"说明"。

解　根据设计做法，天棚抹灰清单项目发生的工作内容为：清理基层、抹底层灰、抹面层灰。根据《山东省建筑工程消耗量定额》（2016）项目设置，天棚抹灰设置麻刀灰（厚度 6mm＋3mm）、水泥砂浆（厚度 5mm＋3mm）、混合砂浆（厚度 5mm＋3mm）定额，综合考虑了找平和罩面灰。按照山东省建筑工程消耗量定额工程量计算规则，顶棚抹灰定额工程量计算规则与清单工程量计算规则相同，即，天棚抹灰定额工程量＝15.90m²。

按照设计做法，该天棚抹灰应按照定额 13-1-3（混凝土面天棚混合砂浆厚度 5＋3mm）确定人材机消耗量。定额单位 10m²。消耗量标准为：综合工日（装饰）1.31 工日；1∶0.5∶3 水泥石灰抹灰砂浆 0.0564m³；1∶1∶4 水泥石灰抹灰砂浆 0.0558m³；水 0.054m³/10m²；灰浆搅拌机 0.014 台班。

由定额可知，设计砂浆厚度、种类和强度等级与定额相同，不需要进行调整换算。按照预拌砂浆的调整方法，预拌砂浆调整后人工消耗量＝1.31－0.0564×0.382－0.0558× 0.382＝1.2671（工日/10m²）；调整后机械消耗量（罐式搅拌机）＝0.041×（0.0564＋ 0.0558）＝0.0046（台班/10m²）。

根据定额工程量、定额消耗量标准及有关调整事项，计算每一计量单位天棚抹灰清单项目所需的人工、材料和机械数量，结果见表19-5。

根据人材机数量和价格信息、相应费率及计算方法，计算得到该清单项目的综合单价，综合单价分析表见表19-6。

表 19-6   综合单价分析表

工程名称：某装饰工程   标段：   第 1 页 共 1 页

项目编码	011301001001		项目名称	天棚抹灰			计量单位	m²
序号	费用项目	单位	数量	取费基数金额（元）	费率（%）		单价	合价
1	人工费							17.48
1.1	抹灰人工（装饰）	工日	0.1267				138	17.48
2	材料费							3.93
2.1	1∶0.5∶3水泥石灰抹灰砂浆（干拌）	m³	0.0056				353.92	1.98
2.2	1∶1∶4水泥石灰抹灰砂浆（干拌）	m³	0.0056				338.17	1.89
2.3	水	m³	0.0054				6.60	0.04
3	机械							0.10
3.1	干混砂浆罐式搅拌机	台班	0.0005				204.16	0.10
	小计							21.51
4	企业管理费	元		17.48	32.2			5.63
5	利润	元		17.48	17.3			3.02
	综合单价	元						30.16

分部分项工程项目清单计价表见表19-7。

表 19-7   分部分项工程项目清单计价表

工程名称：某装饰工程   标段：   第 1 页 共 1 页

序号	项目编码	项目名称	项目特征描述	计量单位	工程量	金额（元）	
						综合单价	合价
1	011301001001	天棚抹灰	1. 基层类型、部位：混凝土面 2. 抹灰厚度、砂浆种类及强度等级：5厚1∶1∶4水泥石灰砂浆打底；3厚1∶0.5∶3水泥石灰砂浆抹平	m²	15.90	30.16	479.54

【例 19-4】 某工程造价咨询企业受招标方委托，编制［例 19-2］工程的最高投标限价。试确定［例 19-2］中跌级吊顶天棚清单项目的综合单价。计价依据和要求参照教材第二篇"说明"。

解 该清单项目发生的工作内容为清理基层、安装吊杆、安装轻钢龙骨、铺贴石膏板面层，按照《山东省建筑工程消耗量定额》（2016）工程量计算规则，天棚吊顶龙骨、基层、面层等应分别计算工程量，套用相应定额项目。

根据《山东省建筑工程消耗量定额》（2016）工程量计算规则，各种吊顶顶棚龙骨按主墙间净空面积以平方米计算；不扣除间壁墙、检查口、附墙烟囱、柱、灯孔垛和管道所占面积。

计算吊顶顶棚龙骨时，应区分平面天棚龙骨和跌级天棚龙骨。天棚面层不在同一标高者为跌级天棚。房间内全部吊顶、局部向下跌落，最大跌落线向外、最小跌落线向里每边各加0.60m，两条0.60m线范围内的吊顶，为跌级吊顶天棚，其余为平面吊顶天棚。若最大跌落线向外、距墙边≤1.2m时，最大跌落线以外的全部吊顶，为跌级吊顶天棚。

计算顶棚龙骨时，顶棚中的折线、跌落、高低吊顶槽等面积不展开计算。

平面天棚龙骨定额工程量＝$(8.00-0.24-0.80\times2-0.20\times2-0.60\times2)\times(6.00-0.24-0.80\times2-0.20\times2-0.60\times2)=11.67$（m²）。

跌级天棚龙骨定额工程量＝$(8.0-0.24)\times(6.0-0.24)-11.67=33.03$（m²）。

顶棚基层和面层装饰面积，按主墙间设计面积以平方米计算；不扣除间壁墙、检查口、附墙烟囱、柱、灯孔、垛和管道所占面积，但应扣除独立柱、灯带、大于0.3m²的灯孔及与顶棚相连的窗帘盒所占的面积。顶棚中的折线、跌落、拱形、高低灯槽及其他艺术形式顶棚面层均按展开面积计算。由于线角较多，故增加10%的用工。

面层工程量＝$(8.00-0.24)\times(6.00-0.24)+(8.00-0.24-0.90\times2+6.00-0.24-0.90\times2)\times2\times0.20\times2=52.63$（m²）。

根据设计做法，龙骨应分别按定额13-2-13（装配式U型龙骨600×600平面）和定额13-2-15（装配式U型龙骨600×600跌级）确定人材机消耗量。定额单位均为10m²。定额13-2-13消耗量标准为：综合工日（装饰）1.75工日；吊筋3.4951kg；六角螺栓0.183kg；铁件（综合）4.000kg；低合金钢焊条E43系列1.3909kg；轻钢龙骨不上人型（平面600×600）10.5m²；射钉15.30个；交流弧焊机（32kV·A）0.2862台班。

定额13-2-15消耗量标准为：综合工日（装饰）2.45工日；吊筋4.8058kg；六角螺栓0.1800kg；铁件（综合）4.0700kg；低合金钢焊条E43系列1.6364kg；轻钢龙骨不上人型（跌级600×600）10.5m²；锯成材0.0072m³；方钢管（25×25×2.5）0.612kg；扁钢（综合）0.154kg；交流弧焊机（32kV·A）0.3367台班。

面层按定额13-3-9（轻钢龙骨上铺钉纸面石膏板）确定人材机消耗量，定额单位10m²。消耗量标准为：综合工日（装饰）1.08工日；纸面石膏板（1200×3000×9.5）10.6m²；自攻螺钉镀锌（4～6）×（10～16）3.4500（100个）；无纺布15.5623m；嵌缝石膏2.5110kg。

根据定额工程量、定额消耗量标准及有关调整事项，计算每一计量单位跌级吊顶天棚清单项目所需的人工、主要材料和机械数量如下：

龙骨安装人工的数量＝$(11.67\times1.75+33.03\times2.45)\div10\div44.70=0.2267$（工日）。

面层安装人工的数量＝$52.63\times1.08\times(1+10\%)\div10\div44.70=0.1399$（工日）。

轻钢龙骨不上人型（平面600×600）的数量＝$11.67\times10.5\div10\div44.70=0.2741$（m²）。

轻钢龙骨不上人型（跌级600×600）的数量＝$33.03\times10.5\div10\div44.70=0.7759$（m²）。

纸面石膏板（1200×3000×9.5）的数量＝$52.63\times10.6\div10\div44.70=1.2480$（m²）。

交流弧焊机（32kV·A）的数量＝$(11.67\times0.2862+33.03\times0.3367)\div10\div44.70=0.0324$（台班）。

按照相同的办法，可以计算其他材料的数量。

根据人材机消耗量和价格信息、相应费率及计算方法，计算得到该清单项目的综合单价，综合单价分析表见表19-8。

表 19-8 综合单价分析表

工程名称：某装饰工程　　　　　　　　　　标段：　　　　　　　　　　第 1 页 共 1 页

项目编码	011302002001		项目名称	跌级吊顶天棚			计量单位	m²
序号	费用项目	单位	数量	取费基数金额（元）	费率（%）		单价	合价
1	人工费							50.59
1.1	龙骨安装人工（装饰）	工日	0.2267				138	31.28
1.2	面层安装人工（装饰）	工日	0.1399				138	19.31
2	材料费							77.25
2.1	吊筋	kg	0.4464				3.95	1.76
2.2	轻钢龙骨不上人型（平面 600×600）	m²	0.2741				43.81	12.01
2.3	轻钢龙骨不上人型（跌级 600×600）	m²	0.7759				52.57	40.79
2.4	纸面石膏板（1200×3000×9.5）	m²	1.2480				10.44	13.03
2.5	龙骨安装其他材料费	元	5.61					5.61
2.6	面层安装其他材料费	元	4.05					4.05
3	机械							3.70
3.1	交流弧焊机 32kV·A	台班	0.0324				114.05	3.70
	小计							131.54
4	企业管理费	元		50.59	32.2			16.29
5	利润	元		50.59	17.3			8.75
	综合单价	元						156.58

注 龙骨和面层安装其他材料费可根据材料消耗量和2024年11月济南市信息价计算。

分部分项工程项目清单计价表见表19-9。

表 19-9 分部分项工程项目清单计价表

工程名称：某装饰工程　　　　　　　　　　标段：　　　　　　　　　　第 1 页 共 1 页

序号	项目编码	项目名称	项目特征描述	计量单位	工程量	金额（元）	
						综合单价	合价
1	011302002001	跌级吊顶天棚	1. 吊顶形式、吊筋规格、高度：三级跌级天棚吊顶，φ6 钢筋吊筋 2. 龙骨材料种类、规格、中距：双层 U 型轻钢龙骨，中距 600mm 3. 面板材料品种、规格：纸面石膏板	m²	44.70	156.58	6999.13

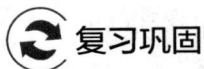

🔄 **复习巩固**

1. 常见天棚装饰方法有哪些？

2. 天棚抹灰的项目特征应描述哪些内容？

3. 简述吊顶天棚工程量的计算规则。

4. 吊顶龙骨应如何描述特征？

能力提高

列出表 19-8 中龙骨安装用其他材料费的计算过程。

课程思政

在过去，天花板的功能主要集中在装饰和遮蔽上，但随着人们对舒适性和功能性的需求不断增加，天花板也开始融入了先进的科技元素。科技前沿的进展，如智能家居技术、照明技术和通信技术的发展，正在为天花板带来全新的变革。

首先，智能化技术为天花板带来了更高的性能水平。传感器和智能控制系统的引入，使得天花板根据需要调节室内温度，提供恰到好处的照明，甚至控制空气质量，为居住者创造一个舒适健康的生活环境。其次，天花板的照明技术也在不断创新。LED 照明技术的广泛应用使得天花板能够提供更加节能高效的照明解决方案，并能提供均匀柔和的光线，营造出舒适的照明氛围。此外，可调光和色温调节功能也使得天花板照明更加智能化和个性化。另外，天花板还成为了通信技术的载体。利用天花板的空间，可以隐藏各种通信设备，如无线路由器、扬声器和摄像头，为室内提供无线网络覆盖和智能家居功能。

综上所述，科技前沿的发展正在为天花板带来性能革新。智能化技术、先进照明和通信技术的应用，使得天花板成为了一个功能多样、智能高效的元素，为人们创造出一个舒适、便捷、智能的生活空间。这种引领性能革新的浪潮，不仅提升了天花板的功能，也为人们带来了全新的居住体验。

第二十章　油漆、涂料、裱糊工程

☞ **本章概要：**本章主要围绕《房屋建筑与装饰工程工程量计算标准》（GB/T 50854—2024）重点介绍了油漆、涂料、裱糊工程包括木材面油漆、金属面油漆、抹灰面油漆、喷刷涂料、裱糊等 5 个分部工程的工程量清单和相应工程量清单报价的编制理论与方法。

☞ **知识目标：**熟悉油漆、涂料、裱糊工程的清单项目设置，掌握各清单项目的工程量计算规则及清单编制和清单计价方法。

☞ **能力目标：**能够基于实际工程图纸，编制油漆、涂料、裱糊工程的分部分项工程项目清单，并能够根据相关计价依据完成清单计价工作。

☞ **素养目标：**培养严谨、细致、守规的职业精神。

第一节　招标工程量清单编制

一、清单项目设置

按照《房屋建筑与装饰工程工程量计算标准》（GB/T 50854—2024），油漆、涂料、裱糊工程包括木材面油漆、金属面油漆、抹灰面油漆、喷刷涂料、裱糊等 5 个分部工程，共23 个清单项目，见表 20-1～表 20-5。

表 20-1　　　　　　　　　　木材面油漆（编码：011401）

项目编码	项目名称	项目特征	计量单位	工程量计算规则	工程内容
011401001	木门油漆	1. 门、窗类型 2. 腻子种类 3. 刮腻子遍数 4. 防护材料种类 5. 油漆品种、刷漆遍数	m²	详见工程量计算规则部分	1. 基层清理 2. 刮腻子 3. 刷防护材料、油漆
011401002	木窗油漆				
011401003	木板条、线条油漆	1. 断面尺寸 2. 腻子种类 3. 刮腻子遍数 4. 防护材料种类 5. 油漆品种、刷漆遍数	m	详见工程量计算规则部分	1. 基层清理 2. 刮腻子 3. 刷防护材料、油漆
011401004	木材面油漆	1. 腻子种类 2. 刮腻子遍数 3. 防护材料种类 4. 油漆品种、刷漆遍数	m²	详见工程量计算规则部分	1. 基层清理 2. 刮腻子 3. 刷防护材料、油漆
011401005	木地板油漆				
011401006	木地板烫硬蜡面	1. 硬蜡品种 2. 面层处理要求		详见工程量计算规则部分	1. 基层清理 2. 烫蜡

表 20-2　　　　　　　　　　　金属面油漆（编码：011402）

项目编码	项目名称	项目特征	计量单位	工程量计算规则	工程内容
011402001	金属门油漆	1. 门、窗类型 2. 腻子种类 3. 刮腻子遍数 4. 防护材料种类 5. 油漆品种、遍数或厚度	m²	详见工程量计算规则部分	1. 除锈、基层清理 2. 刮腻子 3. 喷或刷防护材料、油漆
011402002	金属窗油漆				
011402003	金属面油漆	1. 构件名称 2. 腻子种类 3. 刮腻子遍数 4. 防护材料种类 5. 油漆品种、遍数或厚度	m²	详见工程量计算规则部分	1. 基层清理 2. 刮腻子 3. 喷或刷防护材料、油漆
011402004	金属构件油漆		t	详见工程量计算规则部分	
011402005	金属构件除锈	1. 除锈方式 2. 除锈等级	t	详见工程量计算规则部分	1. 基层清理 2. 除锈

表 20-3　　　　　　　　　　　抹灰面油漆（编码：011403）

项目编码	项目名称	项目特征	计量单位	工程量计算规则	工程内容
011403001	抹灰面油漆	1. 基层类型 2. 腻子种类 3. 刮腻子遍数 4. 防护材料种类 5. 油漆品种、刷漆遍数	m²	详见工程量计算规则部分	1. 基层清理 2. 刮腻子 3. 刷防护材料、油漆
011403002	抹灰线条油漆	1. 线条宽度、道数 2. 腻子种类 3. 刮腻子遍数 4. 防护材料种类 5. 油漆品种、刷漆遍数	m	详见工程量计算规则部分	1. 基层清理 2. 刮腻子 3. 刷防护材料、油漆
011403003	刮腻子	1. 基层类型 2. 腻子种类 3. 刮腻子遍数	m²	详见工程量计算规则部分	1. 基层清理 2. 刮腻子

表 20-4　　　　　　　　　　　喷刷涂料（编码：011404）

项目编码	项目名称	项目特征	计量单位	工程量计算规则	工程内容
011404001	墙面喷刷涂料	1. 基层类型 2. 喷刷涂料部位 3. 腻子种类 4. 刮腻子遍数 5. 涂料品种、喷刷遍数	m²	详见工程量计算规则部分	1. 基层清理 2. 刮腻子 3. 刷、喷涂料
011404002	天棚喷刷涂料	1. 基层类型 2. 腻子种类 3. 刮腻子遍数 4. 涂料品种、喷刷遍数			

续表

项目编码	项目名称	项目特征	计量单位	工程量计算规则	工程内容
011404003	空花格、栏杆刷涂料	1. 腻子种类 2. 刮腻子遍数 3. 涂料品种、刷喷遍数	m²	详见工程量计算规则部分	1. 基层清理 2. 刮腻子 3. 刷、喷涂料
011404004	线条刷涂料	1. 基层清理 2. 线条宽度 3. 刮腻子遍数 4. 刷防护材料、油漆	m	详见工程量计算规则部分	1. 基层清理 2. 刮腻子 3. 刷、喷涂料
011404005	金属面喷刷防火涂料	1. 构件名称 2. 耐火等级要求 3. 涂料品种、遍数或厚度	m²	详见工程量计算规则部分	1. 基层清理 2. 喷、刷涂料
011404006	金属构件喷刷防火涂料		t	详见工程量计算规则部分	
011404007	木材构件喷刷防火涂料		m²	详见工程量计算规则部分	

表 20-5　　　　　　　　　　**裱糊（编码：011405）**

项目编码	项目名称	项目特征	计量单位	工程量计算规则	工程内容
011405001	墙纸裱糊	1. 基层类型 2. 腻子种类 3. 刮腻子遍数 4. 粘结材料种类 5. 防护材料种类 6. 面层材料品种、规格	m²	详见工程量计算规则部分	1. 基层清理 2. 刮腻子 3. 面层浦粘 4. 刷防护材料
011405002	织锦缎裱糊				

二、相关问题说明

1. 清单列项说明

（1）木板条、线条油漆包括木扶手、窗帘盒、封檐板、顺水板、挂衣板、黑板框、挂镜线、窗帘棍、木线条油漆。

（2）木材面油漆包括木护墙、木墙裙、窗台板、筒子板、盖板、门窗套、踢脚线、清水板条天棚、檐口、木方格吊顶天棚、吸声板墙面、天棚面、暖气罩、其他木材面等。

（3）抹灰面油漆和刷涂料工作内容中包括刮腻子。本部分中"刮腻子"项目仅适用于单独进行满刮腻子的设计做法。油漆踢脚线应按抹灰线条油漆编码列项。

（4）本部分所列分部工程清单项目，仅适用于发生于施工现场的油漆、涂料、裱糊工程。

2. 项目特征描述说明

（1）木门油漆的"门类型"可描述为木大门、单层木门、双层（一玻一纱）木门、双层（单裁口）木门、全玻自由门、半玻自由门、装饰门及有框门或无框门等。

（2）木窗油漆的"窗类型"可描述为单层木窗、双层（一玻一纱）木窗、双层框扇（单裁口）木窗、双层框三层（二玻一纱）木窗、单层组合窗、双层组合窗、木百叶窗、木推拉窗等。

（3）金属门油漆的"门类型"可描述为平开门、推拉门、钢制防火门等。

（4）金属窗油漆的"窗类型"可描述为平开窗、推拉窗、固定窗、组合窗、金属隔栅窗等。

（5）墙面喷刷涂料的"喷刷涂料部位"可描述为内墙、外墙。

（6）墙面油漆和喷刷涂料外墙时，应注明墙面分割界缝做法的特征描述。

三、工程量计算规则

1. 木材面油漆

（1）木门、木窗油漆，按设计图示洞口尺寸以面积计算。

（2）木板条、线条油漆，按设计图示尺寸以中心线长度计算。

（3）木材面油漆，按设计图示尺寸以面积计算。

（4）木地板油漆和木地板烫硬蜡面，按设计图示尺寸以面积计算。空洞、空圈、暖气包槽、壁龛的开口部分并入相应的工程量内。

2. 金属面油漆

（1）金属门、金属窗油漆，按设计图示洞口尺寸以面积计算。

（2）金属面油漆，按设计图示尺寸以油漆部分展开面积计算。

（3）金属构件油漆、除锈，按设计图示尺寸以构件质量计算。

3. 抹灰面油漆

（1）抹灰面油漆、刮腻子，按设计图示尺寸以面积计算。

（2）抹灰线条油漆，按设计图示尺寸以中心线长度计算。

4. 喷刷涂料

（1）墙面、天棚刷喷涂料，按设计图示尺寸以面积计算。洞口侧壁面积并入相应喷刷部位中计算。

（2）线条刷涂料，按设计图示尺寸以中心线长度计算。

（3）金属面刷防火涂料，按设计图示尺寸以面积计算。

（4）金属构件刷防火涂料，按设计图示尺寸以构件质量计算。

（5）木材构件喷刷防火涂料，按设计图示尺寸以面积计算。

（6）空花格、栏杆刷涂料，按设计图示尺寸以单面外围面积计算。

5. 裱糊

墙纸裱糊、织锦缎裱糊，按设计图示尺寸以面积计算。

四、招标工程量清单编制实例

【例 20-1】 图 10-4 中门采用实木门，油漆为底油一遍，调和漆四遍。编制该门油漆工程的分部分项工程项目清单。

解 根据设计做法，按《房屋建筑与装饰工程工程量计算标准》（GB/T 50854—2024）中"木门油漆"编制分部分项工程项目清单。

木门油漆清单工程量＝$1.00 \times 2.10 \times 4 = 8.40$（m²）。

该工程分部分项工程项目清单见表 20-6。

表 20-6　　　　　　　　　分部分项工程项目清单计价表

工程名称：某装饰工程　　　　　　　　　　标段：　　　　　　　　　第 1 页 共 1 页

序号	项目编码	项目名称	项目特征描述	计量单位	工程量	金额（元）	
						综合单价	合价
1	011401001001	木门油漆	1. 底油一遍 2. 调合漆四遍	m²	8.40		

【例 20-2】　根据［例 19-1］中值班室顶棚做法和［例 18-2］中外墙面做法，编制该顶棚和外墙涂料的分部分项工程项目清单。

解　根据值班室顶棚和外墙面做法，按《房屋建筑与装饰工程工程量计算标准》（GB/T 50854—2024）中"天棚喷刷涂料"和"墙面喷刷涂料"列清单项。

天棚喷刷涂料清单工程量＝天棚抹灰工程量＝15.90（m²）。

外墙喷刷涂料与墙面抹灰工程量相比，需增加门窗洞口侧壁面积。由［例 18-2］可知，外墙抹灰工程量＝192.49（m²）。

外墙涂料门窗洞口侧壁增加 ［（1.76＋1.46）×2＋（2.36＋1.46）×2＋（2.66＋1.46）×2×2＋（0.96＋2.08×2）×4］×（0.12－0.065÷2＋0.03＋0.05＋0.006）＝8.86（m²）。

外墙面喷刷涂料工程量＝192.49＋8.86＝201.35（m²）。

该工程分部分项工程项目清单见表 20-7。

表 20-7　　　　　　　　　分部分项工程项目清单计价表

工程名称：某装饰工程　　　　　　　　　　标段：　　　　　　　　　第 1 页 共 1 页

序号	项目编码	项目名称	项目特征描述	计量单位	工程量	金额（元）	
						综合单价	合价
1	011404001001	天棚喷刷涂料	1. 刮腻子两遍 2. 乳胶漆三遍	m²	15.90		
2	011404001001	墙面喷刷涂料	1. 刮腻子两遍 2. 乳胶漆三遍	m²	201.35		

第二节　工程量清单计价应用

本节分别以［例 20-1］中的门油漆清单项目和［例 20-2］中的天棚喷刷涂料清单项目介绍油漆、涂料、裱糊工程清单计价。

【例 20-3】　某工程造价咨询企业受招标方委托，编制［例 20-1］工程的最高投标限价。试确定［例 20-1］门油漆清单项目的综合单价。计价依据和要求参照教材第二篇"说明"。

解　根据设计做法，门油漆清单项目发生的工作内容为：清理基层、刷底油一遍，调和漆四遍。根据《山东省建筑工程消耗量定额》（2016）项目设置，木材面区分单层木门、单层木窗、墙面墙裙、木扶手和其他木材面设置调和漆、磁漆、醇酸清漆、聚酯漆、聚氨酯漆等定额子目。该工程木门油漆做法为底油一遍，调和漆四遍，按定额 14-1-1（刷底油一遍、

调和漆二遍）确定人材机消耗量。由于设计调和漆四遍，因此需增加两遍调和漆，定额设置
"每增加一遍调和漆"子目（14-1-21）。

根据《山东省建筑工程消耗量定额》（2016），木材面、金属面油漆的工程量分别按油漆、涂料系数表的规定，并乘以系数以平方米计算。系数见表20-8。

表 20-8　　　　　　　　　　　　　　单层木门工程量系数表

定额项目	项目名称	系数	工程量计算方法
单层木门	单层木门	1.00	按单面洞口面积
	双层（一板一纱）木门	1.36	
	双层（单裁口）木门	2.00	
	单层全玻门	0.83	
	木百叶门	1.25	
	厂库大门	1.10	

因此，木门油漆定额工程量＝1.00×2.10×4×1.00＝8.40（m²）。

定额14-1-1，定额单位10m²。消耗量标准为：综合工日（装饰）2.1工日；催干剂0.103kg；砂纸4.2张；无光调和漆4.6742kg；油漆溶剂油1.114kg；白布0.025m²；工业酒精（99.5%）0.043kg；漆片0.007kg；清油0.175kg；石膏粉0.504kg；熟桐油0.425kg。

定额14-1-21，定额单位10m²。消耗量标准为：综合工日（装饰）0.59工日；催干剂0.043kg；砂纸0.6张；无光调和漆2.4874kg；油漆溶剂油0.125kg。

因此，根据该工程木门油漆定额工程量、定额消耗量标准，每一计量单位门油漆清单项目所需的人工数量＝8.40×（2.1＋0.59×2）÷10÷8.4＝0.3280（工日）。

按照同样的方法可以计算门油漆其余人材机的数量，见表20-9。

根据人材机消耗量和价格信息、相应费率及计算方法，计算得到该清单项目的综合单价，综合单价分析表见表20-9。

表 20-9　　　　　　　　　　　　　　综合单价分析表

工程名称：某装饰工程　　　　　　　　　　　标段：　　　　　　　　　　第 1 页 共 1 页

项目编码	011401001001		项目名称	木门油漆			计量单位	m²
序号	费用项目	单位	数量	取费基数金额（元）	费率（%）		单价	合价
1	人工费							45.26
1.1	刷油漆人工（装饰）	工日	0.3280				138	45.26
2	材料费							15.78
2.1	无光调和漆	kg	0.9644				13.48	13.00
2.2	清油	kg	0.0175				20.34	0.36
2.3	催干剂	kg	0.0189				7.43	0.14
2.4	油漆溶剂油	kg	0.1364				6.11	0.83
2.5	白布	m²	0.0025				6.38	0.02
2.6	工业酒精99.5%	kg	0.0043				1.41	0.01
2.7	漆片	kg	0.0007				26.50	0.02
2.8	砂纸	张	0.5400				0.44	0.24

续表

项目编码	0114010C1001		项目名称		木门油漆		计量单位	m²
序号	费用项目	单位	数量	取费基数金额（元）	费率（%）		单价	合价
2.9	石膏粉	kg	0.0504				0.50	0.03
2.10	熟桐油	kg	0.0425				26.55	1.13
3	机械							—
	小计							61.04
4	企业管理费	元		45.26	32.2			14.57
5	利润	元		45.26	17.3			7.83
	综合单价	元						83.44

【例 20-4】 某工程造价咨询企业受招标方委托，编制［例 20-2］工程的最高投标限价。试确定［例 20-2］天棚喷刷涂料清单项目的综合单价。计价依据和要求参照教材第二篇"说明"。

解 根据设计做法，天棚喷刷涂料清单项目发生的工作内容为：基层清理、刮腻子两遍、刷乳胶漆三遍。根据《山东省建筑工程消耗量定额》（2016）项目设置，区分内墙抹灰面、天棚抹灰面和外墙抹灰面设置满刮腻子基层处理定额，同时设置室内乳胶漆定额。对照定额编号及设计做法，按定额 14-4-11（天棚抹灰面满刮成品腻子两遍）确定刮腻子的人材机消耗量，设计满刮腻子遍数与定额考虑遍数相同，不需要进行调整。按定额 14-3-9（天棚室内乳胶漆两遍）确定乳胶漆的人材机消耗量。由于设计刷乳胶漆三遍，因此需增加一遍乳胶漆，定额设置"每增加一遍乳胶漆"子目（14-3-13）。

按照山东省建筑工程消耗量定额的规定，刮腻子、刷涂料应分别计算工程量。楼地面、顶棚面、墙、柱面的喷刷涂料、油漆工程，其工程量按装饰工程各自抹灰的工程量计算规则计算。涂料系数表中有规定的，按规定计算工程量并乘系数表中的系数。

天棚刮腻子、刷涂料定额工程量均为 15.90m²。

定额 14-4-11，定额单位 10m²。消耗量标准为：综合工日（装饰）0.37 工日；成品腻子 11.40kg；砂纸 6.00 张。

定额 14-3-9，定额单位 10m²。消耗量标准为：综合工日（装饰）0.47 工日；乳胶漆 2.92kg；砂纸 0.8 张；白布 0.007m²。

定额 14-3-13，定额单位 10m²。消耗量标准为：综合工日（装饰）0.19 工日；乳胶漆 1.46kg；砂纸 0.4 张。

因此，根据该工程天棚刮腻子、刷乳胶漆的定额工程量、定额消耗量标准，每一计量单位天棚喷刷涂料清单项目所需的人工数量如下

刮腻子人工的数量＝15.90×0.37÷10÷15.90＝0.0370（工日）。

刷乳胶漆人工的数量＝15.90×（0.47＋0.19）÷10÷15.90＝0.0660（工日）。

按照同样的方法可以计算其他材料的数量，见表 20-10。

根据人材机数量和价格信息、相应费率及计算方法，计算得到该清单项目的综合单价，综合单价分析表见表 20-10。

表 20-10　　　　　　　　　　　　综合单价分析表

工程名称：某装饰工程　　　　　　　　标段：　　　　　　　第 1 页 共 1 页

项目编码	011404001001	项目名称		天棚刷喷涂料		计量单位	m²
序号	费用项目	单位	数量	取费基数金额（元）	费率（%）	单价	合价
1	人工费						14.22
1.1	刮腻子人工（装饰）	工日	0.0370			138	5.11
1.2	刷乳胶漆人工（装饰）	工日	0.0660			138	9.11
2	材料费						16.86
2.1	成品腻子	kg	1.1400			5.58	6.36
2.2	乳胶漆	kg	0.4380			23.25	10.18
2.3	白布	m²	0.0007			6.38	0.004
2.4	砂纸	张	0.7200			0.44	0.32
3	机械						—
	小计						31.08
4	企业管理费	元		14.22	32.2%		4.58
5	利润	元		14.22	17.3%		2.46
	综合单价	元					38.12

复习巩固

1. 油漆、涂料、裱糊工程如何设置清单项目？

2. 山东省建筑工程消耗量定额中，实际刷油漆遍数少于基本子目中的油漆遍数怎样处理？

3. 喷刷涂料、油漆的工程量应怎样计算？

能力提高

1. 假设［例 20-4］中刮腻子遍数为三遍，其他设计内容不变，试计算该清单项目的综合单价。

2. 计算案例图中①轴墙体涂料的工程量。

课程思政

2022 年 12 月 1 日，生态环境部发布了《环境监管重点单位名录管理办法》（以下简称《办法》），自 2023 年 1 月 1 日起施行。《办法》旨在为了加强对环境监管重点单位的监督管理，强化精准治污，有效提升生态环境管理精细化、科学化、法治化水平。根据《办法》规定，具备下列条件之一的，应当列为大气环境重点排污单位，其中就包括"工业涂装行业规模以上企业，全部使用符合国家规定的水性、无溶剂、辐射固化、粉末等四类低挥发性有机物含量涂料的除外"。只要使用规定中的四类低 VOCs 含量涂料进行涂装，就可以免于被列为大气环境重点排污单位。此次推行的新《办法》将间接调动工业涂装企业进行"油改水""油改粉"的积极性，进而推动水性涂料、粉末涂料、无溶剂型涂料、辐射固化涂料等环境友好型涂料的应用比例。不仅如此，国家密集出台各项环保政策，对涂料及涂装绿色发展起到了积极推动作用。国务院印发的《"十四五"节能减排综合工作方案》指出，要推进原辅材料和产品源头替代工程，实施全过程污染物治理。以工业涂装等行业为重点，推动使用低挥发性有机物含量的涂料。到 2025 年，溶剂型工业涂料使用比例降低 20 个百分点。

第二十一章　其他装饰工程

☞ **本章概要：** 本章主要围绕《房屋建筑与装饰工程工程量计算标准》(GB/T 50854—2024) 重点介绍了其他装饰工程包括柜、架、台，装饰线条，扶手、栏杆、栏板装饰，暖气罩，浴厕配件，雨篷、旗杆、装饰柱，招牌、灯箱，美术字等 8 个分部工程的工程量清单和相应工程量清单报价的编制理论与方法。

☞ **知识目标：** 熟悉其他装饰工程的清单项目设置，掌握各清单项目的工程量计算规则及清单编制和清单计价方法。

☞ **能力目标：** 能够基于实际工程图纸，编制其他装饰工程的分部分项工程项目清单，并能够根据相关计价依据完成清单计价工作。

☞ **素养目标：** 培养严谨、细致、守规的职业精神。

第一节　招标工程量清单编制

一、清单项目设置及计算规则

按照《房屋建筑与装饰工程工程量计算标准》(GB/T 50854—2024) 的规定，其他装饰工程包括柜、架、台，装饰线条，扶手、栏杆、栏板装饰，暖气罩，厕浴配件，雨篷、旗杆、装饰柱，招牌、灯箱，美术字等 8 个分部工程，共 23 个清单项目，见表 21-1~表 21-8。

表 21-1　　　　　　　　　　　　柜、架、台（编码：011501）

项目编码	项目名称	项目特征	计量单位	工程量计算规则	工作内容
011501001	装饰柜	1. 名称 2. 规格 3. 安装方式 4. 材料种类、规格 5. 五金种类、规格 6. 防护材料种类 7. 油漆品种、刷漆遍数	m^2	按设计图示尺寸以正投影面积计算	1. 制作、安装（安放） 2. 刷防护材料、油漆 3. 五金配件安装
011501002	装饰架				
011501003	装饰台				
011501004	成品柜、架、台	1. 名称 2. 规格、型号 3. 安装方式	m^2	按设计图示尺寸以正投影面积计算	1. 安装（安放） 2. 五金配件安装

表 21-2　　　　　　　　　　　　装饰线条（编码：011502）

项目编码	项目名称	项目特征	计量单位	工程量计算规则	工作内容
011502001	成品装饰线条	1. 基层类型 2. 线条材料品种、规格 3. 防护（填充）材料种类	m	按设计图示尺寸以中心线长度计算	安装

表 21-3　　　　　　　　　扶手、栏杆、栏板装饰（编码：011503）

项目编码	项目名称	项目特征	计量单位	工程量计算规则	工作内容
011503001	带扶手的栏杆、栏板	1. 扶手材料种类、规格 2. 栏杆（板）材料种类、规格 3. 固定配件种类 4. 防护材料种类	m	按设计图示以栏杆、栏板中心线长度计算	1. 制作、安装 2. 刷防护材料
011503002	不带扶手的栏杆、栏板	1. 栏杆（板）材料种类、规格 2. 固定配件种类 3. 防护材料种类			
011503003	扶手	1. 扶手材料种类、规格 2. 固定配件种类 3. 防护材料种类		按设计图示以扶手中心线长度计算	
011503004	成品带扶手栏杆、栏板	1. 成品栏杆（板）种类、规格 2. 固定件种类、规格	m	按设计图示以栏杆、栏板中心线长度计算	安装

表 21-4　　　　　　　　　暖气罩（编码：011504）

项目编码	项目名称	项目特征	计量单位	工程量计算规则	工作内容
011504001	暖气罩	1. 暖气罩材质 2. 规格 3. 防护材料种类	m²	按设计图示尺寸以垂直投影面积（不展开）计算	1. 制作、安装 2. 刷防护材料、油漆
011504002	成品暖气罩	1. 成品暖气罩规格、型号 2. 固定件种类、规格	m²		安装

表 21-5　　　　　　　　　浴厕配件（编码：011505）

项目编码	项目名称	项目特征	计量单位	工程量计算规则	工作内容
011505001	洗漱台	1. 材料品种、规格 2. 支架品种、规格	m²	按设计图示尺寸以台面外接矩形面积计算。不扣除孔洞、挖弯、削角所占面积；挡板、吊沿板面积并入台面面积内	安装
011505002	洗厕配件	1. 配件名称 2. 配件品种 3. 规格	个	按设计图示数量计算	安装
011505003	镜面玻璃	1. 镜面玻璃品种、规格 2. 框材质、断面尺寸 3. 基层材料种类	m²	按设计图示尺寸以边框外围面积计算	1. 基层安装 2. 玻璃及框制作、安装

续表

项目编码	项目名称	项目特征	计量单位	工程量计算规则	工作内容
011505004	镜箱	1. 箱体材质、规格 2. 玻璃品种、规格 3. 基层材料种类 4. 防护材料种类 5. 油漆品种、刷漆遍数	个	按设计图示数量计算	1. 基层安装 2. 箱体制作、安装 3. 玻璃安装 4. 刷防护材料、油漆

表 21-6　　　　　　　　　　　雨篷、旗杆、装饰柱（编码：011506）

项目编码	项目名称	项目特征	计量单位	工程量计算规则	工作内容
011506001	装饰板雨篷	1. 雨篷固定方式 2. 骨架材料种类、规格、中距 3. 装饰板材料品种、规格 4. 吊顶（天棚）材料品种、规格 5. 嵌缝材料种类 6. 防护材料种类	m²	按设计图示尺寸以水平投影面积计算	1. 骨架制作、安装 2. 基层、面层安装 3. 刷防护材料、油漆
011506002	金属旗杆	1. 旗杆材料、种类、规格 2. 旗杆高度 3. 基础材料种类 4. 基座材料种类 5. 基座面层材料、品种、规格	根	按设计图示数量计算	1. 土石挖、填、运 2. 基础混凝土浇筑 3. 旗杆制作、安装 4. 旗杆台座制作、饰面
011506003	成品装饰柱	1. 柱截面、高度尺寸 2. 柱材质	根	按设计图示数量计算	安装

表 21-7　　　　　　　　　　　　招牌、灯箱（编码：011507）

项目编码	项目名称	项目特征	计量单位	工程量计算规则	工作内容
011507001	平面、箱式招牌	1. 箱体规格 2. 基层材料种类 3. 面层材料种类 4. 防护材料种类	m²	按设计图示尺寸以正立面边框外围面积计算。复杂形状的凸凹造型部分不增加面积	1. 基层安装 2. 箱体及支架制作、安装 3. 面层制作、安装 4. 刷防护材料、油漆
011507002	竖式标箱				
011507003	灯箱				
011507004	信报箱	1. 箱体规格 2. 基层材料种类 3. 面层材料种类 4. 保护材料种类 5. 户数	个	按设计图示数量计算	

表 21-8   **美术字（编码：011508）**

项目编码	项目名称	项目特征	计量单位	工程量计算规则	工作内容
011508001	美术字	1. 基层类型 2. 镌字材料材质 3. 字体规格 4. 固定方式 5. 油漆品种、刷漆遍数	个	按设计图示数量计算	1. 制作、安装 2. 刷油漆

二、相关问题说明

（1）装饰柜的"名称"可描述为柜台、酒柜、衣柜、存包柜、鞋柜、书柜、厨房壁柜、木壁柜、厨房低柜、厨房吊柜、矮柜、吧台背柜、酒吧吊柜。装饰架的"名称"可描述为货架、书架等。装饰台的"名称"可描述为酒吧台、展台、收银台、服务台等。

（2）洗厕配件项目的"配件名称"可描述为晒衣架、帘子杆、浴缸拉手、卫生间扶手、毛巾杆（架）、毛巾环、卫生纸盒、肥皂盒等。

（3）装饰板雨篷的"装饰板材料品种"可描述为玻璃、阳光板、金属板等。

三、招标工程量清单编制实例

【例 21-1】 某工程檐口上方设平面招牌，外围长 28m，高 1.5m，一般木结构龙骨，九夹板基层，铝塑板面层，上嵌 8 个 1m×1m 泡沫塑料有机玻璃面字，胶水安装。试编制该工程分部分项工程项目清单。

解 本例分别按平面、箱式招牌，美术字的相关规定编制分部分项工程项目清单。

平面招牌清单工程量＝28.00×1.50＝42.00（m²）。

美术字清单工程量＝8.00 个。

该工程分部分项工程项目清单见表 21-9。

表 21-9   **分部分项工程项目清单计价表**

工程名称：某装饰工程   标段：   第 1 页 共 1 页

序号	项目编码	项目名称	项目特征描述	计量单位	工程量	金额（元）	
						综合单价	合价
1	011507001001	平面招牌	一般木结构龙骨，九夹板基层，铝塑板面层	m²	42.00		
2	011508001001	美术字	泡沫塑料有机玻璃面，1m×1m，胶水安装	个	8.00		

【例 21-2】 某房地产开发企业开发精装住宅小区，共 1600 户。按照设计要求，每户主卧室安装一个 2m×2.4m 的衣柜，平开门，三门。具体内部分割由投标单位自行设计。招标文件要求板材采用某品牌环保型密度板，衣柜内设置一面镜子，大小根据门的尺寸设计，设置一个带锁抽屉和一个挂裤架。试编制该工程分部分项工程项目清单。

解 本例按成品柜、架、台的相关规定编制分部分项工程项目清单。

清单工程量＝2×2.4×1600＝7680.00（m²）。

该工程分部分项工程项目清单见表 21-10。

表 21-10　　　　　　　　　　　　　分部分项工程项目清单计价表

工程名称：某装饰工程　　　　　　　　　　　　标段：　　　　　　　　　第 1 页 共 1 页

序号	项目编码	项目名称	项目特征描述	计量单位	工程量	金额（元）	
						综合单价	合价
1	011501004001	成品柜、架、台	1. 名称：主卧衣柜 2. 规格、型号：正投影尺寸 2m×2.4m，平开三门，内设镜子 1 面，1 个带锁抽屉和 1 个挂裤架 3. 安装方式：现场组装	m²	7680.00		

第二节　工程量清单计价应用

本节分别以［例 21-1］中的平面招牌清单项目和塑料泡沫有机玻璃清单项目及［例 21-2］中衣柜清单项目介绍其他装饰工程清单计价。

【例 21-3】　某工程造价咨询企业受招标方委托，编制［例 21-1］工程的最高投标限价。试确定［例 21-1］中清单项目的综合单价。计价依据和要求参照教材第二篇"说明"。

解　（1）平面招牌。根据设计做法，平面招牌清单项目发生的工作内容为：龙骨制作安装、基层及面层板安装。根据《山东省建筑工程消耗量定额》（2016）项目设置，平面招牌区分龙骨、基层、面层按照不同结构或材质设置定额。该工程平面招牌做法为一般木结构龙骨，九夹板基层，铝塑板面层。对照定额项目设置，龙骨制作安装按定额 15-6-1（一般木结构龙骨）确定人材机消耗量，基层按定额 15-6-6（木龙骨上九夹板基层）确定人材机消耗量，面层按定额 15-6-12（铝塑板面层）确定人材机消耗量。

按照山东省建筑工程消耗量定额的计算规则，龙骨、基层、面层应分别计算工程量。龙骨按正立面投影面积计算。基层及面层按设计面积计算。

龙骨定额工程量＝28.00×1.50＝42.00（m²）。

基层及面层定额工程量＝28.00×1.50＝42.00（m²）。

定额 15-6-1，定额单位 10m²。消耗量标准为：综合工日（装饰）3.63 工日；圆钉 4.31kg；板方材 0.2853m³；膨胀螺栓 51 套；电 0.7896kW·h；木工圆锯机（500mm）0.04 台班；木工双面压刨床（600mm）0.17 台班。

定额 15-6-6，定额单位 10m²。消耗量标准为：综合工日（装饰）0.77 工日；白乳胶 1.1016kg；九夹板（1220×2440×9）10.5m²；气动排钉（F20）8.67 百个；电动空气压缩机（0.6m³/min）0.089 台班。

定额 15-6-12，定额单位 10m²。消耗量标准为：综合工日（装饰）1.58 工日；万能胶 3.225kg；铝塑板（40S）10.5m²。

根据各工作内容的定额工程量、定额消耗量标准，计算每一计量单位平面招牌清单项目所需的人材机数量，结果见表 21-11。

根据人材机数量和价格信息、相应费率及计算方法，计算得到该清单项目的综合单价，综合单价分析表见表 21-11。

表 21-11   **综合单价分析表**

工程名称：某装饰工程   标段：   第 1 页 共 1 页

项目编码	011507001001	项目名称		平面招牌		计量单位	m²
序号	费用项目	单位	数量	取费基数金额（元）	费率（%）	单价	合价
1	人工费						82.52
1.1	龙骨安装用工（装饰）	工日	0.3630			138	50.09
1.2	基层板安装用工（装饰）	工日	0.0770			138	10.63
1.3	面层板安装用工（装饰）	工日	0.1580			138	21.80
2	材料费						220.26
2.1	板方材	m³	0.0285			1736.28	49.48
2.2	九夹板（1220×2440×9）	m²	1.0500			27.48	28.85
2.3	铝塑板 40S	m²	1.0500			115.31	121.08
2.4	其他材料费	元	20.85				20.85
3	机械						1.61
3.1	木工圆锯机（500mm）	台班	0.0040			33.03	0.13
3.2	木工双面压刨床（600mm）	台班	0.0170			63.25	1.08
3.3	电动空气压缩机（0.6m³/min）	台班	0.0089			45.05	0.40
	小计						304.39
4	企业管理费	元		82.52	32.2		26.57
5	利润	元		82.52	17.3		14.28
	综合单价	元					345.24

注 其他材料费为除表中已列出的三项材料费用之外所有材料价格之和。可根据消耗量与材料价格计算。

（2）塑料泡沫有机玻璃字。根据设计做法，泡沫塑料字清单项目发生的工作内容为：美术字制作安装、刷油漆。本工程按成品字考虑，不单独考虑刷油漆。根据《山东省建筑工程消耗量定额》（2016）项目设置，美术字区分泡沫塑料、金属字等材质设置定额，并区分美术字的最大外围矩形面积和墙面材质。该工程美术字做法为泡沫塑料有机玻璃字 1m×1m。对照定额项目设置，按定额 15-7-9（泡沫塑料有机玻璃字 1.0m² 内，其他面。）确定人材机消耗量。

按照山东省建筑工程消耗量定额的计算规则，美术字按成品字安装固定编制，美术字安装，按字的最大外围矩形面积以个为单位，按数量计算。

美术字定额工程量＝8.00 个。

定额 15-7-9，定额单位 10 个。消耗量标准为：综合工日（装饰）6.12 工日；圆钉 0.97kg；万能胶 1.32kg；有机玻璃美术字（＜1m²）10.1 个；电 0.4548kW·h。

根据定额工程量、定额消耗量标准，计算每一计量单位美术字清单项目所需的人材机数量，结果见表 21-12。

根据人材机数量和价格信息、相应费率及计算方法，计算得到该清单项目的综合单价，综合单价分析表见表 21-12。

表 21-12　　　　　　　　　　综合单价分析表

工程名称：某装饰工程　　　　　　　　　标段：　　　　　　　　第 1 页 共 1 页

项目编码	011508001001		项目名称	泡沫塑料字			计量单位	个
序号	费用项目	单位	数量	取费基数金额（元）	费率（%）	单价		合价
1	人工费							84.46
1.1	美术字安装用工（装饰）	工日	0.6120			138		84.46
2	材料费							125.96
2.1	圆钉	kg	0.0970			7.88		0.76
2.2	万能胶	kg	0.1320			23.23		3.07
2.3	有机玻璃美术字（<1m²）	m²	1.0100			120.87		122.08
2.4	电	kW·h	0.0455			1.00		0.05
3	机械							—
	小计							210.42
4	企业管理费	元		84.46	32.2			27.20
5	利润	元		84.46	17.3			14.51
	综合单价	元						252.13

【例 21-4】　某装饰施工企业参与［例 21-2］工程的投标。在满足工程量清单中要求的衣柜交付要求的基础上，该投标企业进行了衣柜的整体设计。根据多年的工程施工经验，充分考虑当前衣柜市场行情，且五金配件没有特殊要求。最终确定衣柜的全费用单价为 1200 元/m²，衣柜面积按正投影面积计算。镜子、带锁抽屉和挂裤架按实另外计算，全费用单价分别为：镜子 200 元/面，带锁抽屉 260 元/个，挂裤架 150 元/个。试确定［例 21-2］中衣柜的投标报价。

解　单个衣柜的正投影面积＝2×2.4＝4.80（m²）。

根据投标单位确定的投标方案，衣柜的全费用综合单价＝(1200×4.80＋200＋260＋150)÷4.80＝1327.08（元/m²）。

因此，该工程投标报价＝1327.08×7680＝10 191 974.40 元＝1019.20（万元）。

复习巩固

1. 橱柜如何计算工程量，包括哪些工作内容？

2. 美术字如何计算工程量？

能力提高

假设在编制［例 21-1］工程的最高投标限价时，招标文件中美术字暂估价为 350 元/m²。其他条件不变，试计算该美术字清单项目的综合单价。

课程思政

2021 年 7 月，业主刘某与某装修公司签订装饰合同，将位于兰陵县某小区楼房交由装修公司进行装修，合同约定装修公司需按照合同约定的供料方式和内容进行施工。衣柜安装完不到一个月，业主刘某发现衣柜鼓包、起皮，经反馈，装修公司进行了更换。后不足三个月，刘某发现更换之后的柜子仍然存在鼓包、起皮等质量问题，要求装修公司给予更换未果。刘某向相关部门进行投诉，投诉过程中装修公司提供的检验报告显示板材品牌和为其安装衣柜使用板材的品牌并非合同约定的品牌，遂向法院提起诉讼，要求拆除衣柜，退还装修费。

法院依法审理认为，该装饰装修合同系双方在平等、自愿、协商一致的基础上，就发包人的家庭居室装饰装修工程有关事宜达成的协议。原告将房屋的装饰装修工程发包给被告，被告有义务按照合同约定对涉案房屋进行施工，同时对装修使用的材料进行明确说明，真实、全面向原告提供所使用产品的质量、性能、用途等信息，并对原告就涉案衣柜产品质量、使用方法等提出的询问，做出真实、明确的答复。根据原告提供的合同、预算单和发生的事实和行为，原告要求被告拆除该衣柜并退还衣柜装修费的诉讼请求，符合法律规定，本院依法予以支持。一审判决后，被告提起上诉，二审法院驳回上诉，维持原判。

近年来，装饰装修行业蓬勃发展，其中因个人家庭住宅装饰装修引发的合同纠纷逐年上升。为此，法官提醒消费者，在选择装修公司时要审查公司的装修资质，确定其是否具有施工资质，同时一定要签订书面装修合同，在合同中对装修质量的标准进行量化和具体明确，包括对建材的规格、标准和品牌等都进行约定。装修过程中，业主也要实时跟进施工进度，一旦发现装修质量问题，应当及时进行取证，在与装修公司协商未果后，及时进行诉讼，避免因拖延造成举证困难。

第二十二章 措施项目

☞ **本章概要:** 本章主要围绕《房屋建筑与装饰工程工程量计算标准》(GB/T 50854—2024)重点介绍了措施项目的工程量清单和相应工程量清单报价的编制理论与方法。

☞ **知识目标:** 熟悉措施项目的清单项目设置,掌握各清单项目的工程量计算规则及清单编制和清单计价方法。

☞ **能力目标:** 能够基于实际工程图纸,编制措施项目清单,并能够根据相关计价依据完成清单计价工作。

☞ **素养目标:** 培养严谨、细致、守规的职业精神。

第一节 招标工程量清单编制

一、清单项目设置

根据《房屋建筑与装饰工程工程量计算标准》(GB/T 50854—2024),措施项目设置脚手架,垂直运输,其他大型机械进出场及安拆,施工排水,施工降水,临时设施,文明施工,环境保护,安全生产,冬雨季施工增加,夜间施工增加,特殊地区施工增加,二次搬运,已完工程及设备保护,既有建(构)筑物、设施保护等15个清单项目,见表22-1。

表 22-1　　　　　　　　措施项目 (编码: 011601)

项目编码	项目名称	计量单位
011601001	脚手架	项
011601002	垂直运输	项
011601003	其他大型机械进出场及安拆	项
011601004	施工排水	项
011601005	施工降水	项
011601006	临时设施	项
011601007	文明施工	项
011601008	环境保护	项
011601009	安全生产	项
011601010	冬雨季施工增加	项
011601011	夜间施工增加	项
011601012	特殊地区施工增加	项
011601013	二次搬运	项
011601014	已完工程及设备保护	项
011601015	既有建(构)筑物、设施保护	项

二、相关问题说明

（1）发包人提供设计图纸并要求按其施工的措施项目，可参照分部分项工程补充编码列项。

（2）脚手架包括工程施工中，按照相关规范要求及满足施工作业的需求所搭设的全部脚手架。

（3）垂直运输仅包括工程施工过程中的大型垂直运输机械，使用其他吊装机械及人力辅助工器具进行的垂直运输，包含在相应分部分项工作内容中。

（4）临时设施、文明施工、环境保护、安全生产工作内容的包含范围，应参考各省、自治区、直辖市或行业建设主管部门的相关规定进行补充。

三、工程量计算规则

各措施项目均以"项"为计量单位，工程量可默认为 1。

四、招标工程量清单编制实例

【例 22-1】 某单层建筑物，其基础平面图、一层平面图、一层（顶）柱梁板布置图分别如图 7-3、图 10-4 和图 10-5 所示。墙身大样和屋顶大样详见第十五章对应图纸。某工程造价咨询机构受招标人委托，编制该工程的招标工程量清单，试根据常规施工方案，考虑工程特点等编制该工程的措施项目清单。

解 工程造价咨询企业造价工程师根据工程的特点、规模及设计内容，在充分研究一般框架结构的常规施工方案后，确定在该工程施工过程中需投入的施工措施项目主要有脚手架工程、垂直运输、其他大型机械进出场及安拆。此外，考虑在施工过程中投入的总价措施项目包括临时设施、文明施工、环境保护、安全生产、冬雨季施工增加、夜间施工增加、二次搬运和已完工程级设备保护。

措施项目清单见表 22-2。

表 22-2　　　　　　　　　　　　措施项目清单与计价表

工程名称：某工程　　　　　　　　　　　　标段：　　　　　　　　　　　第 1 页 共 1 页

序号	项目编码	项目名称	项目特征描述	计量单位	工程量	金额（元）	
						综合单价	合价
1	011601001001	脚手架	1. 外墙砌筑脚手架 2. 搭设高度：10m 以内 3. 搭设方式及材质：施工方自定，且满足相关规范要求	项	1.00		
2	011601002001	垂直运输	1. 现浇混凝土结构 2. 檐口高度：9m	项	1.00		
3	011601003001	其他大型机械进出场及安拆	根据施工方案自行确定	项	1.00		
4	011601010001	冬雨季施工增加	根据工程实际情况和计划进度合理考虑，并符合工程所在地相关规定	项	1.00		
5	011601011001	夜间施工增加	根据工程实际情况和计划进度合理考虑，并符合工程所在地相关规定	项	1.00		

续表

序号	项目编码	项目名称	项目特征描述	计量单位	工程量	金额（元）	
						综合单价	合价
6	011601013001	二次搬运	根据工程实际情况和计划进度合理考虑，并符合工程所在地相关规定	项	1.00		
7	011601014001	已完工程及设备保护	根据工程实际情况和计划进度合理考虑，并符合工程所在地相关规定	项	1.00		
8	011601006	临时设施	根据工程实际情况和计划进度合理考虑，并符合工程所在地相关规定	项	1.00		
9	011601007	文明施工	根据工程实际情况和计划进度合理考虑，并符合工程所在地相关规定	项	1.00		
10	011601008	环境保护	根据工程实际情况和计划进度合理考虑，并符合工程所在地相关规定	项	1.00		
11	011601009	安全生产	根据工程实际情况和计划进度合理考虑，并符合工程所在地相关规定	项	1.00		

第二节　工程量清单计价应用

本节以［例 22-1］的工程为例，介绍措施项目清单的计价。

1. 脚手架

《山东省建筑工程消耗量定额》（2016）对脚手架工程主要有以下规定：

（1）脚手架计取的起点高度：基础及石砌体高度＞1m，其他结构高度＞1.2m。

（2）现浇混凝土圈梁、过梁、楼梯、雨篷、阳台、挑檐中的梁和挑梁，各种现浇混凝土板，现浇混凝土构造柱，均不单独计算脚手架。有梁板中的板下梁，不计取脚手架。

（3）石砌、砖砌、砖石混砌独立基础（基础高度＞1m），按混凝土独立基础相应规定计算脚手架；石砌、砖砌、砖石混砌条形基础（基础高度＞1m），按里脚手架相应规定计算脚手架。

（4）现浇混凝土独立基础（基础高度＞1m），按柱相关规定计算脚手架；现浇混凝土带形基础、带形桩承台（基础高度＞1m），按混凝土墙相关规定计算脚手架；现浇混凝土满堂基础（基础高度＞1m），按混凝土墙相关规定计算脚手架。满堂基础脚手架长度，按外形周长计算。

（5）外装饰工程的脚手架，根据施工方案，可按照外装饰电动提升式吊篮脚手架考虑。

山东省建筑工程消耗量定额中未单独设置外墙装饰工程脚手架子目。若单独搭设装饰工程钢管外脚手架时，按相应整体工程钢管外脚手架子目，材料费乘以系数 0.2，人工、机械不调整。

（6）内墙装饰，当高度超过 3.6m 不能利用原砌筑脚手架时，可按里脚手架计算装饰脚手架，也可按照施工方案确定是否需要搭设内墙装饰脚手架，山东省建筑工程消耗量定额中未单独设置内墙装饰工程脚手架子目。若单独搭设装饰工程钢管脚手架时，按里脚手架相应定额子目进行调整。内墙面装饰高度≤3.6m时，按相应脚手架子目乘以系数0.3计算；高度＞3.6m时，按双排里脚手架乘以系数0.3计算。

（7）结构净高超过3.6m时，可以计算满堂脚手架。按规定计算了满堂脚手架后，室内墙面装饰工程，不再计算内墙装饰脚手架。

根据工程设计内容和常规施工方案，该工程脚手架主要包括外墙砌筑脚手架、内墙砌筑脚手架、现浇混凝土框架柱脚手架、现浇混凝土框架梁脚手架、砖基础脚手架、天棚装饰满堂脚手架、外装饰电动自升式吊篮、建筑物垂直封闭和安全网。

另外，脚手架还有悬空脚手架、挑脚手架、防护架、斜道等。悬空脚手架一般用于露明屋架的屋面板底勾缝、油漆或刷喷涂料等作业。水平防护架和垂直防护架，指脚手架以外单独搭设的，用于车辆通行、人行通道、临街防护和施工与其他物体隔离等的防护。斜道是在工程施工中，供人员上下和搬运较轻物料使用，实际工程的斜道，一般在外脚手架旁边、依附于外脚手架搭设。在本工程中，以上脚手架不考虑。

2. 垂直运输

一般情况下，只有当檐口高度超过一定值时才需要计算垂直运输。如山东省建筑工程消耗量定额规定，檐口高度在3.6m以下的建筑物不计算垂直运输机械；同一建筑物檐口高度不同时应分别计算。檐口高度指从设计室外地坪至屋面板顶之间的距离。

本工程施工现场设置自升式塔式起重机1座。

3. 其他大型机械进出场及安拆

根据施工内容，本工程主要考虑自升式塔式起重机的进出场及安拆，暂不考虑其他大型机械。

一、脚手架工程

根据《房屋建筑与装饰工程工程量计算标准》（GB/T 50854—2024），脚手架工程的工作内容包括搭设及使用脚手架、斜道、上料平台，铺设安全网，铺（翻）脚手架板；转运、改制、维修维护，拆除、堆放、整理及清除。计价人员应根据拟定的脚手架搭设方案，结合工程实际情况和市场行情确定脚手架工程的价格。

【例22-2】 某施工企业参与［例22-1］工程的投标。计价依据和要求参照教材第二篇"说明"。结合拟定的施工方案完成该工程脚手架工程清单项目的计价。假如你是该施工企业的造价人员，试完成表22-2中脚手架清单项目的综合单价。

解 （1）外墙砌筑脚手架。按照山东省建筑工程消耗量定额的工程量计算规则，外墙砌筑脚手架按外脚手架计算。外脚手架工程量按外墙外边线长度乘以外墙面高度以平方米计算，不扣除门窗洞口所占面积，凸出墙面宽度大于240mm的墙垛等，按图示尺寸展开计算，并入外墙长度内。

外脚手架的高度，均自设计室外地坪算至檐口顶，并按下列规定执行：

先主体、后回填，自然地坪低于设计室外地坪时，自自然地坪算起；设计室外地坪标高不同时，有错坪的按不同标高分别计算；有坡度的，按平均标高计算；外墙有女儿墙的，算至女儿墙压顶上坪；坡屋面的山尖部分，其工程量按山尖部分的平均高度计算；高出屋面的电梯间、水箱间，其脚手架按自身高度计算；地下室外脚手架的高度，按基础底板上坪至地下室顶板上坪之间的高度计算，上部结构的墙体仍自设计室外地坪计算。

本工程为框架结构，按照山东省规定，计算了外脚手架的建筑物四周外围的现浇混凝土梁、框架梁、墙，不另计算脚手架。因此，本例中外墙砌筑脚手架计算时，脚手架高度自设计室外地坪算至女儿墙顶面，不扣除框架梁的高度。

外墙砌筑脚手架工程量

$$=(15.84-0.45\times3+6.00-0.33\times2)\times2\times(4.40+0.45)=192.35（\text{m}^2）。$$

按照《山东省建筑工程消耗量定额》（2016），脚手架定额区分不同的高度范围、单排或双排、脚手架材料等特征。砌筑高度≤10m，执行单排脚手架子目；高度＞10m，或高度虽≤10m，但外墙门窗及外墙装饰面积超过外墙表面积＞60％（或外墙为现浇混凝土墙、轻质砌块墙）时，执行双排脚手架子目。同时还设置型钢平台外挑脚手架子目。该投标企业施工方案确定采用双排钢管脚手架。因此，按定额 17-1-7（双排钢管架≤6m）确定人材机消耗量。

定额 17-1-7，定额单位 0m²。消耗量标准如下：综合工日（土建）0.64 工日；钢管（ϕ48.3×3.6）0.9986m；对接扣件 0.078 个；直角扣件 0.7394 个；回转扣件 0.0177 个；木脚手板（$\triangle$=5cm）0.0182m²；底座 0.0634 个；红丹防锈漆 0.3409kg；油漆溶剂油 0.0385kg；镀锌低碳铁丝（8#）2.0879kg；圆钉 0.2021kg；载重汽车（6t）0.049 台班。

根据人材机消耗量和价格信息，该工程外墙砌筑脚手架各项费用计算如下

人工费＝192.35×0.64÷10×128＝1575.73（元）。

材料费＝192.35×（0.9986×18.27＋0.078×3.28＋0.7394×3.28＋0.0177×3.28＋0.0182×1579.07＋0.0634×6.19＋0.3409×13.95＋0.0385×6.11＋2.0879×5.62＋0.2021×7.88）÷10＝1316.30（元）。

机械费＝192.35×0.049÷10×495.80＝467.30（元）。

管理费和利润＝1575.73×（25.6％＋15％）＝639.75（元）。

因此，该工程外墙砌筑脚手架所需费用＝1575.73＋1316.30＋467.30＋639.75＝3999.08（元）。

（2）内墙砌筑脚手架。内墙砌筑脚手架按里脚手架计算。里脚手架按墙面垂直投影面积计算，不扣除混凝土圈梁、过梁、构造柱及梁头等所占面积。

本工程为框架结构，根据图纸设计，内墙为框架间墙，墙高算至框架梁底，墙长算至框架梁侧面。

内墙砌筑脚手架工程量＝（6.00－0.12×2）×（3.90－0.45）×2＋（6.00－0.33×2）×（3.90－0.70）＝56.83（m²）。

按照《山东省建筑工程消耗量定额》（2016 版），建筑物内墙脚手架，凡设计室内地坪至顶板下表面（或山墙高度 1/2 处）的高度在 3.6m 以下（非轻质砌块墙）时，按单排里脚手架计算；高度超过 3.6m 小于 6m（非轻质砌块墙）时，按双排里脚手架计算；不能在内墙上留脚手架洞的各种轻质砌块墙等，按双排里脚手架计算。

本工程墙体为轻质砌块墙，投标单位确定采用双排钢管里脚手架。对照《山东省建筑工程消耗量定额》（2016），按定额 17-2-8（双排钢管里脚手架≤6m）确定人材机消耗量。

定额 17-2-8 的消耗量标准如下：综合工日（土建）0.72 工日/10m²；钢管（ϕ48.3×3.6）0.0837m/10m²；对接扣件 0.0085 个/10m²；直角扣件 0.0855 个/10m²；木脚手板 0.0014m²/10m²；底座 0.0095 个/10m²；红丹防锈漆 0.0293kg/10m²；油漆溶剂油 0.0033kg/10m²；镀锌低碳铁丝（8#）0.509kg/10m²；圆钉 0.0734kg/10m²；载重汽

车（6t）0.024 台班/10m²。

根据人材机消耗量和价格信息，该工程内墙砌筑脚手架各项费用计算如下

人工费＝56.83×0.72÷10×128＝523.75（元）。

材料费＝56.83×（0.0837×18.27＋0.0085×3.28＋0.0855×3.28＋0.0014×1579.07＋0.0095×6.19＋0.0293×13.95＋0.0033×6.11＋0.509×5.62＋0.0734×7.88）÷10＝45.32（元）。

机械费＝56.83×0.024÷10×495.80＝67.62（元）。

管理费和利润＝523.75×（25.6%＋15%）＝212.64（元）。

因此，该工程内墙砌筑脚手架所需费用＝523.75＋45.32＋67.62＋212.64＝849.33 元。

（3）现浇混凝土框架柱脚手架。按照《山东省建筑工程消耗量定额》（2016 版），独立柱（现浇混凝土框架柱）的外脚手架按柱图示结构外围周长另加 3.6m，乘以设计柱高以平方米计算。

框架柱脚手架＝（0.45×4＋3.6）×（3.90＋2.5－0.3－0.3）×6＝187.92（m²）。

根据投标企业拟定的施工方案，框架柱脚手架采用单排钢管外脚手架。对照《山东省建筑工程消耗量定额》（2016），按定额 17-1-6（单排钢管外脚手架≤6m）。

根据人材机消耗量和价格信息，按照前述脚手架相同的计算过程，可以得到该工程现浇混凝土框架柱脚手架所需费用为 2847.36 元（计算过程略）。

（4）现浇混凝土框架梁脚手架。按照《山东省建筑工程消耗量定额》（2016 版），计算了外脚手架的建筑物四周外围的现浇混凝土梁、框架梁、墙，不另计算脚手架。有梁板的板下梁不计算脚手架。

现浇混凝土梁、墙，按设计室外地坪或楼板上表面至楼板底之间的高度，乘以梁、墙净长以平方米计算。

框架梁脚手架＝（6.00－0.33×2）×（3.90－0.12＋0.45）＝22.59（m²）。

根据投标企业拟定的施工方案，框架梁脚手架采用双排钢管外脚手架。对照《山东省建筑工程消耗量定额》（2016），按定额 17-1-7（双排钢管外脚手架≤6m）。

根据人材机消耗量和价格信息，按照前述脚手架相同的计算过程，可以得到该工程现浇混凝土框架梁脚手架所需费用为 469.65 元（计算过程略）。

（5）砖基础脚手架。

砖基础脚手架工程量＝（15.6－0.33×2－0.45）×2×（2.2＋0.1）＋（6.0－0.33×2）×3×（2.2＋0.1）＋（6.0－0.12×2）×（2.2＋0.1）＝116.75（m²）（说明：砖基础脚手架从基础垫层底算）。

根据投标企业拟定的施工方案，砖基础脚手架采用单排钢管外脚手架。对照《山东省建筑工程消耗量定额》（2016 版），按定额 17-1-6（单排钢管外脚手架≤6m）。

根据人材机消耗量和价格信息，按照前述脚手架相同的计算过程，可以得到该工程砖基础脚手架所需费用为 1769.93 元（计算过程略）。

（6）外墙装饰吊篮。按照《山东省建筑工程消耗量定额》（2016 版），外墙装饰吊篮区分块料面层、玻璃幕墙和涂刷涂料等不同的装饰面层做法，按外墙垂直投影面积计算。本工程外墙为刷喷涂料，对照定额项目设置，按定额 17-1-29（外装饰电动提升式吊篮脚手架涂刷涂料）确定人材机消耗量。

外墙装饰吊篮工程量＝(15.84＋6.24)×2×(3.90＋0.45)＝192.10（m²）。

根据人材机消耗量和价格信息，按照前述脚手架相同的计算过程，可以得到该工程外墙装饰吊篮所需费用为 484.09 元（计算过程略）。

(7) 天棚装饰满堂脚手架。按照《山东省建筑工程消耗量定额》(2016)，满堂脚手架按室内净面积计算，计算室内净面积时，不扣除柱、垛所占面积。本工程结构层高 3.90m，板厚 120mm，室内天棚装饰面距设计室内地坪超过 3.6m，需计算满堂脚手架。

因此，满堂脚手架工程量＝(6.00－0.12×2)×[(3.0－0.12－0.10)＋(3.60－0.20)＋(4.50－0.20)＋(4.50－0.10－0.12)]＝84.02（m²）。

投标企业确定采用钢管满堂脚手架。根据定额项目设置，应按照定额 17-3-3（满堂钢管脚手架，基本层）确定人材机消耗量。

按照《山东省建筑工程消耗量定额》(2016)，3.6m＜结构净高≤5.2m 时，计算满堂脚手架基本层，即直接根据室内净面积套用满堂木或钢管脚手架。超过 5.2m 时，需要计算增加层，即除了按满堂脚手架工程量计算基本层人材机消耗量外，还要按增加层工程量按"满堂脚手架增加层 1.2m"增加人材机的消耗量。每增加 1.2m 按增加一层计算，不足 0.6m 的不计。

比如某工程结构净高为 7.8m，则增加层＝(7.80－5.20)/1.2＝2.17，取 2 层。增加层工程量＝满堂脚手架工程量×2m²。

本工程结构净高未超过 5.2m，不需要考虑满堂脚手架增加层。直接按定额 17－3－3 基本层确定人材机消耗量。

根据人材机消耗量和价格信息，按照前述脚手架相同的计算过程，可以得到该工程满堂脚手架所需费用为 2131.59 元（计算过程略）。

(8) 建筑物垂直封闭。建筑物垂直封闭工程量按封闭面的垂直投影面积计算。若交替倒用时，按倒用封闭过的垂直投影面积。高出屋面的电梯井、水箱间不计算垂直封闭。

建筑物垂直封闭工程量＝封闭面的投影长度×垂直投影高度＝(外围周长＋1.5×8)×(建筑物脚手架高度＋1.5 护栏高)。

《山东省建筑工程消耗量定额》(2016) 中列了竹席、竹笆和密目网三种封闭材料的定额。当交替倒用时，竹席材料消耗量乘系数 0.5，竹笆和密目网材料消耗量乘系数 0.33。编制投标报价时按施工组织设计确定是否倒用。编制最高投标限价时，16 层（50m）以内的按固定封闭，16 层以上的按交替倒用。

本工程投标企业确定采用密目网做建筑物垂直封闭，且采用固定封闭的方式。

建筑物垂直封闭工程量

＝(15.84×2＋6.24×2＋1.5×8)×(0.45＋3.90＋0.50＋1.50)＝356.62（m²）。

根据定额项目设置，按定额 17-6-6 确定人材机消耗量。

定额 17-6-6 的人材机消耗量标准如下：综合工日（土建）0.2 工日/10m²；镀锌低碳钢丝（8#）1.0998kg/10m²；密目网 11.9175m²/10m²。

根据人材机消耗量和价格信息，该工程建筑物垂直封闭各项费用计算如下

人工费＝356.62×0.2÷10×128＝912.95（元）。

材料费＝356.62×(1.0998×5.62＋11.9175×2.41)÷10＝1244.68（元）。

管理费和利润＝912.95×(25.6%＋15%)＝370.66（元）。

因此，建筑物垂直封闭所需费用＝912.95＋1244.68＋370.66＝2528.29 元。

（9）安全网。安全网主要包括平挂式安全网、立挂式安全网和挑出式安全网。按照《山东省建筑工程安全施工标准图集》，作业层脚手板下应采用安全平网兜底，以下每隔10m 应采用安全平网封闭。脚手架架体内距地面（设计室外地坪）3.2m 处必须搭设首层安全平网，向上平均每 1.5m 设一作业层，铺设脚手板，下挂安全平网。安全平网宽度可按平均 1.5m 计算。平挂式安全网，按水平挂设的投影面积计算。

平挂式单层安全网的工程量＝（外墙外边线长度＋0.75×8）×1.5×平挂网道数。

平挂网道数＝（檐高－3.2）÷1.5＋1（计算结果取整）。

因此，该工程平挂式安全网工程量＝（15.84×2＋6.24×2＋0.75×8）×1.5×2＝150.48（m²）。

根据《山东省建筑工程消耗量定额》（2016），未单独设置平挂式安全网定额，可按立挂式安全网（定额 17-6-1）确定人材机消耗量。

立挂式安全网沿脚手架内面垂直设置，且与安全平网同时设置，网高可按平均1.2m 计算。立挂式安全网工程量＝（外墙外边线长度＋0.75×8）×1.2×立挂网道数。

立挂网道数＝（檐高－3.2）÷1.5＋1（计算结果取整）。

因此，该工程立挂式安全网工程量＝（15.84×2＋6.24×2＋0.75×8）×1.2×2＝120.38（m²）。

挑出式安全网搭设在脚手架外侧四周，一般离地面高度 10m 处搭设第一道，并在向上每间隔不大于 20m 处各搭设一道，外挑宽度一般不小于 3.00m，外挑水平角度一般控制在20－30°之间。

挑出式安全网工程量＝（外墙外边线长度＋1.5×8＋1.5×8）×3×挑出网道数。

挑出网道数＝（檐高－10）÷20＋1（计算结果取整）。

本工程檐高 3.90m，根据施工方案，不设置挑出式安全网。

定额 17-6-1 的人材机消耗量标准如下：综合工日（土建）0.02 工日/10m²；镀锌低碳钢丝（8#）0.969kg/10m²；安全网 3.208m²/10m²。

根据人材机消耗量和价格信息，该工程安全网各项费用计算如下

人工费＝（150.48＋120.38）×0.02÷10×128＝69.34（元）。

材料费＝（150.48＋120.38）×（0.969×5.62＋3.208×0.99）÷10＝233.53（元）。

管理费和利润＝69.34×（25.6%＋15%）＝28.15（元）。

因此，该工程安全网施工所需费用＝69.34＋233.53＋28.15＝331.02。

因此，该工程脚手架清单项目综合单价
＝3999.08＋849.33＋2847.36＋469.65＋1769.93＋484.09＋2131.59＋2528.29＋331.02
＝15410.34（元/项）。

二、垂直运输

按照《山东省建筑工程消耗量定额》（2016），垂直运输根据建筑物类型划分民用建筑垂直运输、工业厂房垂直运输、钢结构工程垂直运输、零星工程垂直运输和构筑物垂直运输。民用建筑垂直运输设置±0.00 以下无地下室、±0.00 以下混凝土地下室（含基础）和±0.00 以上垂直运输。±0.00 以上垂直运输又区分檐口高度≤20m 和＞20m，并区分砖混结构、现浇混凝土结构、预制混凝土结构等结构类型。各类结构的垂直运输并区分不同的标

准层建筑面积范围设置定额子目。建筑物标准层建筑面积的确定方法：①各层建筑面积均相等时，任一层建筑面积为标准层建筑面积。②除底层、顶层（含阁楼层）外，中间层建筑面积均相等（或中间仅一层）时，中间任一层（或中间层）的建筑面积为标准层建筑面积。③除底层、顶层（含阁楼层）外，中间各层建筑面积不相等时，中间各层建筑面积的平均值为标准层建筑面积。两层建筑物，两层建筑面积的平均值为标准层建筑面积。零星工程垂直运输主要包括超深基础增加和零星砌体、混凝土、金属构件等的垂直运输。

凡定额单位为"m²"者，垂直运输均按现行建筑面积计算规范，以建筑面积计算。

因此，本工程垂直运输工程量＝15.84×6.24＝98.84（m²）。

本工程为现浇混凝土框架结构，檐口高度 3.90m，标准层建筑面积小于 500m²。按定额 19-1-17 确定人材机消耗量。

民用建筑垂直运输，定额按层高≤3.60m 编制。层高超过 3.60m，每超过 1m，相应垂直运输子目乘以系数 1.15，连超连乘。本工程层高 3.90m，不需要调整。

垂直运输定额按泵送混凝土编制，建筑物（构筑物）主要结构构件柱、梁、墙（电梯井壁）、板混凝土非泵送（或部分泵送）时，其（体积比百分比）相应子目中的塔式起重机乘以系数 1.15。本工程施工方案确定所有混凝土均采用泵送方式，因此，不需要进行调整。

定额 19-1-17，定额单位 10m²。消耗量标准如下：综合工日（土建）0.85 工日；自升式塔式起重机（600kN·m）0.8533 台班；电动单筒快速卷扬机（20kN）1.4222 台班。

根据人材机消耗量和价格信息，该工程垂直运输各项费用计算如下

人工费＝98.84×0.85÷10×128×1.15＝1236.69（元）。

机械费＝98.84×（0.8533×616.95＋1.4222×237.65）÷10＝8544.02（元）。

管理费和利润＝1236.69×（25.6％＋15％）＝502.10（元）。

需要注意，当建筑物檐口高度超过 20m 时，属于超高工程，应考虑建筑施工超高增加。建筑施工超高增加是指建筑物檐高大于 20m 的人工降效、机械降效、施工电梯使用费、安全措施增加费、通信联络费、建筑垃圾清理及排污费、高层加压水泵的台班费。

一般地，在计算超高施工增加时，应考虑±0.00 以上的全部人工、机械（除脚手架、垂直运输机械等已经在相应定额中考虑了高度的情况外）数量乘以降效系数计算。如山东省建筑工程消耗量定额规定。

檐高超过 20m 的建筑物，其超高人工、机械增加的计算基数为除下列内容以外的全部工程内容：

1）室内地坪（±0.000）所在楼层结构层（垫层）及其以下全部工程内容。

2）±0.000 以上的预制构件制作工程。

3）现浇混凝土搅拌制作、运输及泵送工程。

4）脚手架工程。

5）施工运输工程。

整体工程超高施工增加，按±0.000 以上工程（不含除外内容）的定额人工、机械消耗量之和，乘以相应子目规定的降效系数计算。降效系数与檐口高度有关，并区分起重机械降效系数和其他机械降效系数。起重机械降效指轮胎式起重机的降效，其他机械降效指除起重机械以外的其他施工机械的降效。

如某工程檐口高度为 30m，因此属于超高工程。根据图纸和工程量计算规则，该工程加

气混凝土砌块墙砌筑工程量为 328.45m³，按照《山东省建筑工程消耗量定额》（2016），该砌筑工程按照定额 4-2-1 确定人材机消耗量，人工消耗量标准为综合工日（土建）15.43 工日/10m³；机械为灰浆搅拌机（200L），消耗量标准为 0.127 台班/10m³。由于灰浆搅拌机不属于起重机械，因此按照其他机械确定降效系数。查定额 20-2-1（人工其他机械超高施工增加檐高≤40m），人工降效系数 4.27%，其他机械降效系数 4.27%。人工工资单价为 128元/工日，灰浆搅拌机（200L）价格为 202.44 元/台班。

因此，该砌块墙人工降效=328.45×15.43÷10×128×4.27%=2769.96（元）。

该砌块墙机械降效=328.45×0.127÷10×202.44×4.27%=36.08（元）。

砌块墙部分建筑施工超高增加=2769.96+36.08=2806.04（元）。

另外，建筑物内装饰超高也需要计算超高施工增加费。如山东省建筑工程消耗量定额有如下规定：单独施工的主体结构工程和外墙装饰工程，其计算方法和相应规定，同整体建筑物超高人工、机械增加；单独内装饰工程，不适用上述规定；建设单位单独发包内装饰工程，且内装饰施工无垂直运输机械、无施工电梯上下时，按内装饰工程所在楼层，执行相应子目的人工降效系数并乘以系数 2，计算超高人工增加；六层以下的单独内装饰工程，不计算超高人工增加。

本工程属于超高工程，不计算超高施工增加。

因此，该工程垂直运输所需费用＝1236.69+8544.02+502.10=10 282.81（元）。

根据该工程实际情况，考虑工程施工方案，该工程考虑自升式塔式起重机 1 台，不考虑卷扬机和施工电梯等其他垂直运输机械。

此外，在计算大型机械安拆时，应考虑大型机械混凝土基础的浇筑和拆除，如山东省建筑工程消耗量定额规定：自升式塔式起重机、施工电梯（或卷扬机）的混凝土独立基础，建筑物底层（不含地下室）建筑面积 1000m² 以内，各计 1 座；超过 1000m²，每增加 400～1000m²，各增加 1 座；建筑物地下层建筑面积 1500m² 以内，各计 1 座；超过 1500m²，每增加 600～1500m²，各增加 1 座；每座分别按 30m³、10m³（或 3m³）计算；现浇混凝土独立式基础，并应同时计算基础拆除。

因此，大型机械进出场及安拆工程量=1 台次。

大型机械混凝土独立基础工程量=30m³；混凝土独立基础拆除工程量=30m³。

按照《山东省建筑工程消耗量定额》（2016）定额项目设置，自升式塔式起重机安装拆卸按 19-3-5（檐高≤20m）确定人材机消耗量；自升式塔式起重机场外运输按 19-3-18（檐高≤20m）确定人材机消耗量；大型机械独立基础按定额 19-3-1（现浇混凝土 C20）确定人材机消耗量；大型机械混凝土基础拆除按定额 19-3-4 确定人材机消耗量。

根据人材机消耗量和价格信息，自升式塔式起重机进出场及安拆的单价为 65 006.38 元/项（计算过程略）。在计算该单价时，未考虑商品混凝土和混凝土强度等级的换算，也未考虑混凝土泵送等工作内容。

因此，该工程垂直运输清单项目综合单价＝10 282.81+65 006.38=75 289.19（元/项）。

三、总价措施项目

以总价计价的措施项目可根据招标文件和满足项目要求的施工方案确定费用金额，并列出其计算公式，也可按照工程所在地行业主管部门规定的方式计取。具体可参照第四章第三节相关内容。

四、施工排水、降水

除以上各项措施项目外，施工过程中若发生施工排水、降水，可根据施工组织设计确定的排水、降水方式计算。也可参考工程所在地区的定额规定计算。如山东省建筑工程消耗量定额有如下规定：

（1）抽水机基底排水分不同排水深度，按设计基底面积，以平方米计算。

（2）集水井按不同成井方式，分别以施工组织设计规定的数量，以座或米计算。抽水机集水井排水按施工组织设计规定的抽水机台数和工作天数，以台日计算，以每台抽水机工作24h为1台日。

$$1 台日 = 1 台抽水机 \times 24h$$

（3）井点降水，其井管安拆，按施工组织设计规定的井管数量，以跟计算。施工组织设计无规定时，可按轻型井点管距0.8～1.6m，喷射井点管距2～3m。

井点降水，其设备使用按施工组织设计规定的使用时间，以每套使用的天数计算。施工组织设计无规定时，井点设备使用套的计算如下：轻型井点50根/套，喷射井点30根/套，大口径井点45根/套，水平井点10根/套，电渗井点30根/套。井点设备使用的天，以每昼夜24h为1天。

（4）井点降水区分不同的井管深度，其井管安拆，按施工组织设计规定的井管数量，以根计算；设备使用按施工组织设计规定的使用时间，以每套使用的天数计算。

本工程根据地质勘查报告、现场条件及工程施工时间，暂未考虑施工排水、施工降水。

🔄 复习巩固

1. 措施项目主要包括哪些内容？
2. 脚手架主要包括哪些内容？
3. 什么情况下需要计算满堂脚手架？满堂脚手架的高度如何调整？
4. 安全网的搭设有什么规定？
5. 哪些机械需要计取大型进出场及安拆费？
6. 什么是超高施工增加？如何确定超高人工、机械降效系数？

📋 能力提高

1. 根据［例22-2］中对各项措施项目的分析，按照《山东省建筑工程消耗量定额》（2016版）及2020年山东省人材机预算价格，计算［例22-2］各项措施项目的综合单价。

2. 根据案例工程图纸，结合常规施工方案，确定该工程应列哪些措施项目。

📚 课程思政

2021年5月2日6时许，浙江某工程机械有限公司塔吊驾驶员王某在项目现场19号楼座操作塔吊吊运加气砌块的过程中，塔吊吊篮坠落砸到了正在塔吊下方作业的南通某建筑工程有限公司钢筋工于某。造成该起事故的直接原因是起吊过程中，设备故障塔吊吊钩未能停下直接冲顶，导致吊篮脱钩从空中坠落砸到了下方的作业人员。这起事故也体现出作业现场安全管理不到位，在塔吊作业半径范围内存在其他作业行为时未及时进行制止或采取相应的安全防范措施，间接导致事故发生。同时，作业人员安全意识淡薄，遵章守纪意识不强，未严格执行塔吊作业岗位操作规程，在正式吊装作业前对塔吊的各类安全装置进行检测和试吊，导致设备带病作业，间接导致事故发生。

因此，必须深刻吸取这些经验教训，严格执行安全生产规则，严肃处理不作为或乱作为的人员。只有通过标准化的操作、严格的安全监管和定期的维护检查才能确保塔吊在建筑施工中安全可靠地运行。只有当所有从业人员都认真履行自己的职责、严格遵守规章制度，才能构建一个安全可靠的工作环境。

参 考 文 献

［1］ 邢莉燕 周景阳 . 房屋建筑与装饰工程估价 . 2 版 . 北京：中国电力出版社，2021.

［2］ 全国造价工程师考试培训教材编写委员会 . 建设工程计价 . 北京：中国计划出版社，2023.

［3］ 中华人民共和国住房和城乡建设部 . GB/T 50500—2024 建设工程工程量清单计价标准 . 北京：中国计划出版社，2024.

［4］ 中华人民共和国住房和城乡建设部 . GB/T 50854—2024 房屋建筑与装饰工程工程量计算标准 . 北京：中国计划出版社，2024.

［5］ 中华人民共和国住房和城乡建设部 . GB/T 50353—2013 建筑工程建筑面积计算规范 . 北京：中国计划出版社，2014.

［6］ 山东省住房和城乡建设厅 . 山东省建筑工程消耗量定额 . 北京：中国建筑工业出版社，2016.

［7］ 中国建筑标准设计研究院 . 混凝土结构施工图平面整体表示方法制图规则和构造详图（现浇混凝土框架、剪力墙、梁、板）（22G101-1）. 北京：中国标准出版社，2022.

［8］ 中国建筑标准设计研究院 . 混凝土结构施工图平面整体表示方法制图规则和构造详图（现浇混凝土板式楼梯）（22G101-2）. 北京：中国标准出版社，2022.

［9］ 中国建筑标准设计研究院 . 混凝土结构施工图平面整体表示方法制图规则和构造详图（独立基础、条形基础、筏形基础、桩基础）（22G101-3）. 北京：中国标准出版社，2022.

［10］ 山东省工程建设标准造价协会编审委员会 . 建设工程计量与计价实务（土木建筑工程）. 北京：中国建材工业出版社，2020.